Ps

孙中廷 唐智鑫 张敏 ◎ 主编
熊芳芳 孙琪 ◎ 副主编

文版

Photoshop CS6 基础培训教程

移动学习版

人民邮电出版社
北京

图书在版编目（CIP）数据

中文版Photoshop CS6基础培训教程 ： 移动学习版 / 孙中廷，唐智鑫，张敏主编. -- 北京 ： 人民邮电出版社，2019.1(2023.8重印)
ISBN 978-7-115-49198-5

Ⅰ. ①中… Ⅱ. ①孙… ②唐… ③张… Ⅲ. ①图象处理软件－教材 Ⅳ. ①TP391.413

中国版本图书馆CIP数据核字(2018)第194089号

内 容 提 要

Photoshop 是深受个人和企业青睐的图像处理软件之一。本书以目前流行的 Photoshop CS6 为对象，讲解 Photoshop 常用工具和功能的使用方法。书中首先对 Photoshop 基础知识与初步操作进行详细介绍；然后分类别介绍图层、文字、图形、选区、色彩与色调在图像处理中的应用，再逐步探讨修复与修饰工具、蒙版、通道、滤镜在图像处理中的应用；最后将 Photoshop 操作与图像处理实战相结合，通过图像精修与合成、广告与包装设计对全书知识进行综合应用。

为了便于读者更好地学习，本书除了提供“疑难解答”“技巧”“提示”等小栏目以外，针对需要扩展和详解的知识点及操作步骤，还录制了微视频，读者通过手机或平板电脑扫描对应二维码即可观看。

本书不仅可作为各院校平面设计等相关专业的教材，也可供相关行业从业者学习和参考。

◆ 主　　编　孙中廷　唐智鑫　张　敏
副 主 编　熊芳芳　孙　琪
责任编辑　税梦玲
责任印制　焦志炜

◆ 人民邮电出版社出版发行　　北京市丰台区成寿寺路 11 号
邮编　100164　　电子邮件　315@ptpress.com.cn
网址　http://www.ptpress.com.cn
三河市君旺印务有限公司印刷

◆ 开本：787×1092　1/16
印张：17　　　　2019 年 1 月第 1 版
字数：339 千字　　　　2023 年 8 月河北第10次印刷

定价：49.80 元

读者服务热线：(010)81055256　印装质量热线：(010)81055316
反盗版热线：(010)81055315
广告经营许可证：京东市监广登字 20170147 号

前言
PREFACE

随着近年来教育课程的不断发展、计算机软硬件日新月异的升级，以及教学方式的多样化，市场上很多Photoshop教材所讲解的软件版本、教学内容等很难适应当前的教学需求。

鉴于此，我们认真总结了教材编写经验，用两三年的时间深入调研各类院校的教学需求，组织了一批优秀且具有丰富教学和实践经验的作者编写本教材，以帮助各类院校快速培养优秀的Photoshop技能型人才。

本着“学用结合”的原则，我们在教学方法、教学内容、教学资源3个方面体现了自己的特色。

教学方法

本书精心设计了“课堂案例→知识讲解→课堂练习→上机实训→课后练习”5 段教学法，以激发学生的学习兴趣：通过对理论知识的讲解以及对经典案例的分析，训练学生的动手能力；通过课堂练习、上机实训与课后练习帮助学生强化并巩固所学的知识和技能，达到提高学生实际应用能力的目的。

◎ **课堂案例：**除了基础知识部分，涉及操作的知识均在每节开始以课堂案例的形式引入，让学生在操作中掌握该节知识。

◎ **知识讲解：**深入浅出地讲解理论知识，对课堂案例涉及的知识进行扩展与再次巩固，让学生理解课堂案例的操作。

◎ **课堂练习：**紧密结合课堂已讲解的内容给出课堂练习的操作要求，并提供适当的操作思路以及专业背景知识供学生参考，要求学生独立完成操作，充分训练学生的动手能力。

◎ **上机实训：**精选案例，给出实训要求，对目标效果进行分析，并提供操作思路，帮助学生分析案例，并根据思路提示独立完成操作。

◎ **课后练习：**结合每章内容给出若干操作题，学生可通过练习，强化巩固每章所学知识。

教学内容

本书的教学目标是循序渐进地帮助学生掌握利用 Photoshop 进行图形图像处理和平面设计的技能。全书共 12 章，主要内容可分为以下 6 个方面。

◎ **第1章：**概述图形图像处理快速入门的一些基础知识，如矢量图、位图、分辨率、色彩、图层、通道、蒙版等基本概念，以及Photoshop CS6软件界面，文件与辅助工具的基本操作等。

◎ **第2章：**主要讲解Photoshop CS6中图像处理的基本操作，包括图像的查看、缩放、旋转、裁剪、自由变换等。

◎ **第3章~第7章：**主要讲解图层、图形、文字、色彩调整方面的相关知识，帮助学生掌握基本的图像设计与调整操作。

◎ **第8章：**主要讲解图像修复与修饰处理，包括污点修复工具、修补工具、加深与减淡工具、涂抹工具、橡皮擦工具等的使用。

◎ **第9章~第10章：**主要讲解蒙版、通道、滤镜在图像处理中的应用。

◎ **第11章：**综合应用本书所讲解的Photoshop知识进行图像处理，包括商品图像、人像精修与合成、广告与包装设计及制作等。

教学资源

本书提供立体化教学资源，以便教师丰富教学形式。资源下载地址为 box.ptpress.com.cn/y/49198。教学资源包括以下 5 方面的内容。

01 视频资源

本书在讲解 Photoshop 相关的操作、实例制作过程时均录制了视频，读者可扫描书中二维码进行学习，也可扫描封面二维码，关注“人邮云课”公众号，将本书视频“加入”手机，随时学习。

02 素材文件与效果文件

提供本书所有实例涉及的素材与效果文件。

03 模拟试题库

提供丰富的与 Photoshop 相关的试题，读者可自由组合出不同的试卷进行测试。另外，还提供了两套完整的模拟试题，以便读者测试和练习。

04 PPT和教学教案

提供教学 PPT 和教案，以辅助老师顺利开展教学工作。

05 拓展资源

提供图片设计素材、笔刷素材、形状样式素材和Photoshop图像处理技巧文档等资源。

作　者

2018 年 8 月

目录
CONTENTS

第 2 章 图像的初步编辑 ····· 19

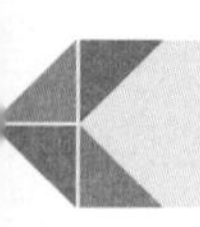

Chapter 1

第1章 图像处理快速入门

Photoshop CS6是目前非常流行的图形图像处理软件之一，广泛应用于平面图片、插画、网页、广告、数码照片处理等领域。要使用Photoshop CS6，首先需要掌握Photoshop CS6的入门知识，包括图像的基本概念、Photoshop CS6的工作界面、文件的基本管理、还原与恢复、辅助工具的使用等，为后期的图像处理奠定基础。

课堂学习目标

- 掌握Photoshop CS6中图像的基本概念
- 熟悉Photoshop CS6的工作界面
- 掌握Photoshop CS6文件的基本管理
- 熟悉还原与恢复操作、辅助工具的使用

课堂内容展示

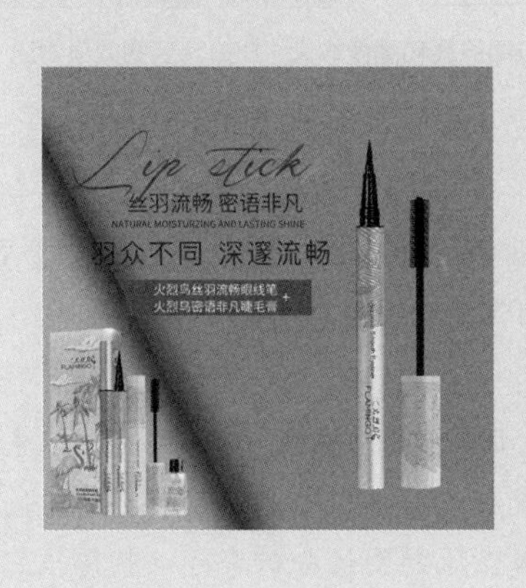

1.1 Photoshop CS6中图像的基本概念

使用Photoshop CS6处理图像之前，需要先了解Photoshop CS6中所涉及的基本概念，如矢量图、位图、像素、分辨率、色彩、图像格式、图层、通道和蒙版等。本节将详细介绍这些内容，以帮助读者了解Photoshop CS6，为后期处理图像打下基础。

1.1.1 矢量图

矢量图又称向量图，它是通过用数学公式计算获得的，其基本组成单元是锚点和路径。将矢量图不断放大，图像始终具有平滑的边缘和清晰的视觉效果，但聚焦和灯光的质量不能很好地得到表现。图1-1所示为矢量图原图和图像放大1 000%后的效果对比。

1.1.2 像素与位图

与矢量图相比，位图能够将灯光、透明度、深度等细节更真实地表现出来。将位图放大后图像会变得模糊，图1-2所示为位图原图和图像放大1 000%后的效果对比。将位图放大一定程度后，可看到它由许多小方块构成，这些小方块统称为像素点，单独的小方块则称为像素，因此，位图又称点阵图和像素图。

图1-1 矢量图原图和图像放大1 000%后的效果对比

图1-2 位图原图和图像放大1 000%后的效果对比

1.1.3 分辨率

分辨率是指单位长度上的像素数目。单位长度上的像素越多，分辨率就越高，图像就越清晰，所需的存储空间也就越大。分辨率主要分为图像分辨率、打印分辨率和屏幕分辨率3种。

- 图像分辨率：图像分辨率用于确定图像的像素数目，其单位有“像素/英寸”和“像素/厘米”两种。如一幅图像的分辨率为300像素/英寸，表示该图像中每英寸包含300个像素。
- 打印分辨率：打印分辨率又叫输出分辨率，指绘图仪或激光打印机等输出设备在输出图像时每英寸所产生的油墨点数。使用与打印机输出分辨率成正比的图像分辨率可以获得较好的输出效果。
- 屏幕分辨率：屏幕分辨率是指显示器上每单位长度显示的像素或点的数目，单位为“点/英寸”。如80点/英寸表示显示器上每英寸包含80个点。普通显示器的典型分辨率约为96点/英寸，苹果显示器的典型分辨率约为72点/英寸。

疑难解答

印刷品与电商图片的分辨率有什么要求？

通常情况下，分辨率改小可以，若改大，图像将会模糊，因此，在新建文件前需要明确文件的分辨率。一般按使用的介质和用途来确定分辨率，例如：网页中电商图片的分辨率常设置为 72 像素 / 英寸（若分辨率太高，则会影响图片的显示速度）；4 色印刷品的分辨率通常设置为 300 像素 / 英寸。

1.1.4 色彩

平面设计中，色彩一直是设计师们十分重视的设计要素。正确地搭配和运用色彩可以赋予作品良好的视觉效果，同时还能增加作品的吸引力。在应用色彩之前，首先需要对色彩进行了解，下面对色彩三要素、色彩搭配与色彩模式分别进行介绍，为色彩的应用奠定基础。

1. 色彩三要素

视觉所能感知的一切色彩现象都具有明度、色相和纯度3种属性，这3种属性是色彩基本的构成要素，下面对它们的含义进行具体介绍。

- 明度：指色彩的明暗程度。色彩中添加的白色越多，图像明度就越高；色彩中添加的黑色越多，图像明度就越低。如图1-3所示，图像色彩适当添加白色后，图像明度提高了。
- 色相：指颜色的色彩相貌，用于区分不同的色彩种类（红、橙、黄、绿、蓝、紫6色），6色首尾相连形成闭合的12色相环，位于圆环相对位置上的两种颜色为互补色，如图1-4所示。

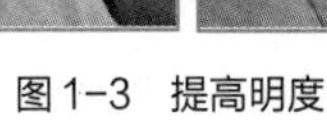
图1-3　提高明度

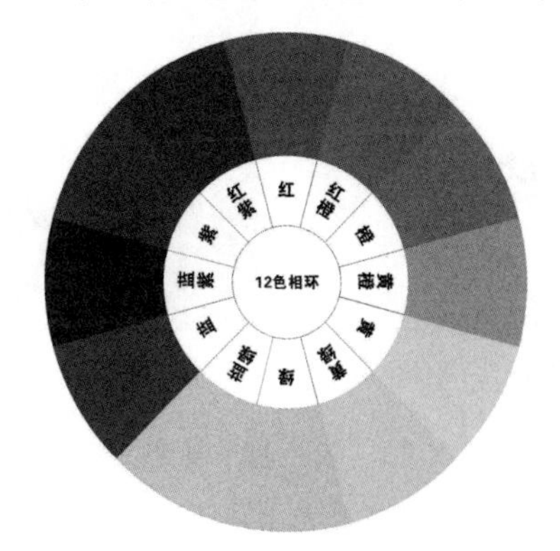

图1-4　色相环

- 纯度：指色彩的纯净程度，是色相的明确程度，也即色彩的鲜艳程度和饱和度。混入白色，鲜艳程度升高，明度变亮；混入黑色，鲜艳程度降低，明度变暗；混入明度相同的中性灰，鲜艳程度降低，明度不变。图1-5显示了红、黄、灰色彩纯度的变化过程。不同色彩的纯度对比强烈时，会给人以生硬、杂乱、刺激等感觉；不同色彩的纯度对比不足时，则会给人以粉、脏、灰、闷、含混、单调等感觉，图1-6所示为高纯度对比图像和低纯度对比图像的效果对比。

图1-5　色彩纯度的变化过程

图1-6　高纯度对比图像和低纯度对比图像的效果对比

2. 色彩搭配

不同的色彩搭配可以表现出不同的感情，同一种感情也可用不同的色彩搭配方式来体现。下面列举一些常见的表达感情的色彩搭配方式。

- 自然配色：自然配色由植物、土地、河流、动物毛色等自然物的色彩搭配形成，要求避免高纯度的鲜艳色调和相反色等对比效果强烈的色调，应选择稳重或柔和的色调，或相互接近彼此相容的色调。如根据自然的季节配色，春天应该选择明快或柔和的色调；夏天应该选择高纯度的暖色调或体现清凉感的冷色调；秋天应该选择中间色调的色彩；冬天则应该选择冷色调色彩或灰色调色彩，如图1-7所示。
- 同色深浅配色：由同一色相的色调差构成的配色类型，属于单一色彩配色的一种，色相相同的配色可展现和谐的效果。需要注意的是，若没有色调差异，画面则会产生缺乏张弛的呆板感觉。图1-8所示为同色深浅配色案例。
- 相似色彩配色：采用色相环上相邻的颜色配色，这种搭配会展现整体统一性，给人自然和谐的印象，但同时也容易形成单调乏味的感觉，图1-9所示为相似色彩配色案例。

图1-7　冬季色彩

图1-8　同色深浅配色

图1-9　相似色彩配色

- 强调色配色：在同色系色彩搭配构成的配色中，可通过添加强调色的配色技巧来突出画面重点，这种方法在明度、纯度相近的朦胧效果配色中同样适用。强调色一般选择基本色的对比色等明度和纯度差异较大的色彩，如白色和黑色，关键在于将强调色限定在小面积内予以展现，图1-10所示为强调色配色案例。
- 感情色配色：人们根据自然呈现的色彩和生活习惯特征为不同色彩赋予不同的感情色彩。如以红色为中心的暖色系常用于表示女性或女性用品，以蓝色为中心的冷色系常用于表示男性或男性用品，如图1-11所示。通常在表现温暖、湿热、酷暑时采用红色、橙色、黄色等暖色调色彩，在表现寒冷、清凉等时会采用白色、蓝色、绿色等冷色调色彩。体现年龄小时通常选择高明度和高纯度的原色搭配不浑浊的色调，而体现年龄大时则应选择低明度和低纯度的色彩搭配。

图 1–10　强调色配色

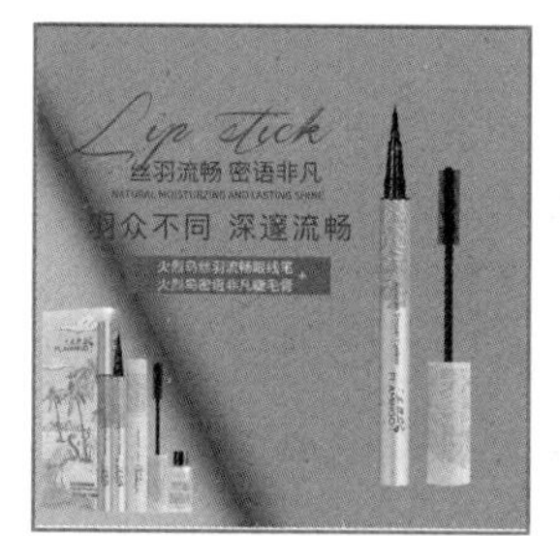

图 1–11　女性用品配色和男性用品配色

3. 色彩模式

色彩模式决定着一幅图像用什么样的方式在计算机中显示或打印输出。在Photoshop CS6中选择【图像】/【模式】命令中的子菜单命令即可转换图像的色彩模式。常用的色彩模式有RGB模式、Lab模式、CMYK模式、索引模式、位图模式、灰度模式和多通道模式等，下面分别进行介绍。

- RGB模式：RGB模式是由红、绿、蓝3种颜色按不同的比例混合而成的，也称真彩色模式，是最为常见的一种色彩模式。
- Lab模式：Lab模式由红、绿、蓝三基色转换而来。“Lab”中，L表示图像的明度，a表示由绿色到红色的光谱变化，b表示由蓝色到黄色的光谱变化。
- CMYK模式：CMYK模式是印刷时常使用的一种颜色模式，由青色、洋红、黄色和黑色4种颜色按不同的比例混合而成。

知识链接
色彩模式

- 索引模式：索引模式指系统预先定义好一个含有256种典型颜色的颜色对照表，当图像转换为索引模式时，系统会将图像的所有色彩映射到颜色对照表中。
- 位图模式：位图模式由黑和白两种颜色来表示图像的颜色模式。只有处于灰度模式或多通道模式下的图像才能转换为位图模式。
- 灰度模式：在灰度模式图像中每个像素都有一个0（黑色）~ 255（白色）之间的亮度值。当彩色图像转换为灰度模式时，将删除图像中的色相及饱和度，只保留亮度。
- 多通道模式：在多通道模式下图像包含了多种灰阶通道。将图像转换为多通道模式后，系统将根据原图像产生一定数目的新通道，每个通道均由256级灰阶组成。在进行特殊打印时，多通道模式作用比较显著。
- 双色调模式：双色调模式是用灰度油墨或彩色油墨来渲染灰度图像的模式。双色调模式采用两种彩色油墨来创建由双色调、三色调、四色调混合色组成的图像。转换为该模式后，最多可向灰度图像中添加4种颜色。

1.1.5　图像格式

在Photoshop中，应根据需要选择合适的文件格式进行存储。Photoshop支持多种文件格式，下面介绍一些常见的图像文件格式。

- PSD（*.PSD）格式：Photoshop自身生成的文件格式，以PSD格式存储的图像文件可以包含图层、通道、色彩模式等信息。

- TIFF（*.TIF、*.TIFF）格式：TIFF格式是一种无损压缩格式，主要是在应用程序之间或计算机平台之间进行图像的数据交换。
- BMP（*.BMP）格式：BMP格式用于选择当前图层的混合模式，使其与下面的图像进行混合。
- JPEG（*.JPG、*.JPEG、*.JPE）格式：JPEG是一种有损压缩格式，支持真彩色，生成的文件较小。在生成JPEG格式的图像文件时，可以通过设置压缩的类型来产生不同大小和质量的图像文件。压缩越大，图像文件就越小，图像质量也就越差。
- GIF（*.GIF）格式：GIF格式的文件是8位图像文件，最多有256色。GIF格式的图像文件较小，常用于网络传输，在网页上见到的图片大多是GIF和JPEG格式。与JPEG格式相比，GIF格式的优势在于可以存储动画效果。
- PNG（*.PNG）格式：PNG格式可以使用无损压缩方式压缩文件，支持24位图像，产生的透明背景没有锯齿边缘，产生图像的质量较好。
- EPS（*.EPS）格式：EPS格式可以包含矢量和位图图形，最大的优点是可以在排版软件中以低分辨率预览，而在打印时以高分辨率输出。在存储位图时，还可以将图像的白色像素设置为透明效果。
- PCX（*.PCX）格式：PCX格式与BMP格式一样支持1~24bit/s的图像，并可以用RLE压缩方式（一种极其成熟的压缩方案，具有无损压缩的特点）存储文件。
- PDF（*.PDF）格式：PDF格式是Adobe公司开发的用于Windows、MAC OS、UNIX、DOS系统的一种电子出版软件的文档格式，适用于不同平台。该格式文件可以存储多页信息，其中包含图形和文件的查找和导航功能。该格式还支持超文本链接，是网络下载时经常使用的文件格式。

疑难解答 | 怎样选择文件的存储格式？

在 Photoshop 中设计的作品尽量存储为 PSD 格式，以方便后期的修改；若需要在网页上使用图像文件，为了保证图像文件的质量，建议存储为 JPEG 格式、PNG 格式、TIFF 格式或 GIF 格式。通常需要带有透明背景或区域的静态图像选择 PNG 格式，带有动态效果的图像选择 GIF 格式，若需要打印输出，可选择 TIFF 格式或 JPEG 格式。

1.1.6 图层

用Photoshop制作的作品通常由多个图层合成，Photoshop可以将图像的各个部分置于不同的图层中，并将这些图层叠放在一起形成完整的图像效果，图1-12所示为分别将背景、人物与鞋、文字作为单独的图层，将这3个图层叠放在一起则会形成完整的女鞋广告图像，其中最底层的图层即为背景图层，灰白相间的方格区域为图层的透明区域。用户可以通过选择【窗口】/【图层】命令打开“图层”面板，在该面板中可以单独对各个图层中的图像内容进行编辑、修改、效果处理等操作，同时不影响其他图层。

图1-12　图层的叠加

提示 新建或打开一个图像文件时，系统会自动在新建的图像窗口中生成一个图层，即背景图层，这时用户就可以通过绘图工具在图层上绘制图形。

1.1.7　通道

通道是存储颜色信息的独立颜色平面，Photoshop中的图像文件通常都具有一个或多个通道，通道的组成受到图像色彩模式的影响，如RGB模式的颜色通道包括红（R）、绿（G）、蓝（B）3个颜色通道，如图1-13所示。CMYK模式的颜色通道包括青色（C）、洋红（M）、黄色（Y）、黑色（K）4个颜色通道，如图1-14所示。通过对各通道进行颜色、对比度、明暗度、滤镜添加等编辑操作，可得到特殊的图像效果。

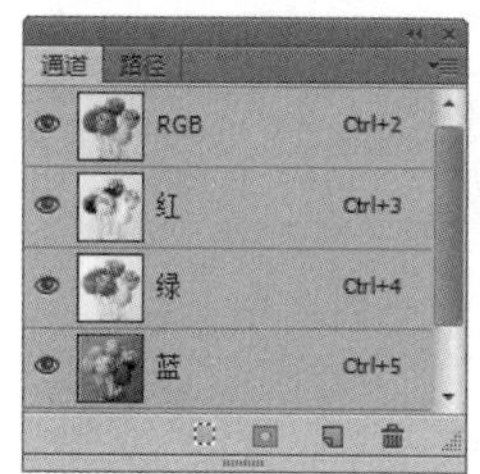

图1-13　RGB模式的颜色通道

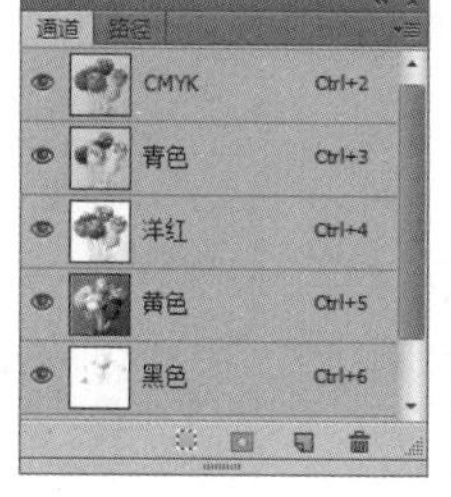

图1-14　CMYK模式的颜色通道

1.1.8　蒙版

蒙版是一种遮盖图像的工具，用于保护图像或图像部分区域不受其他编辑操作的影响，常用于控制选区的范围和图像区域的显示与隐藏。

- 控制选区的范围：如图1-15所示，添加快速蒙版后，使用黑色画笔涂抹图像可添加蒙版，在图像窗口中呈粉色玻璃遮盖效果，用于制作非选区；使用白色画笔涂抹图像可删除蒙版，用于创建选区。打开“通道”面板，在其中可查看快速蒙版，白色区域为选区，黑色区域为非选区。

图1-15　控制选区的范围

- 控制图像区域的显示与隐藏：如图1-16所示，为动物图层添加图层蒙版后，使用白色画笔涂抹蒙版可显示图像区域，使用灰色画笔涂抹蒙版可半透明显示图像区域，使用黑色画笔涂抹蒙版可隐藏图像区域。

图1-16　控制图像区域的显示与隐藏

1.2 熟悉Photoshop CS6的工作界面

了解Photoshop CS6图像处理的基本概念后，可启动Photoshop CS6进入其工作界面，如图1-17所示。对于初次接触Photoshop CS6软件的读者而言，可能并不清楚工作界面中各部分的作用。本节将对工作界面的组成，以及各部分的功能进行详细介绍，便于更好地学习Photoshop CS6的相关知识。

图1-17　Photoshop CS6工作界面

提示 Photoshop CS6的工作界面默认为深色背景，可以更加凸显图像，使用户专注于图像设计。按【Alt+F2】组合键可以提高工作界面的亮度（从黑色到深灰）；按【Alt+F1】组合键可以降低工作界面的亮度。

1.2.1 菜单栏

菜单栏中包含了图像处理中用到的所有命令，从左至右依次为文件、编辑、图像、图层、文字、选择、滤镜、3D、视图、窗口和帮助共11个菜单项。每个菜单项下包含了多个命令，可以直接通过相应的菜单选择要执行的命令，若菜单命令右侧标有▸符号，表示该菜单命令下还包含子菜单命令；若某些命令呈灰色显示，表示没有激活，或当前不可用。在菜单栏的右侧还包含了最小化、最大化和关闭按钮 - □ × ，用于控制窗口大小。

1.2.2 工具箱

工具箱中集合了图像处理过程中使用最频繁的工具，使用它们可以进行图像绘制、图像修饰和选区创建等操作。它的默认位置在工作界面左侧，通过拖动其顶部可以将其移动到工作界面的任意位置。工具箱顶部有一个◂◂按钮，单击该按钮可以将工具箱中的工具以紧凑型排列。而工具按钮右下角的黑色小三角标记，则表示该工具位于一个工具组中，其中还有一些隐藏的工具，在该工具按钮上按住鼠标左键不放或使用右键单击，可显示该工具组中隐藏的工具，图1-18所示为工具箱中的所有工具。

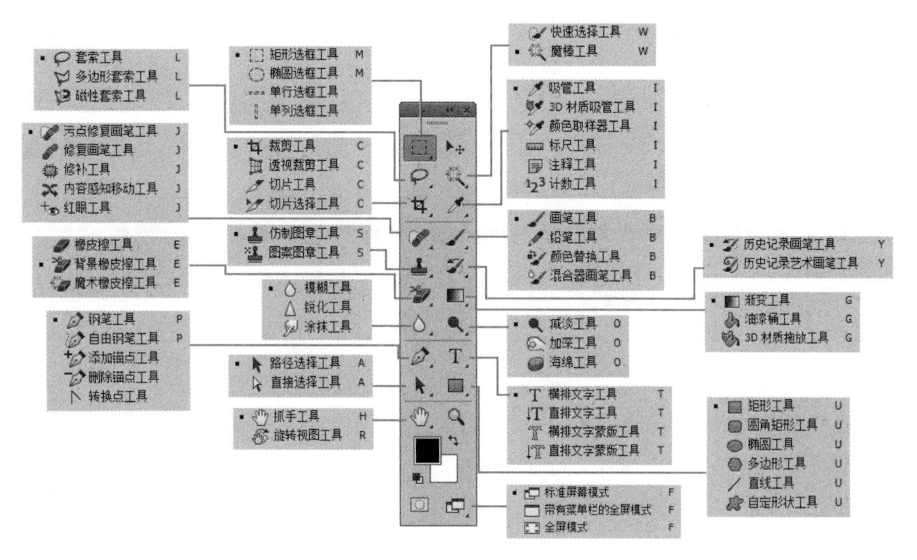

图1-18　工具箱中的所有工具

1.2.3 工具属性栏

工具属性栏用于显示当前使用工具箱中工具的属性，还可以对其参数进行进一步的调整。选择不同的工具后，工具属性栏就会随着当前工具的改变而发生相应的变化。

1.2.4 图像窗口

图像窗口包括编辑区和标题栏两部分，编辑区是对图像进行浏览和编辑操作的主要场所，标题栏主要显示当前图像文件的文件名、显示比例及图像色彩模式、“关闭”按钮等信息。当在Photoshop中打开一个图像时，就会创建一个图像窗口；打开多个图像时，则会依次停放到选项卡中，选择其中某一个图像标题栏，即可将其切换为当前操作窗口。单击标题栏并利用鼠标拖动将其从选项卡中移出，该窗口将成为一个浮动窗口，可任意移动（将浮动窗口标题栏拖动至选项卡中，出现蓝色横线时释放鼠标，可将窗口还原停放至选项卡中），此时，拖动浮动窗口任意一角，可调整窗口大小，在窗口的右上角也包含了用于调节工作区大小的一组按钮，其功能与菜单栏的3个按钮一样，如图1-19所示。

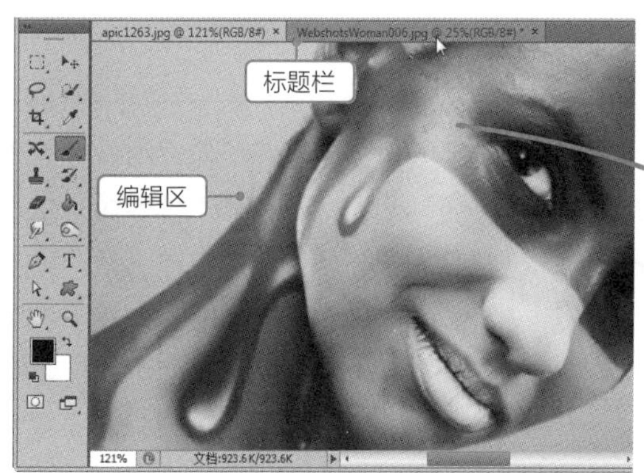

图1-19 调出浮动窗口

技巧 在Photoshop CS6中打开多个图像时，将默认以选项卡的形式显示，此时选择【窗口】/【排列】命令中对应的子命令，可以选择文档窗口的其他排列方式。

1.2.5 面板组和面板

在Photoshop CS6中用户可以通过面板进行选择颜色、编辑图层、新建通道、编辑路径和撤销编辑等操作。它是工作界面中非常重要的一个组成部分，除了默认显示在工作界面中的面板外，还可以通过选择“窗口”菜单中的命令打开或关闭面板，如图1-20所示，前面带勾标记的为打开的面板，未带勾标记的为关闭的面板。单击面板区左上角的“扩展”按钮，可打开隐藏的面板组；再次单击可还原为最简洁的方式显示，单击面板组中对应的按钮可展开相应面板，图1-21所示为单击“图层”按钮展开的“图层”面板，再次单击按钮或者单击面板右上角的“折叠”按钮可折叠面板到面板组中。

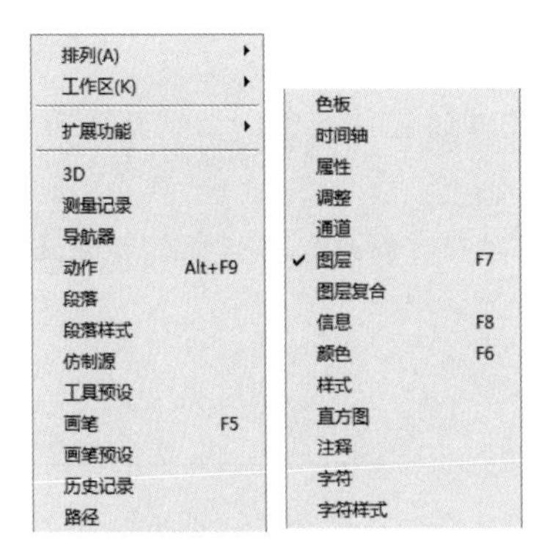

图1-20 打开与关闭面板

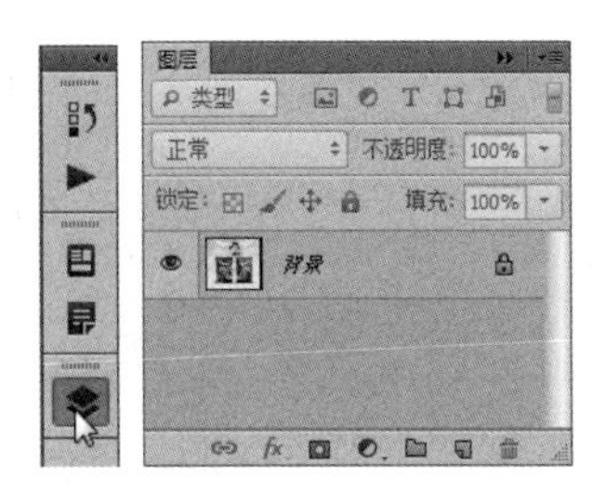

图1-21 展开与折叠面板

1.2.6 状态栏

状态栏位于图像窗口的底部，最左侧显示当前图像窗口的显示比例，在其中输入数值后按【Enter】键可改变图像的显示比例；单击最右侧的▶按钮，在打开的列表中选择任意选项，即可在该按钮的左侧显示相应的信息。

1.3 Photoshop CS6文件的基本管理

认识Photoshop CS6的工作界面后，即可通过该工作界面进行文件的基本管理，如新建图像文件、打开图像文件、存储图像文件、关闭图像文件。几乎所有的图像处理都离不开这些基本管理操作，它实现了Photoshop CS6文件与计算机的衔接，是必须掌握的基础知识。

1.3.1 新建图像文件

在Photoshop中制作图像文件，首先需要新建一个空白图像文件。选择【文件】/【新建】命令或按【Ctrl+N】组合键，打开图1-22所示的“新建”对话框，其中主要选项的含义如下。

- “名称”文本框：用于设置新建图像文件的名称，其中默认文件名为“未标题-1”。
- “预设”下拉列表框：用于设置新建图像文件的规格，在其中可选择Photoshop CS6自带的几种图像规格。
- “大小”下拉列表框：用于辅助“预设”后的图像规格，设置出更规范的图像尺寸。
- “宽度”/“高度”文本框：用于设置新建图像文件的宽度和高度，在右侧的下拉列表框中可以设置度量单位。
- “分辨率”文本框：用于设置新建图像文件的分辨率，分辨率越高，图像品质越好。
- “颜色模式”下拉列表框：用于选择新建图像文件的色彩模式，在右侧的下拉列表框中还可

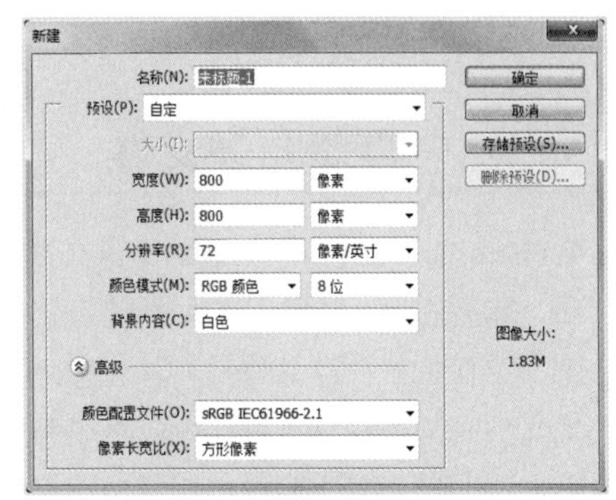

图1-22 “新建”对话框

以选择1位、8位、16位或32位图像。

- “背景内容”下拉列表框：用于设置新建图像文件的背景颜色，系统默认为白色，也可设置为背景色和透明。
- “高级”按钮：单击该按钮将变为状态，同时在“新建”对话框底部会显示“颜色配置文件”和“像素长宽比”两个下拉列表框。

1.3.2 打开图像文件

Photoshop CS6中打开图像文件的方法有很多，可通过拖动文件图标、右键快捷菜单、菜单命令和最近使用过的文件打开，分别介绍如下。

- 通过拖动文件图标打开：启动Photoshop CS6，在计算机中选择需要打开的图像文件图标，将该图像文件图标拖动至Photoshop CS6工作界面中即可。
- 通过右键快捷菜单打开：在需要打开的图像文件上单击鼠标右键，在弹出的快捷菜单中选择【打开方式】/【Adobe Photoshop CS6】命令即可。如果图像文件为PSD格式，则可直接双击进行打开，而不必选择打开的方式。
- 通过菜单命令打开：启动Photoshop CS6，按【Ctrl+O】组合键或选择【文件】/【打开】命令，打开“打开”对话框，在其中选择需要打开的图像文件，单击打开(O)按钮，如图1-23所示。
- 通过最近使用过的文件打开：选择【文件】/【最近打开文件】命令，在弹出的子菜单中将显示最近在Photoshop中打开过的10个文件，选择需要打开的文件即可，如图1-24所示。

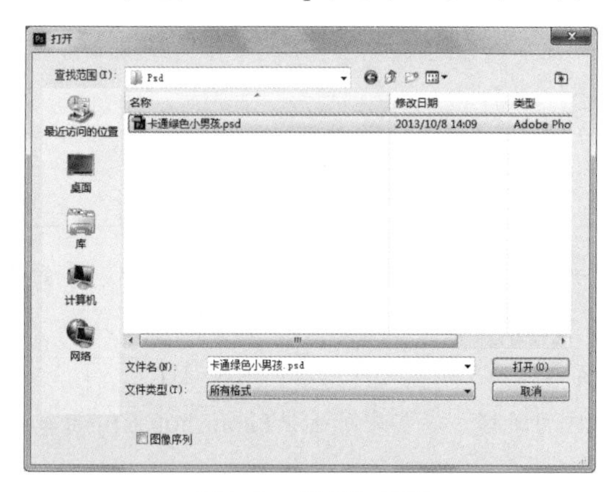

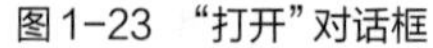

图1-23 “打开”对话框

图1-24 通过最近使用过的文件打开

1.3.3 存储图像文件

在Photoshop CS6中，新建的图像文件或处理的效果不会自动存储到计算机中，需要读者进行手动存储，其方法为：选择【文件】/【存储为】命令，打开“存储为”对话框，在其中设置图像文件的名称、存储位置和存储格式，单击保存(S)按钮即可。为了避免断电、计算机死机等意外情况导致图像文件丢失，在制作过程中应养成良好的存储习惯，其方法是：按【Ctrl+S】组合键存储，或选择【文件】/【存储】命令将图像文件存储在其原有的位置。

提示 在Photoshop CS6中初次存储图像文件都会打开“存储为”对话框;若在打开的图像文件中再次进行编辑,通过“存储”命令将覆盖原始文件,通过“存储为”命令可将图像文件以其他名称或位置进行存储,原图像文件不会产生变化。

1.3.4 关闭图像文件

完成图像文件的存储后，可关闭图像文件节约计算机空间。Photoshop CS6中关闭图像文件一般有两种情况：一种是关闭当前编辑的图像文件，不退出软件；另一种是关闭所有打开的图像文件并退出软件，下面分别介绍其方法。

- 关闭当前编辑的图像文件：有3种常用方法，分别是：单击图像窗口标题栏最右端的“关闭”按钮 x ；选择【文件】/【关闭】命令；按【Ctrl+W】或【Ctrl+F4】组合键。
- 关闭所有打开的图像文件并退出软件：有3种常用方法，分别是：单击软件窗口标题栏最右端的“关闭”按钮 x ；选择【文件】/【退出】命令；按【Ctrl+Q】组合键。

1.3.5 置入与导入、导出文件

在Photoshop中不仅能对位图进行处理，还可以处理矢量图以及视频文件。除此之外，还可以将图像置入到软件中转换为智能图层进行编辑，下面分别进行讲解。

- 置入文件：置入文件就是将目标文件直接打开置入到正在编辑的文件图层的上一层。置入矢量图像后，对其进行缩放、变换、旋转等操作，都不会降低图像的品质效果。选择【文件】/【置入】命令，打开“置入”对话框，在其中双击需置入的图像文件即可完成图像文件的置入。
- 导入文件：在Photoshop中可编辑视频帧和WIA支持的内容，当打开或新建图像文件后，通过【文件】/【导入】命令即可将其导入至图像文件中。
- 导出文件：若在Photoshop中创建了路径，则可选择【文件】/【导出】命令将路径导出为AI等格式，并可在相应的矢量软件中进行编辑，如CorelDRAW、Illustrator等。

1.4 还原与恢复图像

图像的处理与编辑是一项精心打磨的过程，有些效果可能需要反复修改对比才能达到预期的效果。在反复修改的过程中，就离不开还原与恢复操作，因此还原与恢复操作也是图像处理的基础操作之一，本节将对Photoshop CS6中3种还原与恢复的方式进行介绍，方便读者在图像处理过程中能够通过还原与恢复操作快速编辑图像。

1.4.1 通过命令与快捷键还原与恢复图像

Photoshop CS6中，通过命令与快捷键可快速实现图像操作的还原与恢复，下面对还原与恢复图

像的3种情况进行具体介绍。

- 还原与重做：在进行了一步误操作时，可对图像进行还原操作，即撤销对图像的最后一次操作。还原图像的方法为：选择【编辑】/【还原】命令或按【Ctrl+Z】组合键。需要注意的是，执行还原操作后，“还原”命令将会变为“重做”命令，选择【编辑】/【重做】命令将恢复撤销的操作。执行不同操作，“还原”与“重做”命令的名称也有所不同。
- 前进一步与后退一步：在处理图像时，还原和重做只能对当前操作的前一步进行编辑而不能对前几步进行撤销，若要连续还原，可多次选择【编辑】/【后退一步】命令或按多次【Alt+Ctrl+Z】组合键，逐步撤销直到图像恢复到之前需要的效果。如果想恢复被撤销的操作，可选择【编辑】/【前进一步】命令或按【Shift+Ctrl+Z】组合键来恢复。
- 恢复为原始状态：进行多步操作后，按【F12】键可将处理后的图像恢复为原始状态。

1.4.2 使用“历史记录”面板还原与恢复图像

在编辑图像时，操作的每一步都会记录在“历史记录”面板中，选择【窗口】/【历史记录】命令，可打开“历史记录”面板，通过“历史记录”面板可以将图像恢复到任意操作步骤状态，也可返回到当前编辑的状态，只需在“历史记录”面板中选择相应的历史命令即可，图1-25所示为某图像处理后的历史记录。选择【编辑】/【首选项】/【性能】命令，打开“首选项”对话框，在“历史记录状态”选项中可增加历史记录的存储数量。

图1-25 “历史记录”面板

1.4.3 使用快照还原与恢复图像

“历史记录”面板存储的操作步骤有限，而在处理一些较复杂的图像时，操作步骤繁多，且无法轻易分辨某步骤的操作效果，此时可使用快照来还原图像。其方法为：在完成某步重要的效果后，单击“历史记录”面板中的“创建新快照”按钮，将当前的操作状态存储为一个快照，图1-26所示为创建的调整曲线的步骤快照。以后无论进行多少步操作，都可以通过单击快照将图像恢复到快照记录的状态。

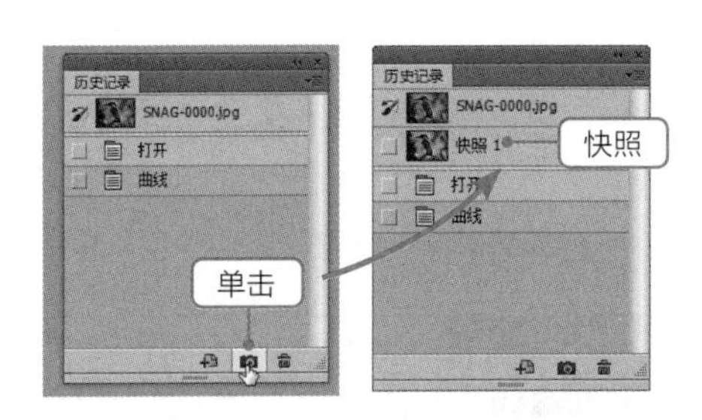

图1-26 创建快照

1.5 使用辅助工具

Photoshop CS6中提供了多个辅助用户处理图像的工具，大多位于“视图”菜单中。这些工具对图像不起任何编辑作用，仅用于测量或定位图像，使图像处理更精确，并且可以提高工作效率。本节将对Photoshop CS6中常用的辅助工具，即标尺、网格线和参考线的使用方法进行介绍。

1.5.1 认识标尺、网格线和参考线

在Photoshop中，标尺一般位于图像窗口上方或左侧，有刻度与数值，网格线一般是指显示在图像窗口中的小方格，参考线一般以绿色的线条交错在图像窗口中，如图1-27所示。

图1-27 标尺、网格线和参考线

标尺、网格线和参考线的含义分别介绍如下。

- 标尺：通过标尺可测量图像的宽度和高度，或创建参考线。选择【视图】/【标尺】命令或按【Ctrl+R】组合键，即可在打开的图像文件左侧边缘和顶部显示或隐藏标尺。
- 网格线：在图像处理中，设置网格线可以让图像处理更精准。选择【视图】/【显示】/【网格】命令或按【Ctrl+' 】组合键，可以在图像窗口中显示或隐藏网格线。
- 参考线：参考线是浮动在图像上的直线，分为水平参考线和垂直参考线。它用于给设计者提供参考位置，不会被打印出来。向下拖动上方的标尺到图像的合适位置，释放鼠标可在释放鼠标处创建水平参考线；向右拖动窗口左侧的标尺到图像的合适位置，释放鼠标可在释放鼠标处创建垂直参考线。按【Ctrl+H】组合键，可以在图像窗口中显示或隐藏参考线。

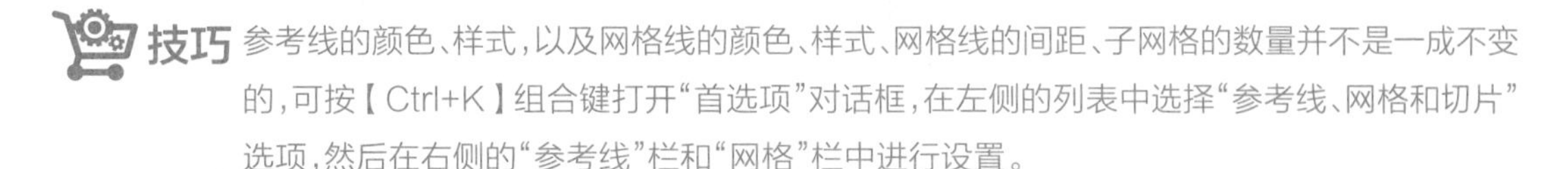

技巧 参考线的颜色、样式，以及网格线的颜色、样式、网格线的间距、子网格的数量并不是一成不变的，可按【Ctrl+K】组合键打开"首选项"对话框，在左侧的列表中选择"参考线、网格和切片"选项，然后在右侧的"参考线"栏和"网格"栏中进行设置。

1.5.2 辅助工具的实际应用

辅助工具的应用范围非常广泛，下面对最常见的应用方法进行介绍，如辅助图像切片、确定中线、确定起点、测量精确数值、对齐元素等。

1. 辅助图像切片

在设计网页页面时，为了便于店铺装修，通常需要将设计的页面图像分割成多个小版块，这就是切片，为了准确切片，可创建参考线来确定切片位置。在拖动标尺创建参考线后，可使用移动工

具移动参考线位置，使其更加精确，如图1-28所示。创建参考线后，选择切片工具，在工具属性栏中单击“基于参考线的切片”按钮即可基于参考线的位置进行切片。

2. 确定中线

设计的开始，经常要定位中线位置，在标尺处单击鼠标右键，在弹出的快捷菜单中选择“百分比”命令，然后拖出参考线至50%处即可确定中线，如图1-29所示。

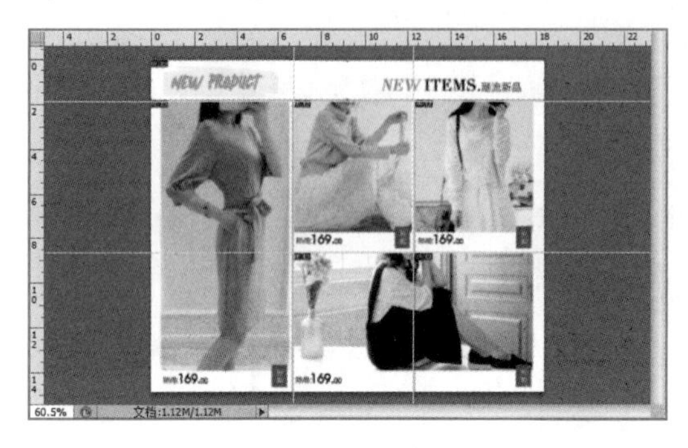

图1-28　辅助图像切片

图1-29　确定中线

3. 确定起点

标尺的起点一般都为画布最左侧和最上侧的交叉点，若要将起点确定到画布的其他位置，可拖动标尺左上角的交叉点到画布的目标交叉点来实现。如在左上角的交叉点处按住鼠标左键可以拖出标尺交叉点，拖动交叉点至参考线交叉处释放鼠标，则标尺的0点就从参考线交叉处计算，如图1-30所示。

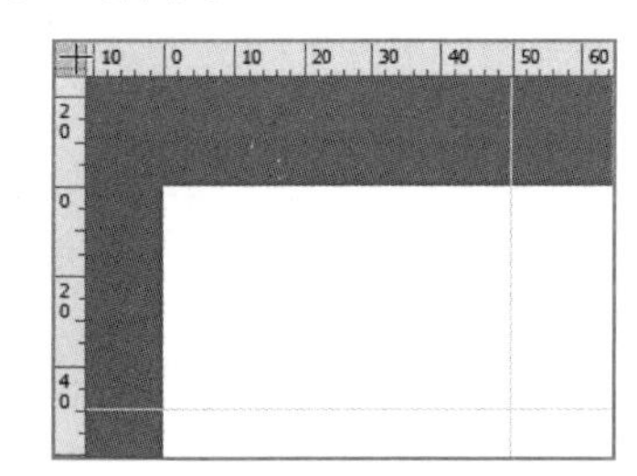

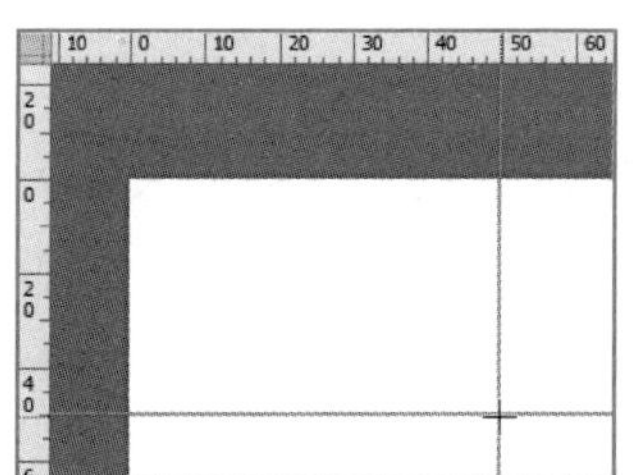

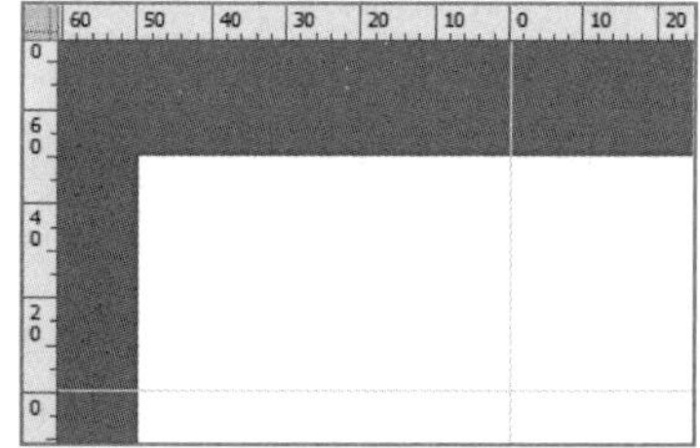

图1-30　确定起点

4. 测量精确数值

利用参考线可测量精确数值，如名片的实际大小为90mm×54mm，但新建图像文件时在边缘预留了2mm的出血区域（实际打印时预留剪裁的区域），新建的文件大小为94mm×58mm，为了保证制作的名片内容不在打印时被裁剪，使用参考线可精确标出出血的位置。其方法为：在标尺处单击鼠标右键，在弹出的快捷菜单中选择“毫米”命令，选择【视图】/【新建参考线】命令，在打开的对话框中分别新建位置为“垂直2毫米”“垂直92毫米”“水平2毫米”“水平56毫米”的参考线定位出血，如图1-31所示。

5. 对齐元素

在移动各设计元素时，使用参考线和网格可以对齐元素，如图1-32所示。若选择【视图】/【对齐到】/【参考线】命令，移动设计元素时会自动吸附到参考线上。

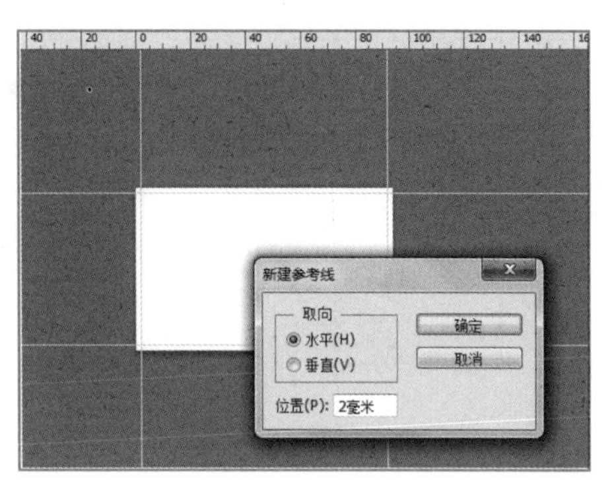

图 1-31　定位出血位置

图 1-32　对齐元素

1.6 上机实训——排版白酒画册

1.6.1 实训要求

利用Photoshop可以快速在页面中排版图像与文字，本实训将排版白酒画册，要求排版后的页面简洁、美观。

1.6.2 实训分析

排版常见于证件照、相册、画册、招贴、海报等多个领域，可以说是无处不在。在Photoshop中排版实质就是将多个图文素材拼合到一个图像文件中，同时需要注意调整各个素材的大小、位置，以及多个素材的对齐方式，将素材组合成一幅和谐、美观的画面。

本例中的白酒画册排版以白酒淳朴、单纯的特质为主，将花鸟、酒杯等装饰图形放置到页面的对角，将文字放置到页面大致居中的位置，在凸出文字重要性的同时，保持了画面的简洁、美观，排版后的最终效果如图1-33所示。

素材所在位置：素材\第1章\上机实训\白酒画册\

效果所在位置：效果\第1章\上机实训\白酒画册.psd

图 1-33　白酒画册排版效果

1.6.3 操作思路

完成本实训主要包括新建图像文件、置入图像文件、调整图像文件、添加文字等操作，其操作思路如图1-34所示。涉及的知识点主要包括新建图像文件、置入图像文件、调整图像文件、打开图像文件、新建参考线、存储图像文件等。

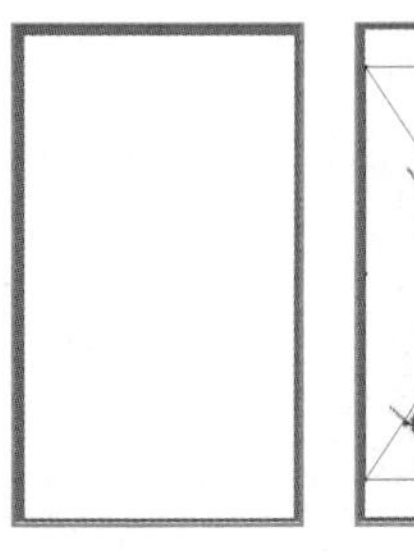

图1-34　操作思路

【步骤提示】

STEP 01 选择【文件】/【新建】命令，新建大小为“1236像素×2126像素”、分辨率为“350像素/英寸”、名称为“白酒画册.psd”的图像文件。

STEP 02 选择【文件】/【置入】命令，置入花鸟图形，置入后拖动四周的控制点调整花鸟图形的大小，注意向上拖动花鸟的下端控制点直至水平翻转图形，使用移动工具移动到合适位置，按【Enter】键完成置入。使用相同的方法继续置入酒杯、爱文字素材。

STEP 03 选择【文件】/【打开】命令，打开“白酒画册文字.psd”图像文件，使用移动工具移动“品味”和段落文字到工作界面“白酒画册”选项卡名称上，切换到“白酒画册”图像窗口，继续拖动到合适位置释放鼠标。

STEP 04 创建垂直辅助线，辅助左侧对齐“品味”和下方的段落文字。

STEP 05 选择【文件】/【存储为】命令，设置存储位置，存储排版的白酒画册图像。

1.7 课后练习

1. 练习1——*制作黑白照片*

打开图1-35所示的“模特.jpg”图像文件，转换为灰度模式，制作黑白照片，效果如图1-36所示。

素材所在位置： 素材\第1章\课后练习\练习1\模特.jpg

效果所在位置： 效果\第1章\课后练习\练习1\模特.psd

2. 练习2——*制作双色调照片*

在练习1的基础上将图像的色彩模式转换为红色与蓝色混合的双色调模式，效果如图1-37所示。

效果所在位置： 效果\第1章\课后练习\练习2\模特.psd

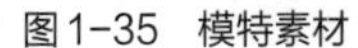
图1-35　模特素材

图1-36　黑白照片

图1-37　双色调照片

Chapter 2

第2章 图像的初步编辑

新建或打开图像文件后，就会涉及对图像的各种编辑。本章将介绍图像的初步编辑方法，如调整图像显示、调整图像与画布大小、裁剪与变换图像、填充与描边图像等。读者通过本章的学习能够熟练掌握图像编辑的相关操作，并能熟练运用到实践中。

课堂学习目标

- 掌握图像显示、图像与画布调整的方法
- 掌握移动、复制与删除图像的方法
- 掌握裁剪与变换图像的方法
- 掌握填充与描边图像的方法

课堂案例展示

合成艺术照

打造蝴蝶眼妆

为卡通图像上色

2.1 图像显示调整

Photoshop CS6中打开图像文件后，图像默认以100%的比例显示，若要查看或编辑图像的细节部分，就需要调整图像的显示效果，将细节部分放大。除了在工作界面状态栏最左侧的“显示比例”数值框中输入百分比，按【Enter】键改变图像的显示比例，本节还将介绍调整图像显示的其他4种方式，包括缩放工具、抓手工具、导航器、旋转视图工具。

2.1.1 通过缩放工具缩放图像

使用缩放工具查看图像主要有以下两种方法。

- 选择缩放工具，将鼠标指针移至图像上需要放大的位置单击即可以鼠标指针为中心放大图像，按住【Alt】键可缩小图像。
- 选择缩放工具，在需要放大的图像位置按住鼠标左键不放，向下或向右拖动可放大图像，向上或向左拖动可缩小图像。

此外，通过缩放工具属性栏的选项也可设置缩放模式，如图2-1所示。

图2-1 缩放工具属性栏

缩放工具属性栏中的各功能介绍如下。

- “放大”按钮和“缩小”按钮：单击“放大”按钮后，单击图像可放大；单击“缩小”按钮后，单击图像可缩小。
- “调整窗口大小以满屏显示”复选框：单击选中该复选框，在缩放窗口的同时自动调整窗口的大小，使图像满屏显示。
- “缩放所有窗口”复选框：单击选中该复选框，同时缩放所有打开的图像窗口。
- “细微缩放”复选框：单击选中该复选框，在图像中单击鼠标左键并向左或向右拖动，可以平滑的方式快速缩小或放大窗口。
- 实际像素按钮：单击该按钮，图像以实际像素（即100%）的比例显示。
- 适合屏幕按钮：单击该按钮，可以在窗口中最大化显示完整的图像，双击抓手工具也可达到同样的效果。
- 填充屏幕按钮：单击该按钮，可在整个屏幕范围内最大化显示完整的图像。
- 打印尺寸按钮：单击该按钮，图像会以实际的打印尺寸显示。

2.1.2 使用抓手工具平移图像

使用抓手工具可以在图像窗口中移动图像。使用缩放工具放大图像后，然后选择抓手工具，在放大的图像窗口中按住鼠标左键拖动，可以随意查看图像，图2-2所示为向左拖动画布前后的显示效果。此外，通过拖动图像窗口右侧或下端的滚动条，也可调整图像显示区域。

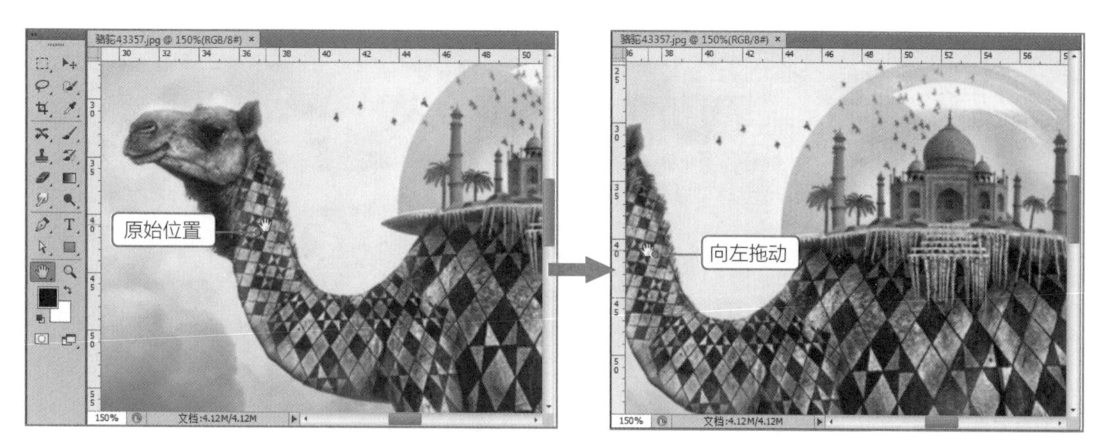

图2-2　使用抓手工具平移图像

2.1.3　使用导航器查看图像

选择【窗口】/【导航器】命令，打开“导航器”面板，将显示当前图像的预览效果。按住鼠标左键左右拖动“导航器”面板底部滑动条上的滑块，可实现图像显示的缩小与放大。在滑动条左侧的数值框中输入数值，可直接以输入的比例来完成缩放。

当图像放大超过100%时，“导航器”面板中的图像预览区中便会显示一个红色的矩形线框，表示当前视图中只能观察到矩形线框内的图像，将鼠标指针移动到预览区，此时鼠标指针变成状，按住左键并拖动，可调整图像的显示区域，如图2-3所示。

图2-3　使用导航器查看图像

2.1.4　调整视图方向

选择旋转视图工具直接拖动画布，可以调整图像显示的方向，方便设计者从不同方向观察作品。在工具属性栏中通过“旋转角度”文本框可设置具体的旋转角度，如图2-4所示。单击复位视图按钮可恢复图像的原始角度，单击选中“旋转所有窗口”复选框，可同时旋转所有打开的图像窗口中的图像。

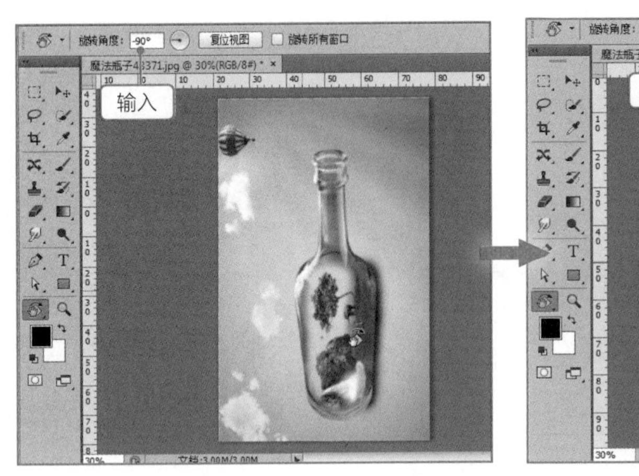

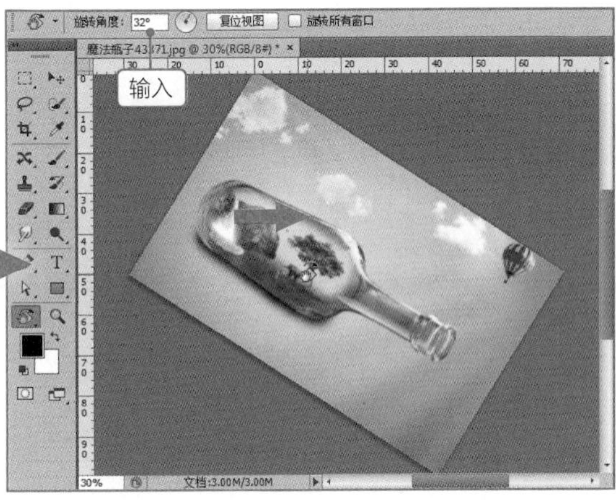

图2-4　调整视图方向

2.2 图像与画布调整

除了在新建图像文件时设置图像的大小，对已有的图像文件，读者也可根据需要更改图像的大小。若画布无法放下添加的图像，则可以对画布进行调整。本节将详细讲解调整图像与画布大小，以及旋转图像的方法，帮助读者制作出符合尺寸与角度要求的图像文件。

2.2.1 调整图像大小

图像大小由宽度、高度、分辨率来决定。在新建文件时，“新建”对话框右侧会显示当前新建后的文件大小。当图像文件创建完成后，如果需要改变其大小，可以选择【图像】/【图像大小】命令，然后在图2-5所示的“图像大小”对话框中进行设置。

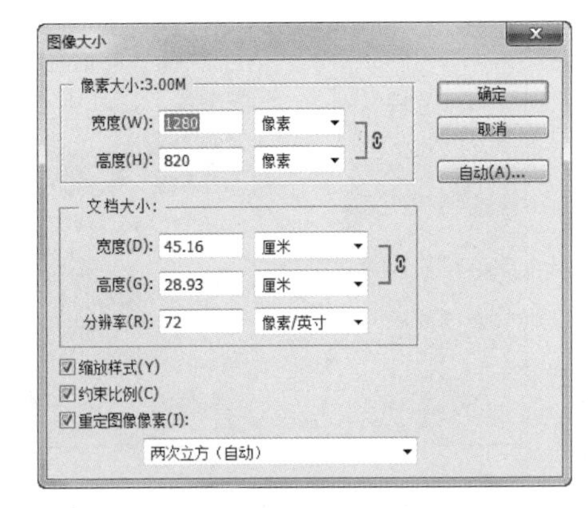

图2-5　“图像大小”对话框

“图像大小”对话框中各选项的含义如下。

- “像素大小”/“文档大小”栏：通过在数值框中输入数值来改变画布以及画布中图像的整体大小。
- “分辨率”数值框：在数值框中重设分辨率来改变图像大小。
- “缩放样式”复选框：单击选中该复选框，可以保证图像中的各种样式（如图层样式等）按比例进行缩放。当单击选中“约束比例”复选框后，该选项才能被激活。

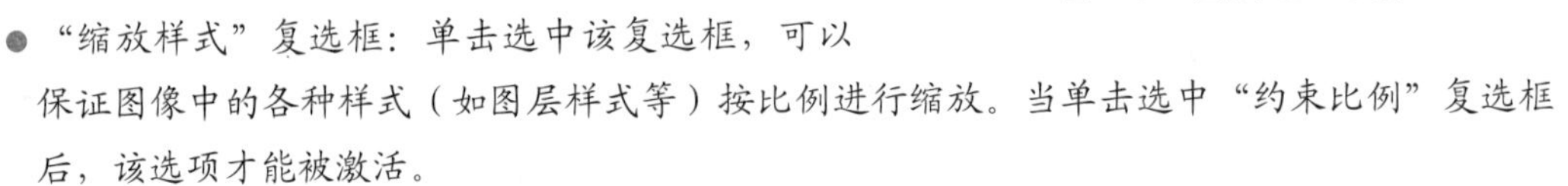

- “约束比例”复选框：单击选中该复选框，在“宽度”和“高度”数值框后面将出现“链接”标识，表示改变其中一项设置时，另一项也将按相同比例改变。
- “重定图像像素”复选框：单击选中该复选框可以改变像素的大小。

2.2.2 调整画布大小

使用“画布大小”命令可以精确地设置图像画布的尺寸，当画布大于图像区域时，将用设置的颜色填充画布的空白区域，当画布小于图像的实际区域时，将会裁剪画布中的图像至画布大小。选择【图像】/【画布大小】命令，打开“画布大小”对话框，在其中可以修改画布的“宽度”和“高度”数值，如图2-6所示。

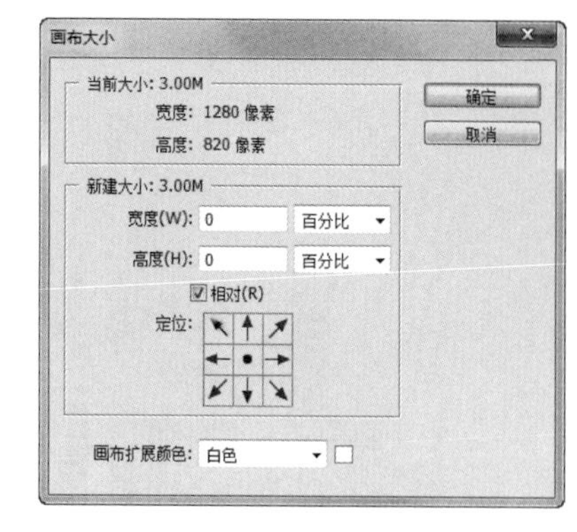

图2-6 “画布大小”对话框

“画布大小”对话框中各选项的含义如下。

- “当前大小”栏：显示当前图像画布的实际大小。
- “新建大小”栏：设置调整后图像的“宽度”和“高度”，默认为当前大小。如果设定的“宽度”和“高度”大于图像的尺寸，Photoshop CS6会在原图像的基础上增大画布面积；反之，则减小画布面积。
- “相对”复选框：单击选中该复选框，则“新建大小”栏中的“宽度”和“高度”表示在原画布的基础上增大或是减小的尺寸（而非调整后的画布尺寸），正值表示增大尺寸，负值表示减小尺寸。
- “定位”栏：单击不同的方格，可指示当前图像在新画布上的位置。

疑难解答

画布不能完全显示图像该怎么办?

当在文件中置入较大的文件或使用移动工具将一个较大的图像拖入到较小的文件中时，由于画布较小，无法完全显示出图像，此时可选择【图像】/【显示全部】命令，Photoshop CS6将自动扩大画布，显示全部图像。

2.2.3 旋转图像与画布

与旋转视图不同，旋转图像与画布不能设置复位。旋转图像是指调整图像的方向，选择【图像】/【图像旋转】命令，在打开的子菜单中选择相应命令即可完成，如图2-7所示。旋转后的图像可满足用户的特殊要求，各旋转命令的作用如下。

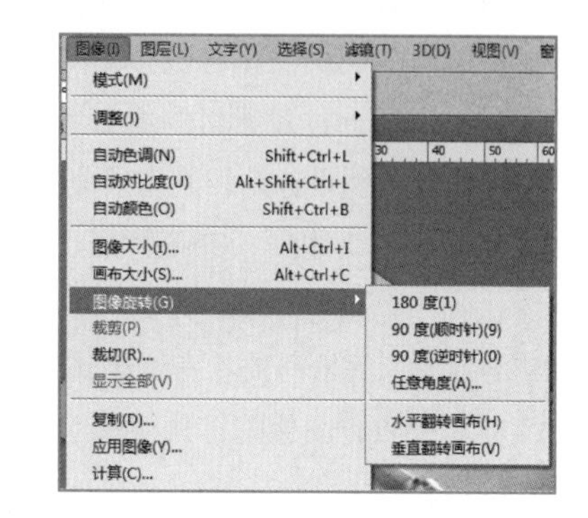

图2-7 旋转命令

- 180度：选择该命令可将整个图像旋转180度。
- 90度（顺时针）：选择该命令可将整个图像顺时针旋转90度。
- 90度（逆时针）：选择该命令可将整个图像逆时针旋转90度。
- 任意角度：选择该命令，将打开“旋转画布”对话框，在“角度”文本框中输入想要旋转的角度，范围在-359.99 ~ 359.99，旋转的方向由“顺时针”和“逆时针”单选项决定。

- 水平翻转画布：选择该命令可水平翻转画布，如图2-8所示。
- 垂直翻转画布：选择该命令可垂直翻转画布，如图2-9所示。

图2-8　水平翻转画布

图2-9　垂直翻转画布

提示　本节的调整图像大小、旋转图像角度，以及后面讲解的裁剪图像是指针对画布中所有图像的整体调整，后面讲解的移动、复制、删除图像，以及变换图像都是针对图层中单个图像元素的调整。

2.3 移动、复制与删除图像

通过移动、复制与删除图像可将多张图像拼合在一起，在为图像换背景、为图像添加更为丰富的元素时经常用到。本节将对移动、复制与删除图像的具体方法进行介绍。

2.3.1 课堂案例——合成艺术照

案例目标：通过图像的打开、移动、复制等操作来合成艺术照。在合成艺术照之前，需要设计艺术照的场景，然后根据场景去寻找相关的素材，最后通过对素材的编辑完成艺术照的合成。本例设计的场景为唯美的雪景，因此在制作时，用到了雪花背景、雪花等元素，为了营造艺术感，增加了鹿角、艺术字等元素，完成后的参考效果如图 2-10 所示。

视频教学
合成艺术照

知识要点：图像的打开与移动；图像的复制；图像的缩放、旋转。

素材位置：素材 \ 第 2 章 \ 艺术照 \

效果文件：效果 \ 第 2 章 \ 艺术照 .psd

图2-10　合成艺术照效果

其具体操作步骤如下。

STEP 01 打开“素材”文件夹中的“艺术照”文件夹，如图2-11所示。在Photoshop中打开所有的文件。

STEP 02 单击“人物.png”选项卡，将其切换为当前窗口，选择移动工具，将鼠标指针移至人物上，如图2-12所示。

图2-11 “艺术照”文件夹

图2-12 切换窗口

STEP 03 按住鼠标左键不放并将其拖动到“背景.jpg”图像文件的标题栏，切换到“背景.jpg”图像文件中，继续拖动人物到背景下方再释放鼠标，如图2-13所示。

STEP 04 按【Ctrl+T】组合键进入自由变换状态，在图像上显示出8个控制点，将鼠标指针移到左上角的控制点上向左上角拖动鼠标，放大人物图像，按【Enter】键确认，如图2-14所示。

图2-13 在不同文档中移动图像

图2-14 放大图像

STEP 05 单击“鹿.png”选项卡，将其切换为当前窗口，选择套索工具，拖动鼠标为鹿角绘制选区，如图2-15所示。

STEP 06 选择移动工具，将鼠标指针移至鹿角的选区上，按住鼠标左键不放并将其拖动到“背景.jpg”图像文件的标题栏，切换到“背景.jpg”图像文件中，继续拖动鹿角到背景中的人物头像上后再释放鼠标，如图2-16所示。

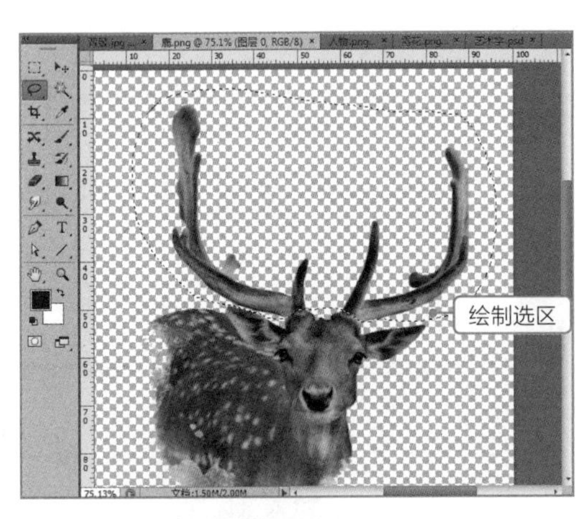

图2-15 创建选区

图2-16 在人物头像上添加鹿角

STEP 07 按【Ctrl+T】组合键进入自由变换状态，在图像上显示出8个控制点，将鼠标指针移到右上角的控制点上向左下角拖动鼠标，缩小鹿角，按【Enter】键确认，如图2-17所示。

STEP 08 将鼠标指针移到图像四周右上角控制点的外部，当鼠标指针变为形状时，按住鼠标左键向左上角拖动鼠标，旋转鹿角的角度，使其与人物头像贴合，使用移动工具拖动鹿角，使其与头像衔接起来，如图2-18所示。

图2-17 缩小鹿角

图2-18 旋转并移动鹿角

STEP 09 单击“雪花.png”选项卡，按【Ctrl+A】组合键全选图像，使用移动工具拖动雪花到背景图像中，调整雪花的大小与位置，在人物表面添加雪花效果，如图2-19所示。

提示 由于雪花较小，直接使用移动工具很难将鼠标指针定位到雪花图像上，因此采用移动选区的方式来移动雪花。

STEP 10 使用相同的方法继续添加“艺术字.psd”图像文件中的文字到背景图像中，如图2-20所示。单击“背景.jpg”选项卡以外的所有文件选项卡右侧的“关闭”按钮关闭素材图像窗口，在“背景.jpg”图像文件窗口中选择【文件】/【存储为】命令，将其另存为“艺术照.psd”图像文件，至此完成本例的操作。

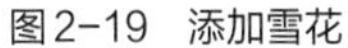

图2-19　添加雪花

图2-20　添加艺术字

提示　当移动图像到其他图像窗口中时，该图像在其他窗口中为当前选择的图层，继续添加图像，将在选择图层上层继续添加图像，若添加图像后，发现图像的上下层堆叠顺序不正确，可在“图层”面板中拖动图层调整图像的堆叠顺序。

2.3.2　移动图像

使用移动工具可移动图层或选区中的图像，还可将其他文件中的图像移动到当前文件中，下面对常见的3种移动图像的操作进行介绍。

- 移动同一文件的图像：在“图层”面板中选择需要移动的图像所在的图层，在图像编辑区使用移动工具单击鼠标左键并拖动，即可移动该图层中的图像到不同位置，图2-21所示为移动蝴蝶的位置。
- 移动选区内的图像：若创建了选区，则将鼠标指针移至选区内，按住鼠标左键不放并拖动，即可移动所选对象的位置，如图2-22所示。

图2-21　移动蝴蝶位置

图2-22　移动选区内的图像

- 移动到不同文件中：若打开两个或多个图像文件，选择移动工具，将鼠标指针移至一个图像中，按住鼠标左键不放并将其拖动到另一个图像文件的标题栏，切换到该图像文件，继续拖动到该图像文件的画面中后再释放鼠标，即可将图像拖入该文件，图2-23所示为移动兔子到树丛图像中。

图2-23　移动到不同文件中

2.3.3　复制图像

复制图像是指为整个图像或选择的部分区域创建副本，然后将图像粘贴到另一处或另一个图像文件中。选择要复制的图形，然后选择【编辑】/【拷贝】命令，切换到要粘贴图像的文件或图层中，选择【编辑】/【粘贴】命令即可。选择移动工具，按住【Alt】键拖动图像到指定位置释放鼠标左键与【Alt】键，可快速移动并复制图像到指定位置。

2.3.4　删除图像

选择图像所在的图层，按【Delete】键可删除所在图层的图像，使用选区工具选择图像中的部分图像区域，按【Delete】键可删除该区域所在的图像，图2-24所示为框选图像中的篮柄与手臂，按【Delete】键删除后的效果。

图2-24　删除图像中的篮柄与手臂

课堂练习——制作足球海报

本例将打开“足球.jpg”图像文件（素材\第2章\课堂练习\足球海报\），使用磁性套索工具为“足球”图像中的足球建立选区，使用剪切命令剪切足球图像，然后粘贴到“球场.jpg”图像文件中，使用复制与粘贴命令，对足球图像进行复制，制作后的效果如图2-25所示（效果\第2章\课堂练习\足球海报.psd）。

图2-25　足球海报效果

2.4 裁剪、变换与变形图像

在合成图像的过程中，简单的移动、复制图像可能并不能达到很好的拼合效果，往往需要涉及裁剪多余的图像，以及缩小图像、旋转图像、斜切图像、扭曲图像、变形图像等变换操作。本节将对裁剪与变换图像的具体方法进行介绍。

2.4.1 课堂案例——打造蝴蝶眼妆

案例目标：本例将打开“人物.jpg”图像，使用“置入”命令，将“蝴蝶花纹.eps”图像导入到人物图像中，并使用变形命令，将花纹贴合到脸上，完成后的参考效果如图2-26所示。

知识要点：图像的打开与移动；图像的置入；图像的缩放、旋转、变形操作。

素材位置：素材\第2章\蝴蝶眼妆\

效果文件：效果\第2章\蝴蝶眼妆.psd

视频教学
打造蝴蝶眼妆

图2-26　蝴蝶眼妆效果

其具体操作步骤如下。

STEP 01 打开“人物.jpg”图像文件，如图2-27所示，选择【文件】/【置入】命令。

STEP 02 打开“置入”对话框，在其中选择“蝴蝶花纹.png”图像文件，单击 置入(P) 按钮，如图2-28所示。

图2-27　打开素材

图2-28　置入文件

STEP 03 在图像上显示出8个控制点，将鼠标指针移到中心点上，将花纹拖动到人物眼睛部位，如图2-29所示。

STEP 04 将鼠标指针移到左上角的控制点上向右下角拖动鼠标，缩小花纹并移动到合适位置，如图2-30所示。

STEP 05 将鼠标指针移到图像四周右上角控制点的外部，当鼠标指针变为↷形状时，按住鼠标左键向左上角拖动鼠标，旋转花纹的角度，使其与人物头部的倾斜角度大致相同，如图2-31所示。

图2-29　移动图像

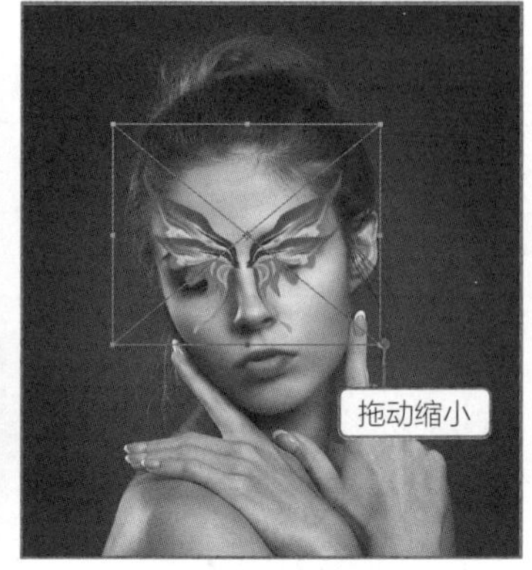

图2-30　缩小图像

图2-31　旋转图像

STEP 06 按【Enter】键确定置入，在“图层”面板中右击“蝴蝶花纹”图层，在弹出的快捷菜单中选择“栅格化图层”命令，将智能对象转换为普通图像，如图2-32所示。

STEP 07 使用矩形选框工具框选右侧的蝴蝶花纹，使用移动工具将其向右侧移动至鼻翼的一侧，效果如图2-33所示。按【Ctrl+D】组合键取消选区。

STEP 08 选择蝴蝶花纹图层，选择【编辑】/【变换】/【变形】命令，将鼠标指针移动到变换框下方四周的控制点，将其移动到脸部的边缘，单击选择控制点，拖动出现的控制柄，将正方形的网格调整为人物轮廓的形状，使蝴蝶花纹更加贴合脸部，效果如图2-34所示。按【Enter】键确认变形操作。

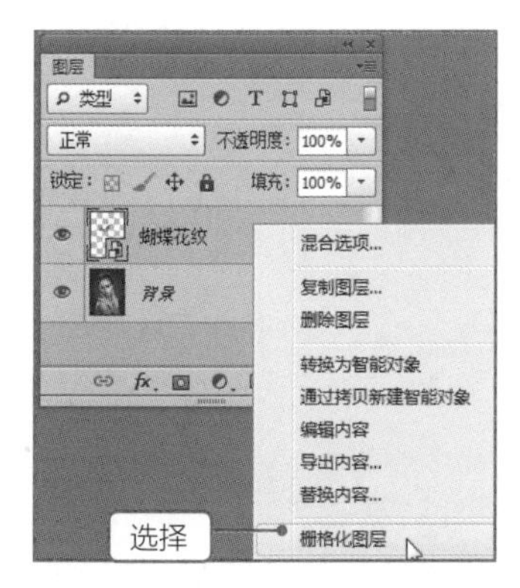

图2-32　栅格化图层

图2-33　移动图像

图2-34　变形图像

STEP 09 选择蝴蝶花纹图层，在“图层”面板中将图层混合模式设置为“叠加”，将图层不透明度设置为“75%”，效果如图2-35所示。

STEP 10 选择橡皮擦工具，在工具属性栏中设置流量为“50%”，调整画笔大小，设置画笔硬度为“0”，擦除蝴蝶边缘，以及蝶尾，效果如图2-36所示。存储文件为“蝴蝶眼妆.psd”，至此完成本例的制作。

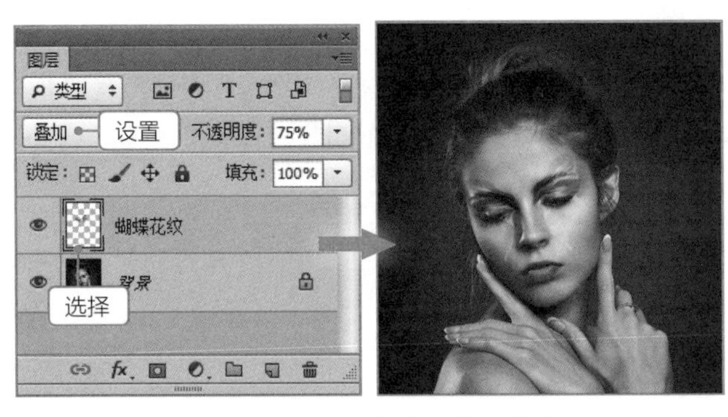

图2-35　设置图层混合模式

图2-36　擦除边缘以及蝶尾

2.4.2　裁剪图像

Photoshop CS6提供了对图像进行规则裁剪的功能，因此在处理图像时，用户可根据需要裁剪出像素大小符合要求的图像。与直接删除图像不同，裁剪的区域可通过拖动裁剪框再次显示出来。

1. 裁剪工具

当仅需要图像的一部分时，可以使用裁剪工具来快速删除部分图像。使用该工具在图像中拖动绘制一个矩形区域，矩形区域内部代表裁剪后图像保留部分，矩形区域外部表示将被删除的部分，在保留的区域四周有一个定界框，拖动定界框上的控制点可调整裁剪区域的大小，如图2-37所示。裁剪完成后双击保留的图片区域或按【Enter】键即可完成裁剪。

图2-37　裁剪图像

选择裁剪工具，通过工具属性栏可设置裁剪的模式、比例与大小等参数，如图2-38所示。

图2-38　裁剪工具属性栏

裁剪工具属性栏中相关选项的含义介绍如下。

- “裁剪模式”下拉列表框：用于设置裁剪方式，选择“不受约束”选项可以自由调整裁剪框的大小，选择其他选项可按比例裁剪图像。
- “设置自定长宽比”数值框：用于输入裁剪图像的自定义长宽比。
- “纵向与横向旋转裁剪框”按钮：用于设置裁剪框的方向。
- “拉直”按钮：单击该按钮，可将图片中倾斜的内容拉直。
- “视图”下拉列表框：默认显示为“三等分”，用于设置裁剪的参考线，帮助用户进行合理构图。
- “设置其他裁切选项”按钮：单击该按钮，在打开的下拉列表框中单击选中“使用经典模式”复选框将使用以前版本的裁剪工具；单击选中“启用裁剪屏蔽”复选框，裁剪区域外将被颜色选项中设置的颜色覆盖。

- “删除裁剪的像素”复选框：默认情况下，裁剪掉的图像会保留在文件中，继续向裁剪后的区域拖动可将隐藏的部分显示出来，如果要彻底删除裁剪的图像，需要单击选中“删除裁剪的像素”复选框。

提示 需要注意的是裁剪工具的工具属性栏在执行裁剪操作的前后显示状态不同，执行裁剪操作后，工具属性栏后将增加按钮、按钮和按钮，分别表示“复位裁剪框、图像旋转以及长宽比设置”“取消当前裁剪操作”“提交当前裁剪操作”。

2. 透视裁剪工具

透视裁剪工具可以解决由于拍摄不当造成的透视畸变的问题。选择透视裁剪工具后，拖动鼠标创建矩形裁剪框，将鼠标指针移到矩形框四角的控制点上，按住鼠标左键不放至适当位置后释放鼠标，注意边框线与倾斜的实物平行，按【Enter】键确认裁剪，如图2-39所示。

图2-39　透视裁剪图像

通过透视裁剪工具属性栏可设置裁剪的大小、分辨率、方向等参数，如图2-40所示。

图2-40　透视裁剪工具属性栏

知识链接
透视裁剪参数详解

3. 切片工具

切片工具常用于网页效果图设计，是网页设计时必不可少的工具。其使用方法是：选择切片工具，在图像中需要切片的位置拖动鼠标绘制即可创建切片。与裁剪工具不同的是，使用切片工具创建区域后，区域内和区域外都将被保留，区域内为用户切片，区域外为其他切片。

2.4.3　变换图像

变换图像是编辑处理图像经常使用的操作，它可以使图层、路径、矢量形状、所选的图像产生缩放、旋转与斜切、扭曲与透视等效果。选择【编辑】/【变换】命令，在打开的子菜单中可选择多种变换命令，如图2-41所示。选择变换命令后，在图像周围会出现一个变换框，变换框中央有一个中心点，拖动它可调整其位置，用于确定变换时图像的中心位置，拖动变换框四周的8个控制点可进行变换操作，如图2-42所示。

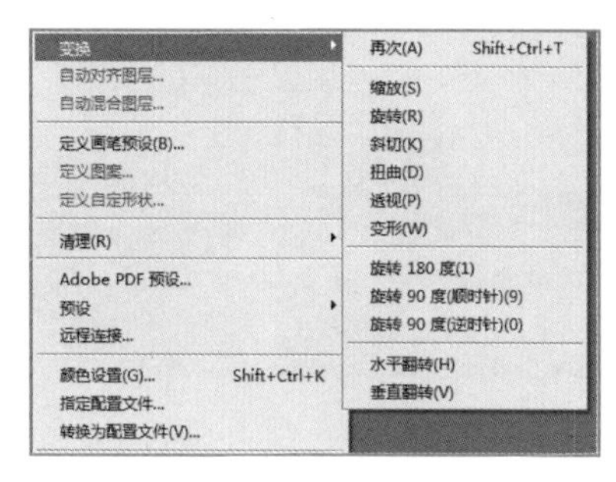

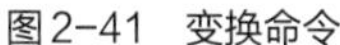
图2-41　变换命令

图2-42　变换框

- 缩放图像：选择【编辑】/【变换】/【缩放】命令，出现变换框，将鼠标指针移至变换框四角的控制点上，鼠标指针变为双向箭头↘形状，按住鼠标左键不放向中心拖动可缩小图像，向外侧拖动可放大图像，在拖动时按住【Shift】键，可保持图像的宽高比不变，拖动变换框四边中心的控制点可调整高度与宽度。图2-43所示为缩小图像的效果。
- 旋转与翻转图像：选择【编辑】/【变换】/【旋转】命令，将鼠标指针移至变换框的任意一角上，当其变为↷形状时，按住鼠标左键不放并拖动可旋转图像。选择旋转命令后，在属性栏中可设置精确的旋转角度。选择【编辑】/【变换】命令，在打开的子菜单中选择旋转的角度命令，可旋转图像，若选择“水平翻转”或“垂直翻转”命令即可翻转图像。图2-44所示为旋转并水平翻转图像的效果。

图2-43　缩放图像

图2-44　水平翻转图像

- 斜切图像：选择【编辑】/【变换】/【斜切】命令，将鼠标指针移至变换框的任意一角上，当其变为↔形状时，按住鼠标左键不放并拖动可斜切图像，如图2-45所示。
- 扭曲图像：在编辑图像时，为了增添景深效果，常需要对图像进行扭曲或透视操作。选择【编辑】/【变换】/【扭曲】命令，将鼠标指针移至变换框的任意一角上，当其变为▶形状时，按住鼠标左键不放并拖动可扭曲图像，如图2-46所示。
- 透视图像：选择【编辑】/【变换】/【透视】命令，将鼠标指针移至变换框的任意一角上，当鼠标指针变为▶形状时，按住鼠标左键不放并拖动可透视图像，如图2-47所示。
- 变形图像：选择【编辑】/【变换】/【变形】命令，变换框内会出现垂直相交的变形网格线，这时在网格内单击并拖动可实现形状的变形，也可单击并拖动网格线上的黑色实心点，拖动出现的控制杆，可调整网格曲线的外观，达到图像变形的效果，如图2-48所示。

图2-45　斜切图像

图2-46　扭曲图像

图2-47　透视图像

图2-48　变形图像

2.4.4　自由变换图像

自由变换图像功能能够独立完成“变换”子菜单的各项命令操作。选择【编辑】/【自由变换】命令或按【Ctrl+T】组合键，进入自由变换状态，在图像上显示出8个控制点，通过拖动控制点、控制点外部的区域可缩放与旋转图像，配合快捷键可实现扭曲与斜切操作，具体介绍如下。

- 将鼠标指针移到控制点上并拖动鼠标可调整图像大小，进行缩放。
- 将鼠标指针移到图像四周外部，当鼠标指针变为↷形状时，可旋转图像。
- 按住【Ctrl】键，拖动控制点可进行扭曲操作。
- 按【Ctrl+Shift】组合键，拖动控制点可进行斜切操作。

技巧　进入自由变换状态后，在变换框上单击鼠标右键，可在弹出的快捷菜单中选择变换命令，其操作与选择【编辑】/【变换】命令弹出的子菜单命令相同。

疑难解答　怎样实现重复变换操作？

对图像进行变换后，按【Shift+Ctrl+T】组合键即可再次变换。此外，通过复制与重复变换的结合可以制作很多复杂效果。其方法为：执行复制操作，再执行变换操作，反复按【Shift+Ctrl+Alt+T】组合键即可复制对象并执行重复变换，图 2-49 所示为复制并重复旋转操作得到的图形效果。

图2-49　复制与重复旋转

2.4.5　操控变形

操控变形是Photoshop中的一项变形工具，使用它可以解决因为人物动作不合适而出现图像效果不佳的情况。选择【编辑】/【操控变形】命令，图像中将充满网格，在“操控变形”属性栏中可设置模式、浓度、扩展、图钉深度和旋转等参数，如图2-50所示。

知识链接
操控变形参数详解

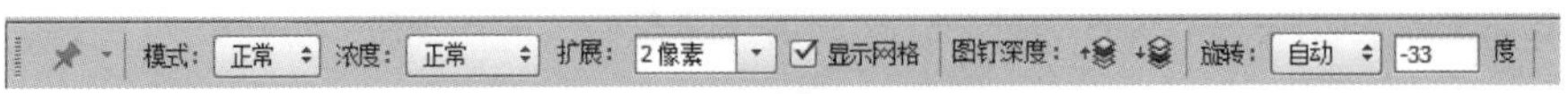

图2-50　“操控变形”属性栏

在图像上单击可钉上控制变形的"图钉"，移动图钉位置，即可控制图像的变形效果，图2-51所示为手臂添加3个图钉，可通过移动手背的图钉，来操控人物的手部动作。

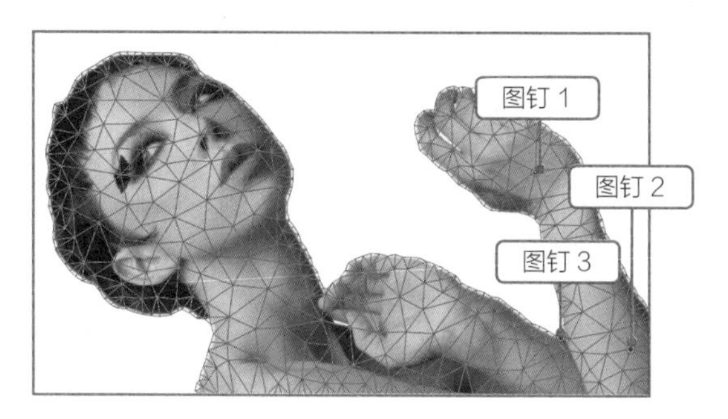

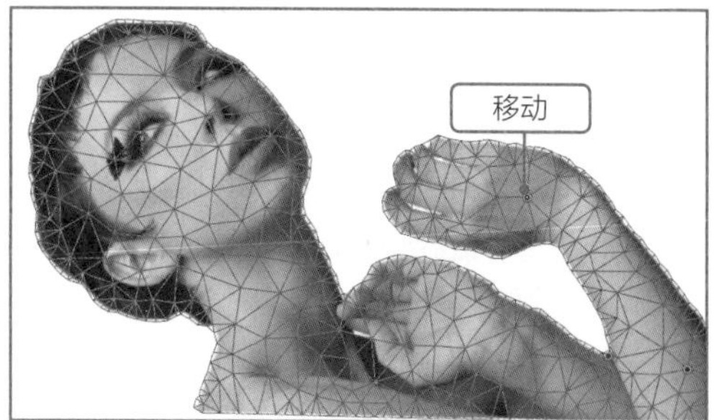

图2-51 操控变形

2.4.6 内容识别缩放

使用内容识别缩放功能可以在调整图像大小时自动重排图像，并智能保留重要内容区域。选择【编辑】/【内容识别比例】命令，拖动图像的控制点可对图像进行缩放，图2-52所示为普通缩放方式，人物将跟随背景进行缩放，而使用内容识别比例功能进行缩放，背景图像大小改变，背景中的主要图像比例保持不变，如图2-53所示。

图2-52 普通缩放

图2-53 内容识别缩放

课堂练习——屏幕贴图

本例将打开"计算机.jpg"图像和"图片.jpg"图像文件（素材\第2章\课堂练习\屏幕贴图\）。将"图片.jpg"图像移动到"计算机"图像文件中，再使用自由变形命令，将图片贴合到平板电脑的屏幕上。制作前后的效果如图2-54所示（效果\第2章\课堂练习\屏幕贴图.psd）。

图2-54 屏幕贴图效果

2.5 填充与描边图像

除了移动、复制、变换等基础操作外，对于绘制的矢量图形而言，设置填充与描边也是必须掌握的基础操作。在Photoshop CS6中，不仅可以填充与描边矢量图形，还可填充与描边选区与整个图层。通常情况下，通过前景色和背景色、拾色器、颜色面板、吸管工具等方法可以设置并填充单个颜色，使用油漆桶工具或“填充”命令可以设置并填充图案，使用渐变工具可以设置并填充渐变颜色。当需要描边图像时，可利用“描边”命令来实现。下面将具体介绍填充与描边图像的方法。

2.5.1 课堂案例——为卡通图像上色

案例目标： 与在纸板上填色不同，在 Photoshop CS6 中可以轻松为线稿涂多种颜色，并且不更改线稿的外观。下面打开提供的卡通图像的线稿图像，通过油漆桶工具、渐变工具、吸管工具、画笔工具等工具的结合使用，为其中的人物、背景、花纹填充颜色，完成后的参考效果如图 2-55 所示。

图 2-55　卡通图像上色效果

知识要点： 描边图像；前景色设置与填充；魔棒工具、油漆桶工具、渐变工具的使用。

视频教学
为卡通图像上色

素材位置： 素材 \ 第 2 章 \ 小女孩 .jpg

效果文件： 效果 \ 第 2 章 \ 小女孩 .psd

其具体操作步骤如下。

STEP 01 打开“小女孩.jpg”图像文件，可以发现女孩没有腿部线条，如图2-56所示。

STEP 02 选择多边形套索工具绘制腿部线条，选择【编辑】/【描边】命令，打开“描边”对话框，设置描边宽度为“1像素”，颜色为“黑色”，模式为“变暗”，单击确定按钮，为腿部选区描边，效果如图2-57所示。

图 2-56　打开线稿素材

图 2-57　添加双腿并描边选区

STEP 03 放大视图发现许多线条并未相连，如领口、手等部位，此时选择涂抹工具，设置画笔大小为“2像素”，硬度为“100%”，涂抹延长并连接断开的线条，如图2-58所示。

STEP 04 在工具箱中单击前景色色块，打开“拾色器（前景色）”对话框，在“#”数值框中输入颜色值“ffe5e3”，单击确定按钮，如图2-59所示。

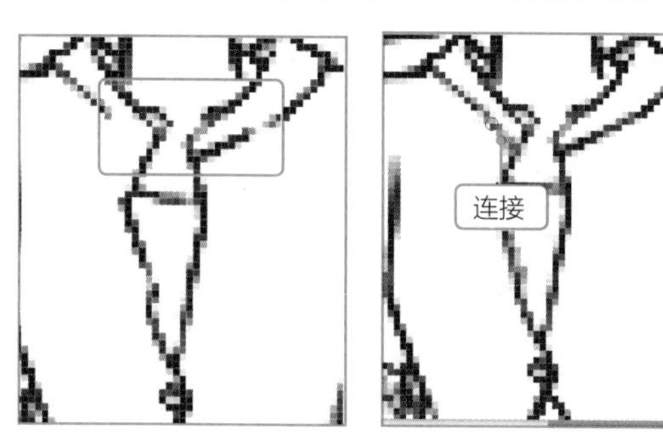

图2-58 涂抹连接线稿

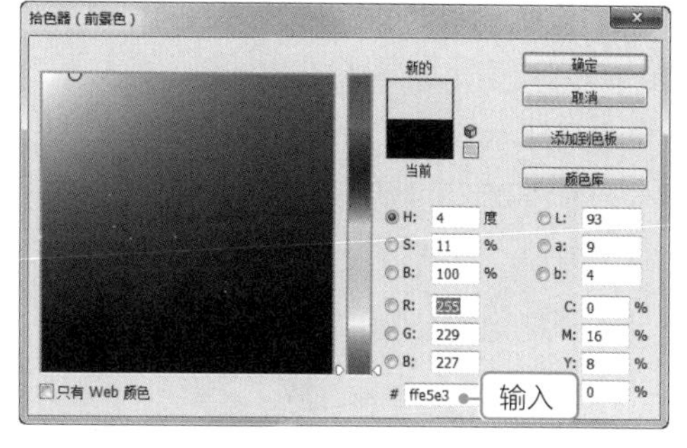

图2-59 设置前景色

STEP 05 选择油漆桶工具，在工具属性栏中设置填充模式为“前景色”，将鼠标指针移动到头发上，单击填充头发，继续移动到裙子上填充裙子；然后设置前景色为“#fffdea”，将鼠标指针分别移动到脸部、手和腿上，单击填充颜色；设置前景色为“#c2e4f5”，将鼠标指针移动到外套上填充蓝色；设置前景色为白色，填充领口和袖口；设置前景色为“#ef6c76”，填充手提包，如图2-60所示。

图2-60 使用油漆桶工具填充颜色

STEP 06 同上，继续使用油漆桶工具填充背景中图案的颜色，如图2-61所示。

STEP 07 选择魔棒工具，在工具属性栏中将容差设置为“5”，单击白色背景创建选区，如图2-62所示。按住【Shift】键单击腿部中间，加选腿部中间的背景。

STEP 08 选择渐变工具，在工具属性栏中单击渐变色块，在打开的对话框中单击渐变条下方的色块，在“颜色”下拉列表框中分别为两端的色块设置渐变颜色为“#c2e7f9”“#b5e3f9”，单击确定按钮，如图2-63所示。

图2-61 填充图案

图2-62 创建背景选区

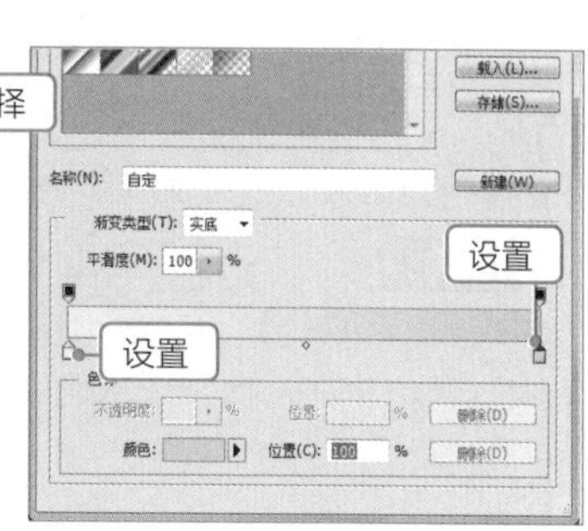

图2-63 设置渐变颜色

STEP 09 在渐变工具属性栏中单击“径向渐变”按钮，从中心向边缘拖动鼠标创建渐变背景效果，如图2-64所示。按【Ctrl+D】组合键取消选区。

STEP 10 选择画笔工具，设置画笔硬度为“0”，设置前景色为“#fcc8c4”，使用魔棒工具为头发、裙子创建选区，调整画笔大小，涂抹褶皱、边缘部分，增加头发和裙子的质感；设置前景色为“#fce0c6”，涂抹脸部；设置前景色为“#98d6f5”，涂抹外套，效果如图2-65所示。

图2-64 径向渐变填充背景

图2-65 涂抹头发、裙子、脸蛋、外套

STEP 11 使用魔棒工具为眉毛和睫毛创建选区，设置前景色为“#5b3327”，按【Alt+Delete】组合键填充颜色，如图2-66所示。

STEP 12 选择加深工具，单击睫毛中部，将褐色加深为偏黑色，增加层次感，效果如图2-67所示。完成后按【Ctrl+D】组合键取消选区。

图2-66 填充眉毛与睫毛

图2-67 加深睫毛中间部分

STEP 13 使用前面相同的方法，设置前景色为“#c2e7f9”，使用油漆桶工具将眼睛填充为蓝色；设置前景色为“#e3f3fa”，使用油漆桶工具将眼球填充为浅蓝色；设置前景色为“#fcf400”，使用油漆桶工具将棒棒糖填充为黄色；设置前景色为白色，使用油漆桶工具将棒棒糖柄填充为白色，效果如图2-68所示。

STEP 14 在“图层”面板中选择背景图层，按【Ctrl+J】组合键复制背景图层，移动背景副本图层到图层1上方，设置图层混合模式为“变暗”，发现图像边缘变得清晰，如图2-69所示。另存为“小女孩.psd”图像，至此完成本例的操作。

图2-68　填充睫毛与眉毛

图2-69　复制背景图层并设置图层混合模式

2.5.2　设置前景色和背景色

在创建选区或选择图层后，按【Alt+Delete】组合键可以填充前景色，按【Ctrl+Delete】组合键可以填充背景色。系统默认背景色为白色，前景色为黑色，在图像处理过程中通常要对前景色和背景色进行设置，通过工具箱中提供的相关色块和按钮即可实现前景色和背景色的设置操作，如图2-70所示。

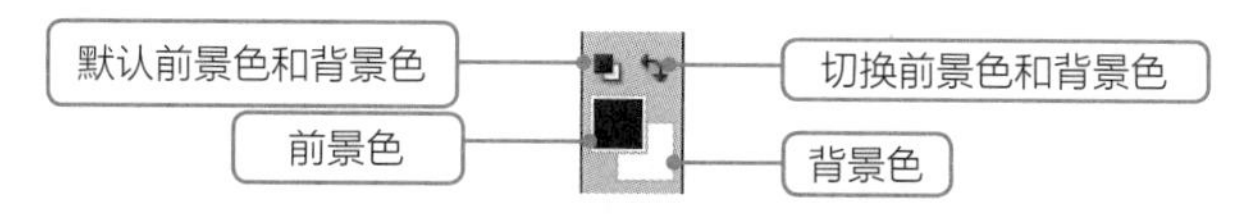

图2-70　设置前景色和背景色

- 单击“前景色”“背景色”色块，可以在打开的“拾色器”对话框中设置“前景色”“背景色”的颜色值。
- 单击“切换前景色和背景色”按钮，可以使前景色和背景色互换。
- 单击“默认前景色和背景色”按钮或按【D】键，能将前景色和背景色恢复为默认的黑色和白色。

技巧　在“拾色器”对话框中拖动颜色带上的三角滑块，可以改变左侧主颜色框中的颜色范围；单击颜色区域，即可选择需要的颜色，颜色值将显示在右侧对应的选项中，也可直接在右侧对应的选项中输入精确的颜色值。

2.5.3　使用“颜色”和“色板”面板设置颜色

选择【窗口】/【颜色】命令或按【F6】键即可打开“颜色”面板，单击需要设置前景色或背景色的色块，拖动右边的R、G、B 3个滑块或直接在右侧的数值框中分别输入颜色值，即可设置需要的前景色和背景色颜色，如图2-71所示。选择【窗口】/【色板】命令，打开“色板”面板，单击颜色块可设置为前景色，按住【Ctrl】键单击，就可以将对应的颜色设置为背景色。

图2-71　“颜色”面板

技巧 读者可以搜集一些自定义颜色存储到“色板”面板中，方便以后调用。其方法是：在图像上用吸管工具采样颜色，将其设置为前景色，然后单击“创建前景色的新色板”按钮即可。

2.5.4 使用吸管工具设置颜色

吸管工具可以在图像中吸取样本颜色，并将吸取的颜色显示在前景色或背景色的色标中。选择工具箱中的吸管工具，在图像中单击，单击处的图像颜色将成为前景色，如图2-72所示。选择【窗口】/【信息】命令，可打开“信息”面板，“信息”面板可以显示当前吸取的色彩信息。

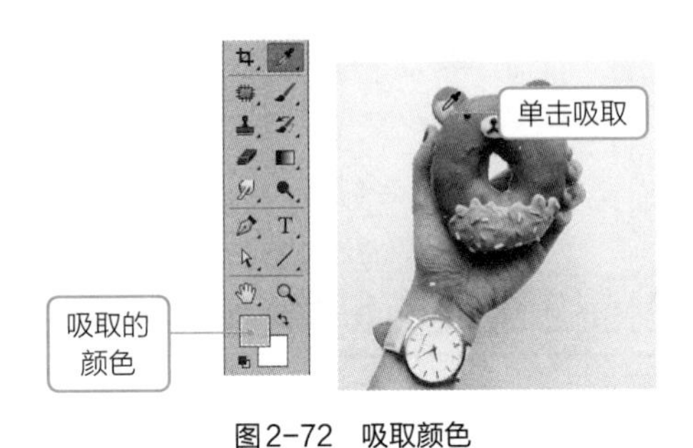

图2-72 吸取颜色

提示 使用工具箱中的任何一种工具在图像上移动鼠标指针，“信息”面板都会显示当前指针下的颜色信息。

2.5.5 使用油漆桶工具填充颜色

使用油漆桶工具不仅能在图像中填充前景色，还能填充一些图案样式。如果创建了选区，填充区域为该选区；如果没有创建选区，则填充与鼠标单击处颜色相近的封闭区域。油漆桶工具的工具属性栏如图2-73所示。

图2-73 油漆桶工具属性栏

油漆桶工具属性栏各选项的含义如下。

- 前景按钮：该按钮用于设置填充内容，包括“前景”和“图案”两种方式。选择“前景”填充方式，将鼠标指针移到要填充的区域中，当鼠标指针变成形状时，单击鼠标左键填充前景色，如图2-74所示；选择“图案”填充方式，其后将出现“图案”下拉列表框，设置图案后，将鼠标指针移到要填充的区域中，当鼠标指针变成形状时，单击鼠标左键可填充该图案，如图2-75所示。

图2-74 填充颜色

图2-75 填充图案

- “模式”下拉列表框：用于设置填充内容的混合模式，将“模式”设置为“颜色”，则填充颜色时不会破坏图像原有的阴影和细节。
- “不透明度”：用于设置填充内容的不透明度。
- “容差”数值框：用于定义填充像素的颜色像素程度。低容差将填充颜色值范围内与鼠标单击点位置像素非常相似的像素；高容差则填充更大范围内的像素。
- “消除锯齿”复选框：单击选中该复选框，将平滑填充选区的边缘。
- “连续的”复选框：单击选中该复选框，将填充鼠标单击处相邻的像素，撤销选中可填充图像中所有相似的像素。
- “所有图层”复选框：选中该复选框将填充所有可见图层，撤销选中则填充当前图层。

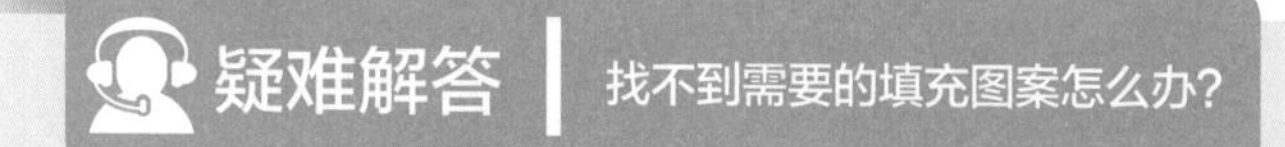

单击“图案”面板右上角的“设置”按钮，在打开的下拉列表中可选择其他图案集；在打开的下拉列表中选择“载入图案”选项，可载入计算机中存储的图案；绘制或打开图案文件后，选择【编辑】/【定义图案】命令，打开“图案名称”对话框，如图2-76所示。设置名称后，单击确定按钮可将绘制或打开的图案存储到图案列表框中。

图2-76 “图案名称”对话框

2.5.6 使用渐变工具填充颜色

渐变工具可以创建出各种渐变填充效果。单击工具箱中的渐变工具，其工具属性栏如图2-77所示，其中各选项的含义如下。

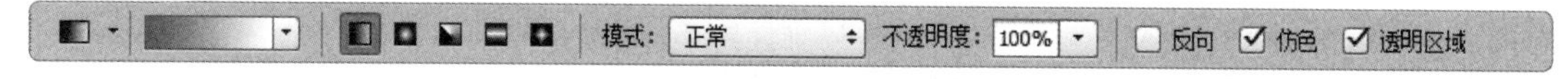

图2-77 渐变工具属性栏

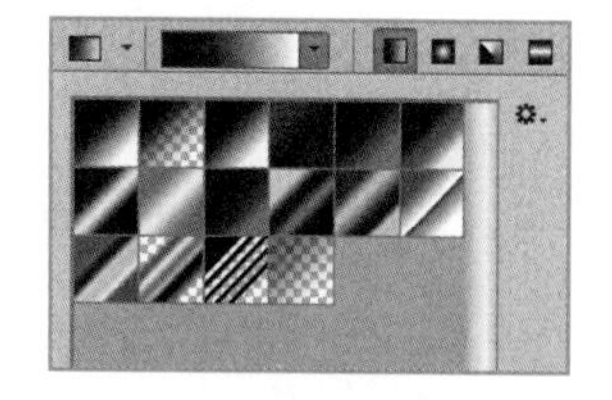
图2-78 “渐变工具”面板

- 按钮：单击该按钮其右侧的按钮将打开图2-78所示的“渐变工具”面板，其中提供了16种颜色渐变模式供用户选择。单击面板右侧的按钮，在打开的下拉列表中可以选择其他渐变集。双击该按钮，可打开“渐变编辑器”对话框编辑渐变。
- “线性渐变”按钮：从起点（单击位置）到终点以直线方向进行颜色的渐变。
- “径向渐变”按钮：从起点到终点以圆形图案沿半径方向进行颜色的渐变。
- “角度渐变”按钮：围绕起点按顺时针方向进行颜色的渐变。
- “对称渐变”按钮：在起点两侧进行对称性颜色的渐变。
- “菱形渐变”按钮：从起点向外侧以菱形方式进行颜色的渐变。
- “模式”下拉列表框：用于设置填充的渐变颜色与它下面的图像如何进行混合，各选项与图层的混合模式作用相同。

知识链接
编辑与存储渐变

- “不透明度”数值框：用于设置渐变颜色的透明程度。
- “反向”复选框：单击选中该复选框后产生的渐变颜色将与设置的渐变顺序相反。
- “仿色”复选框：单击选中该复选框可使用递色法来表现中间色调，使渐变更加平滑。
- “透明区域”复选框：单击选中该复选框可在下拉列表框中设置透明的颜色段。

设置好渐变颜色和渐变模式等参数后，将鼠标指针移到图像窗口中适当的位置处单击并拖动到另一位置后释放鼠标即可进行渐变填充，拖动的方向和长短不同，得到的渐变效果也不相同，如图2-79所示不同拖动角度的渐变效果。

图2-79　不同拖动角度的渐变效果

2.5.7　使用填充与描边命令

在Photoshop CS6中除了可使用渐变工具和油漆桶工具填充图形，还可使用菜单命令对图像进行填充和描边。但在此之前，需要在图像中绘制选区，否则将针对整个图层进行操作。

1. 填充图像

“填充”命令主要用于对选择区域或整个图层填充颜色或图案。选择【编辑】/【填充】命令，打开“填充”对话框，在“使用”下拉列表框中选择填充内容，包括前景色、背景色、颜色、图案、历史记录、黑色、50%灰色、白色等，如选择“图案”选项，在“自定图案”下拉列表框中选择一种图案，在“混合”栏中设置填充模式及不透明度等参数，单击 确定 按钮可得到图像的图案填充效果，图2-80所示为卡通娃娃的背景填充图案。

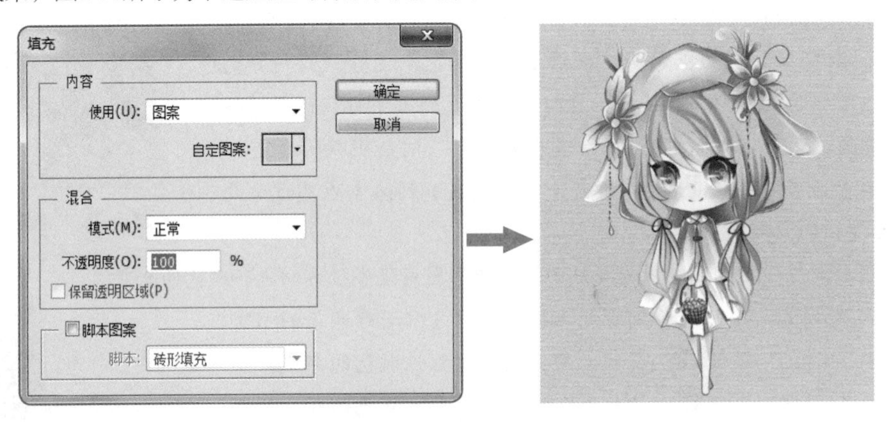

图2-80　为背景填充图案

2. 描边图像

“描边”命令用于在用户选择的区域边界线上，用前景色进行笔画式的描边。在图像中创建一个选区，选择【编辑】/【描边】命令，打开“描边”对话框，设置描边宽度、颜色、位置等参数，单击 确定 按钮得到图像的描边效果，如图2-81所示。

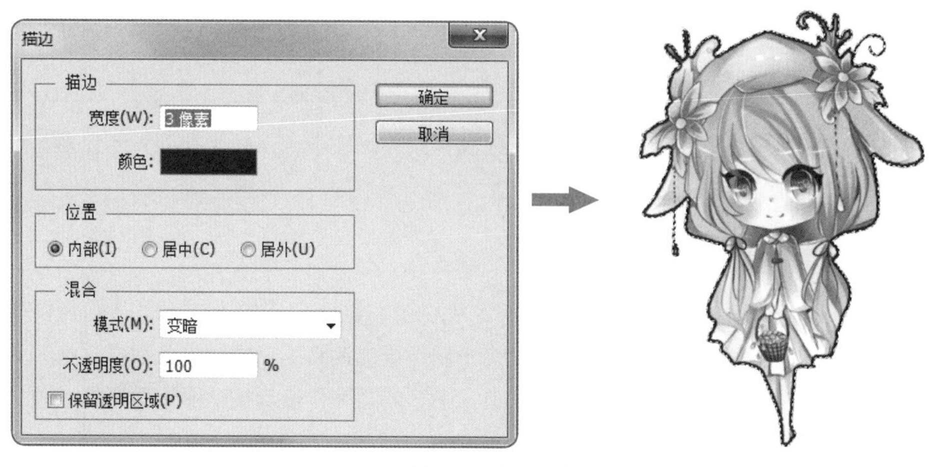

图2-81 描边图案

课堂练习——为白裙子填充花纹图案

本例将打开“花.jpg”图像文件（素材\第2章\课堂练习\花.jpg），选择【编辑】/【定义图案】命令定义为图案，然后为“白裙子.jpg”图像文件（素材\第2章\课堂练习\白裙子.jpg）创建选区，选择油漆桶工具，设置混合模式为“颜色加深”，为白裙子填充定义的图案，制作前后的效果如图2-82所示（效果\第2章\课堂练习\花裙子.psd）。

图2-82 为白裙子填充花纹图案效果

2.6 上机实训——为杯子添加图案

2.6.1 实训要求

本实训要求为杯子添加图案，实质是为杯子贴图，其目的在于丰富杯子的外观与色彩，增添杯子的美感，因此要求贴图能够完美地融合到杯子上。

2.6.2 实训分析

美丽的贴图可以给原本单调的图像带来很好的视觉感，贴图应用较为广泛，包括为杯子、屏幕、汽车等对象贴图、为肌肤添加刺绣图案等。为了制作更加逼真的贴图效果，需要注意图案的背景最好为透明色，图案的颜色应与被贴图对象和谐，图案的角度尽量与被贴图平面保持一致，此时变形操作应用得较多。

本例将打开“卡通.jpg”图像，为卡通图像的不同部分填充不同的纯色，最后打开“杯子.jpg”图像，将“卡通”图像移动到杯子图像中，在杯子上制作一个标志，最后设置图层混合模式，使标志融合到杯子上，本实训的参考效果如图2-83所示。

素材所在位置：素材\第2章\上机实训\杯子.jpg

效果所在位置：效果\第2章\上机实训\杯子.psd

图2-83　参考效果图

2.6.3 操作思路

完成本实训主要包括填充图案、移动图案到杯子上、变形图案3大步操作，其操作思路如图2-84所示。涉及的知识点主要包括图像的填充、油漆桶工具的使用、图像的缩放、图像的移动、图像的变形、图层混合模式的设置等。

图2-84 操作思路

【步骤提示】

STEP 01 打开“卡通.jpg”图像，在工具箱中选择油漆桶工具，在其工具属性栏中设置填充模式为“前景色”。选择【窗口】/【颜色】命令，打开“颜色”面板。在其中设置前景色为绿色（#80c269）。

视频教学
为杯子添加图案

STEP 02 使用鼠标在卡通人物、G、A上单击，为它们填充绿色，在“颜色”面板中设置前景色为黄色（#fff100）。

STEP 03 使用鼠标在卡通人物肚子、I上单击，为它们填充黄色，在“颜色”面板中设置前景色为紫色（#c490bf）；使用鼠标在卡通人物左眼、E上单击，为它们填充紫色。

STEP 04 打开“杯子.jpg”图像，使用移动工具将“卡通”图像移动到“杯子”图像中，并将其缩小。

STEP 05 选择【编辑】/【变换】/【变形】命令，拖动鼠标，调整卡通图像，在“图层”面板中设置混合模式为“线性加深”，完成本例的制作。

2.7 课后练习

1. 练习1——为人物换装

本例将打开“人物.jpg”图像，如图2-85所示。为人物创建选区，并分别为两个人物身上的衣服填充图像以达到为人物换装的效果，如图2-86所示。

提示：其中左侧人物衣服上叠加的图案为彩色纸图案，右侧人物的衣服上叠加的图案为岩石图案。此外，填充衣服的图案时，由于选区中衣服纹理图像较复杂，所以需要多单击几次选区中没有选中的图像区域。

素材所在位置：素材\第2章\课后练习\练习1\人物.jpg

效果所在位置：效果\第2章\课后练习\练习1\人物.psd

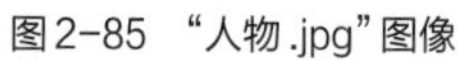

图2-85 “人物.jpg”图像

图2-86 为人物换装效果

2. 练习 2——*制作时钟图标*

本例将打开“时钟.jpg”和“表面.jpg”素材，通过图像的移动、复制、变形等操作，完成时钟图标的制作，如图2-87所示。

提示：为了将“表面.jpg”图片镶入钟表中，可复制钟表上的指针到图像上层。

素材所在位置：素材\第2章\课后练习\练习2\时钟\

效果所在位置：效果\第2章\课后练习\练习2\时钟.psd

图2-87 时钟图标效果

Chapter 3

第3章 图层在图像编辑中的应用

进行多个图像的组合编辑时，往往离不开图层的编辑。图层是Photoshop CS6中组成图像最基本的单位之一，一个图像中可以包含一个或多个图层，这些图层组合在一起的效果就是一张完整的图像，相比传统的单一平面图像，多图层模式的图像编辑空间更大、更精确。本章将对图层在图像编辑中的应用进行介绍，帮助用户掌握图层的编辑和使用方法。

课堂学习目标

- 掌握图层的基本操作
- 掌握图层不透明度和混合模式的设置方法
- 掌握添加与管理图层样式的方法

课堂案例展示

合成少年梦想船

模特化妆

制作彩色糖果字

3.1 图层的基本操作

图层的出现使用户不需要在同一个平面中编辑图像，让制作出的图像元素变得更加丰富。在使用图层编辑图像前，需要新建图层，当在图像中创建了多个图层后，就可以对这些图层进行编辑。本节将介绍和图层相关的基本操作，帮助读者灵活、快速地使用它们完成图像的编辑。

3.1.1 课堂案例——合成少年梦想船

案例目标： 运用提供的天空、云朵、海豚、船、少年等素材，通过图层的编辑合成少年梦想船的画面效果，完成后的参考效果如图 3-1 所示。

视频教学
合成少年梦想船

知识要点： 图层蒙版的编辑；图层的盖印；图层的复制；图层的合并与重命名。

素材位置： 素材 \ 第 3 章 \ 梦想船 \

效果文件： 效果 \ 第 3 章 \ 梦想船 .psd

图 3-1　少年梦想船效果图

其具体操作步骤如下。

STEP 01 打开“天空1.jpg”图像文件，按【D】键恢复前景色和背景色，选择裁剪工具，将鼠标指针移动到图像下边缘中心，按住鼠标左键不放向下拖动扩展画布，按【Enter】键完成画布的扩展，如图3-2所示。

STEP 02 选择【图像】/【图像旋转】/【水平翻转画布】命令，水平翻转天空图像，如图3-3所示。

图 3-2　扩展画布

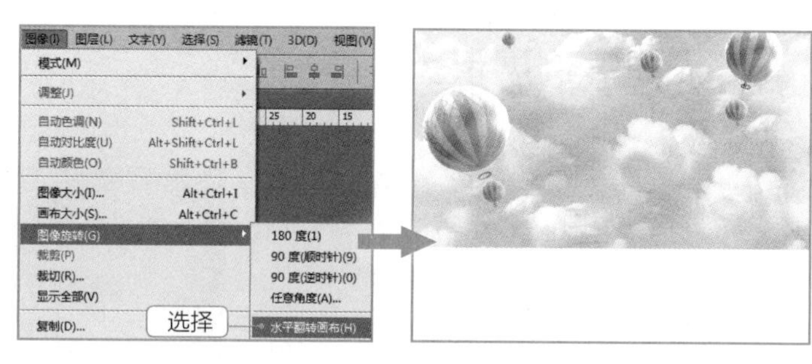

图 3-3　水平翻转画布

STEP 03 打开“云海1.jpg”图像文件，将其移动到“天空1.jpg”图像文件中，调整图像大小，移动到画布下方，如图3-4所示。

STEP 04 在“图层”面板中单击“添加图层蒙版”按钮，选择画笔工具，在“图层”面板中单击选择添加的图层蒙版缩略图，在工具属性栏中设置画笔硬度为“0”，流量为“50%”，使用画笔涂抹需要隐藏的天空部分，如图3-5所示。

图3-4　添加云海图像

图3-5　添加并编辑图层蒙版

STEP 05　打开“海豚.png”“小船.png”“小男孩.png”图像，依次添加到“天空1.jpg”图像中，如图3-6所示。

STEP 06　双击图层名称，更改图层名称为对应的图层内容，选择“小男孩”图层，在“图层”面板中单击“添加图层蒙版”按钮，为小男孩在船中的腿部创建选区，按【Alt+Delete】组合键填充为黑色，合成船与小男孩，如图3-7所示。

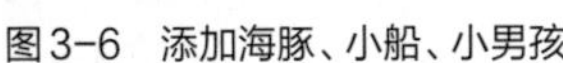

图3-6　添加海豚、小船、小男孩

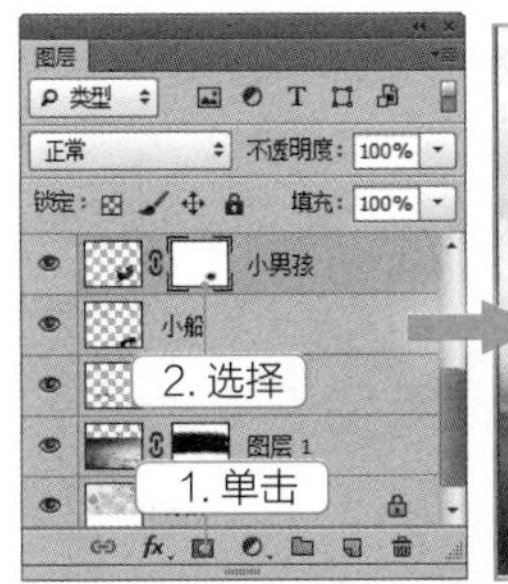

图3-7　合成船与小男孩

STEP 07　选择“小男孩”和“小船”图层，按【Ctrl+E】组合键合并为一个“小男孩”图层，在“图层”面板中按【Ctrl+J】组合键复制“小男孩”图层，将小男孩副本图层拖动到“小男孩”图层下方，如图3-8所示。

STEP 08　按住【Ctrl】键单击小男孩图层缩略图，按【Alt+Delete】组合键填充为黑色，设置图层不透明度为“50%”，制作倒影，按【Ctrl+T】组合键，向下翻转并旋转倒影，使其置于小船底部，完成后按【Enter】键完成变换，效果如图3-9所示。

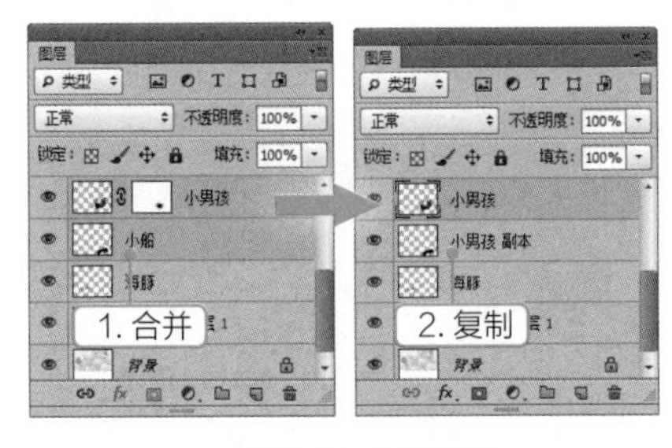

图3-8　合并图层

图3-9　复制并变换图层

STEP 09　打开“云海2.jpg”图像文件，将其移动到“天空1.jpg”图像文件中，调整图像大小，移动到画布下方，命名为“云海2”，并拖动到“图层”面板的最上层，单击“添加图层蒙版”按钮，选择画笔工具，涂抹需要隐藏的部分，只显示出海豚和小船下方的云海，如图3-10所示。

STEP 10 打开“天空2.jpg”图像文件，将其移动到“天空1.jpg”图像文件的顶层，调整图像大小与位置，命名为“天空2”，在“图层”面板中单击“添加图层蒙版”按钮，选择画笔工具，涂抹需要隐藏的部分，只显示出画面下端的水面部分，如图3-11所示。

图3-10　添加并编辑图层蒙版

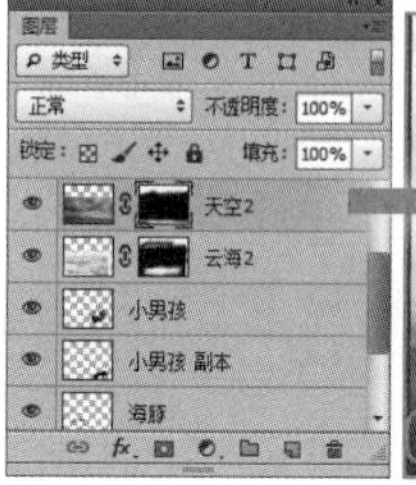

图3-11　添加并编辑图层蒙版

STEP 11 打开“星星.jpg”图像文件，将其移动到“天空1.jpg”图像文件中，调整图像大小，覆盖画布，命名图层为“星星”，在“图层”面板中设置图层混合模式为“滤色”，如图3-12所示。

STEP 12 在“图层”面板中选择小男孩和小男孩副本图层，选择橡皮擦工具，设置不透明度与流量为“50%”，涂抹擦除船桨末端，使其更加自然，如图3-13所示。

图3-12　滤色星星图层

图3-13　擦除部分图像

STEP 13 选择“星星”图层，按【Shift+Ctrl+Alt+E】组合键将所有可见图层中的图像盖印到一个新的图层中，如图3-14所示。

STEP 14 选择盖印后的图层，选择【滤镜】/【油画】命令，打开“油画”对话框，设置“样式化”“清洁度”“缩放”的值分别为“1”“5”“0.1”，其他参数为“0”，单击 确定 按钮，画面更加细腻，效果如图3-15所示。另存文件为“梦想船.psd”，至此完成本例的制作。

图3-14　盖印所有可见图层

图3-15　添加油画滤镜效果

3.1.2 认识“图层”面板

“图层”面板是对图层进行操作的主要场所，可对图层进行新建、重命名、存储、删除、锁定和链接等操作。选择【窗口】/【图层】命令，即可打开如图3-16所示的“图层”面板，选择图层后，单击对应的按钮即可实现相关操作。

知识链接
“图层”面板选项详解

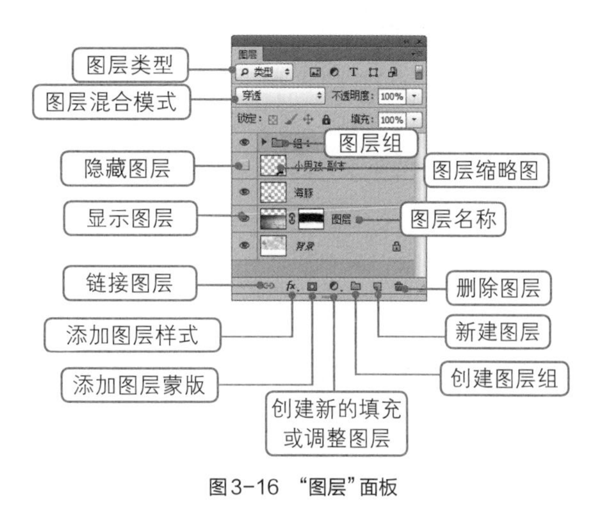

图3-16 “图层”面板

3.1.3 新建、复制与删除图层

新建、复制与删除图层是图层最常用的编辑方法，下面分别进行介绍。

1. 新建图层

创建图层时，首先要新建或打开一个图像文件，然后通过“图层”面板或菜单命令进行创建。在Photoshop中可创建多种图层，下面对常用的几种图层的新建方法进行介绍。

- 新建普通图层：新建普通图层指在当前图像文件中创建新的空白图层。单击“图层”面板底部的“创建新图层”按钮，即可新建一个普通图层；也可选择【图层】/【新建】/【图层】命令，打开“新建图层”对话框，在其中设置图层的名称、颜色、模式、不透明度，然后单击确定按钮，即可新建图层，如图3-17所示。
- 新建填充图层：选择【图层】/【新建填充图层】命令，在打开的子菜单中提供了纯色、渐变、图案3种填充图层。如选择“图案”命令即可打开“新建图层”对话框，单击确定按钮，将打开“图案填充”对话框，在其中可设置填充图层的图案，如图3-18所示。

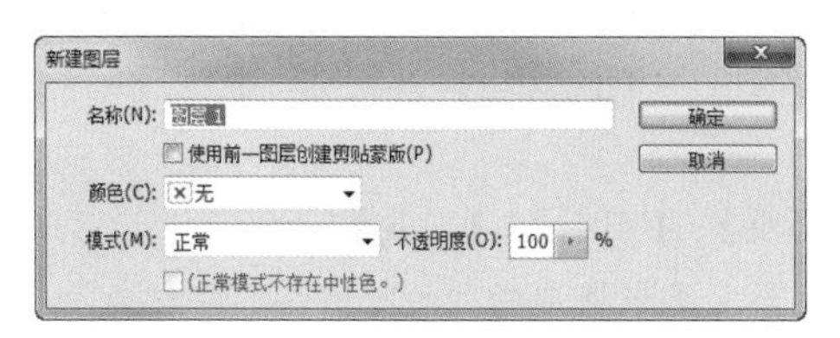

图3-17 新建普通图层

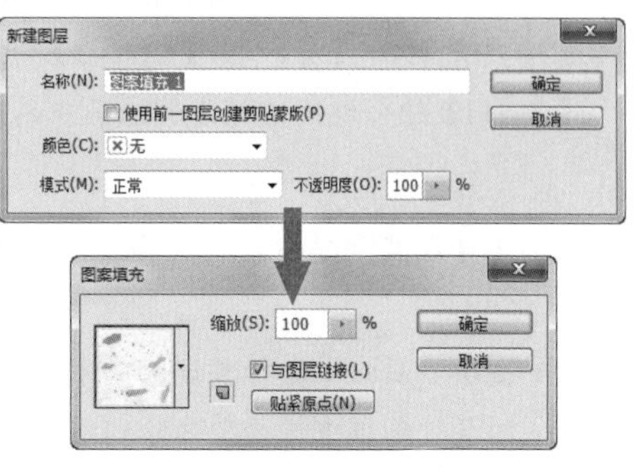

图3-18 新建填充图层

- 新建形状图层：在工具箱的形状工具组中选择一种形状工具，在工具属性栏中默认为“形状”模式，绘制形状后可创建形状图层。
- 新建文字图层：选择横排文字工具或直排文字工具输入文字后，可创建文字图层。
- 新建调整图层：调整图层主要是用于精确调整图层的颜色。通过色彩命令调整颜色时，一次只能调整一个图层，而通过调整图层则可同时对调整图层下方的多个图层上的图像进行调整。图3-19所示为新建的“色相/饱和度”调整图层。

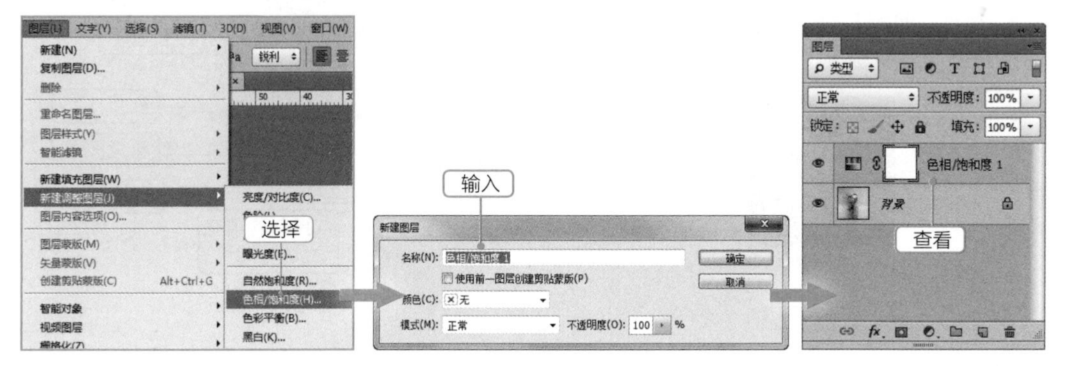

图3-19 新建“色相/饱和度”调整图层

技巧 单击“图层”面板下方的“创建新的填充或调整图层”按钮，在打开的下拉列表中选择一种调整或填充图层选项，可快速创建填充图层或调整图层。

- 新建背景图层：背景图层位于图层底部，不能添加图层样式，也不能删除或移动，双击背景图层，可将背景图层转换为普通图层进行编辑。背景图层只能存在一个，若没有背景图层，可选择一个图层，选择【图层】/【新建】/【背景图层】命令，将当前图层转换为背景图层。

2. 复制图层

复制图层是指为已存在的图层创建图层副本，复制图层主要有以下3种方法。

- 在“图层”面板中选择需要复制的图层，按住鼠标左键不放将其拖动到“图层”面板底部的“创建新图层”按钮上，释放鼠标。
- 选择需要复制的图层，选择【图层】/【复制图层】命令，打开“复制图层”对话框，在“为”文本框中输入图层名称并设置目标文件位置，单击 确定 按钮。
- 选择要复制的图层，按【Ctrl+J】组合键。需要注意的是，若图像区域创建了选区，按【Ctrl+J】组合键则直接复制选区中的图像生成新图层。

3. 删除图层

对于不需使用的图层可以将其删除，删除图层后该图层中的图像也将被删除，删除图层有以下3种方法。

- 在“图层”面板中选择要删除的图层，选择【图层】/【删除】/【图层】命令。
- 在“图层”面板中选择要删除的图层，单击“图层”面板底部的“删除图层”按钮。
- 在“图层”面板中选择要删除的图层，按【Delete】键。

3.1.4 锁定、显示与隐藏图层

在“图层”面板中可对图层进行锁定、显示、隐藏操作，以便处理图层中的内容，或保护其中的内容不被更改。

1. 锁定图层

锁定图层可防止该图层中的内容被更改。在“图层”面板的“锁定”栏中有4个按钮用于设置锁定图层内容，下面分别进行介绍。

- “锁定透明像素”按钮：单击该按钮，当前图层上透明的部分被保护起来，不允许被编辑，后面的所有操作只对不透明图像起作用。
- “锁定图像像素”按钮：单击该按钮，当前图层被锁定，不管是透明区域还是图像区域都不允许进行填充或色彩编辑，此时，如果将绘图工具移动到图像窗口上会出现图标。该功能对背景图层无效。
- “锁定位置”按钮：单击该按钮，当前图层的变形编辑将被锁定，图层上的图像不允许被移动或进行各种变形编辑，但仍然可以对该图层进行填充或描边等操作。
- “锁定全部”按钮：单击该按钮，当前图层的所有编辑将被锁定，不允许对图层上的图像进行任何操作。此时只能改变图层的叠放顺序。

2. 显示与隐藏图层

单击“图层”面板前方的图标，可隐藏“图层”面板中的图像，再次单击该图标可显示“图层”面板中的图像。按住【Alt】键单击某个图层的图标，可将该图层外的所有图层隐藏。再次执行相同的操作，则可显示所有图层。

3.1.5 合并与盖印图层

图层数量以及图层样式的使用都会占用计算机资源，合并相同属性的图层或者删除多余的图层能减小文件的大小，同时便于管理。合并与盖印图层是图像处理中的常用操作，下面分别进行介绍。

1. 合并图层

合并图层就是将两个或两个以上的图层合并到一个图层上。较复杂的图像处理完成后，一般都会产生大量的图层，使图像变大，计算机处理速度变慢，这时可根据需要对图层进行合并，以减少图层的数量。合并图层的操作主要有以下3种。

- 合并图层：在“图层”面板中选择两个或两个以上要合并的图层，选择【图层】/【合并图层】命令或按【Ctrl+E】组合键即可。
- 合并可见图层：选择【图层】/【合并可见图层】命令，或按【Shift+Ctrl+E】组合键即可，该操作不合并隐藏的图层。
- 拼合图像：选择【图层】/【拼合图像】命令，可将“图层”面板中所有可见图层合并，并打开对话框询问是否丢弃隐藏的图层，同时以白色填充所有透明区域。

技巧 选择要合并的图层后，单击鼠标右键，在弹出的快捷菜单中也可选择相关的合并图层命令。

2. 盖印图层

盖印图层是比较特殊的图层合并方法，可将多个图层的内容合并到一个新的图层中，同时保留原来的图层不变。盖印图层的操作主要有以下3种。

- 向下盖印可见图层：选择一个图层，按【Ctrl+Alt+E】组合键，可将该图层下方的所有可见图层盖印到新图层中。
- 盖印选择的可见图层或图层组：选择多个图层或多个图层组，按【Ctrl+Alt+E】组合键，可将选择的可见图层或图层组盖印到一个新的图层中或图层组中。
- 盖印所有可见图层：按【Shift+Ctrl+Alt+E】组合键，可将所有可见图层中的图像盖印到一个新的图层中。

3.1.6 对齐与分布图层

在Photoshop中可通过对齐图层与分布图层快速调整图层内容，实现图像间的精确移动。

- 对齐图层：若要对齐多个图层中的图像内容，可以按【Shift】键在“图层”面板中选择多个图层，然后选择【图层】/【对齐】命令，在其子菜单中选择对齐命令进行对齐，图3-20所示为左边对齐效果。如果所选图层与其他图层链接，则可对齐与之链接的所有图层。
- 分布图层：若要让3个或更多的图层采用一定的规律均匀分布，可选择这些图层，然后选择【图层】/【分布】命令，在其子菜单中选择相应的分布命令，图3-21所示为对左边对齐的心形进行垂直居中分布的效果。

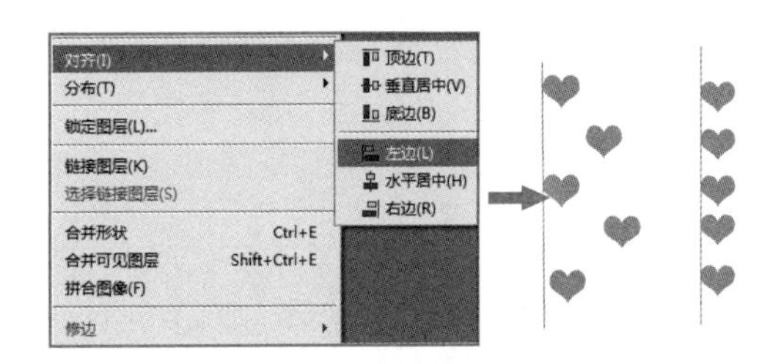

图3-20　左边对齐

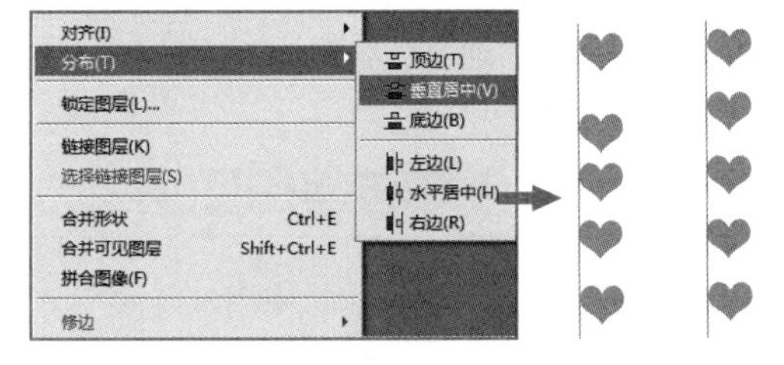

图3-21　垂直居中分布

3.1.7 调整图层的堆叠顺序

在“图层”面板中，图层是按创建的先后顺序堆叠在一起的，上面图层中的内容会遮盖下面图层的内容，此时可通过调整图层的堆叠顺序来改变图像的显示效果。其方法为：使用鼠标直接在“图层”面板中拖动图层即可改变图层的顺序。此外，还可选择要移动的图层，选择【图层】/【排列】命令，在打开的子菜单中选择需要的命令来快速调整图层为顶层、底层、向前一层、向后一层。若选择的图层在图层组中，则在选择“置为顶层”或“置为底层”命令时，可将图层调整到当前图层组的最顶层或最底层。

3.1.8 链接图层

若要同时处理多个图层中的图像，如同时移动、变换、颜色调整、设置滤镜等，则可将这些图层链接在一起再进行操作。其方法为：在“图层”面板中选择两个或多个需要处理的图层，单击面板中的“链接图层”按钮，或选择【图层】/【链接图层】命令，即可将其链接。选择链接的图层，再次单击该按钮可取消该图层与其他图层的链接。

3.1.9 命名、查找与分组图层

当图层的数量越来越多时，为了方便快速找到需要的图层，可为图层命名，然后通过名称来查找图层，也可将同一属性的图层归类，创建图层组来进行管理。

1. 图层命名

选择需要修改名称的图层，选择【图层】/【重命名图层】命令，或直接双击该图层的名称，使其呈可编辑状态，然后输入新的名称即可。

2. 图层查找

在“图层”面板顶端选择需要搜索的类目，如名称、模式、颜色等，在其后的文本框中输入或选择需要查找的图层即可，图3-22所示为查找名称为“海豚”的图层。若选择“类型”选项，将恢复显示所有图层。

3. 图层分组管理

在“图层”面板中单击面板底部的“创建新组”按钮可在面板上创建一个空白的图层组，也可选择【图层】/【新建】/【组】命令，打开“新建组”对话框，设置图层组的名称、颜色、模式、不透明度，单击确定按钮新建图层组，图3-23所示为新建的组1。拖动图层到图层组上，可添加图层到图层组中，将一个图层拖出另一个图层组，则可将其从该图层组中移出。

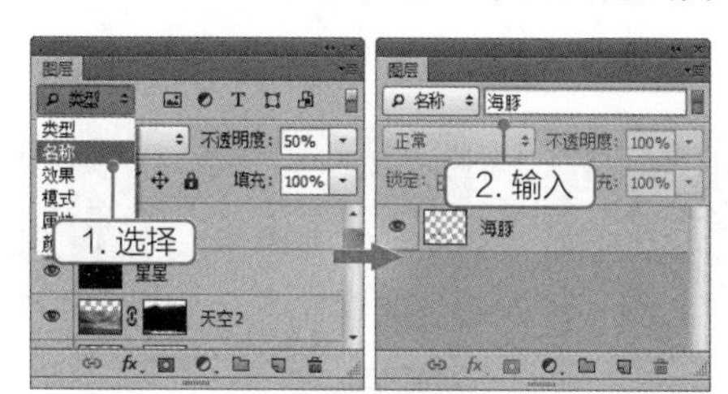

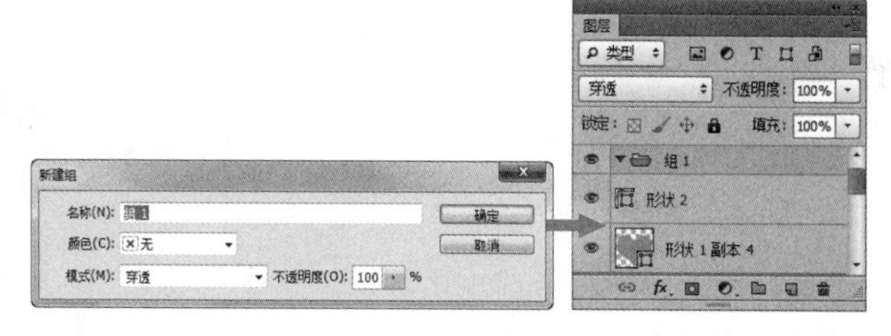

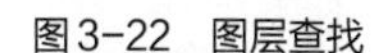

图3-22 图层查找　　图3-23 新建组

技巧 若要将多个图层创建在一个组内，可先选择这些图层，然后选择【图层】/【图层编组】命令，或按【Ctrl+G】组合键进行编组。若要取消图层编组，可以选择该图层组，选择【图层】/【取消图层编组】命令，或按【Shift+Ctrl+G】组合键。

3.1.10 栅格化图层内容

若要使用绘画工具或滤镜等功能编辑文字图层、形状图层、矢量蒙版、智能对象等包含矢量数据的图层，需要先将其转换为位图，然后才能进行编辑。转换为位图的操作实质上是栅格化图层。选择需要栅格化的图层，选择【图层】/【栅格化】命令，在其子菜单中可选择栅格化图层命令即可。

课堂练习——商品陈列设计

本练习要求新建大小为750像素×400像素，分辨率为72像素/英寸，名为“商品陈列”的图像文件，打开并移动多个小白鞋图像（素材\第3章\课堂练习\商品\）到文件中，变换调整各图像的大小后，通过对齐与分布图层的操作来统一小白鞋间距，设计商品陈列版块的视觉效果，制作后的参考效果如图3-24所示（效果\第3章\课堂练习\商品陈列.psd）。

图3-24 商品陈列效果

3.2 设置混合模式和不透明度

在图像合成过程中，基本的图层编辑操作并不能完全满足需要，有时需要调整图层间的相互关系，如设置图层的混合模式和不透明度，从而生成特殊的混合效果。本节将详细介绍图层混合模式的使用和不透明度的调整方法。

3.2.1 课堂案例——给模特化妆

案例目标：通过颜色填充和图层混合模式的设置，给模特制作绚丽的眼影和唇彩，使模特更加艳丽，完成后的参考效果如图 3-25 所示。

知识要点：图层混合模式的设置；颜色的填充；图层不透明度的设置；图层的填充。

素材位置：素材 \ 第 3 章 \ 模特 .jpg

效果文件：效果 \ 第 3 章 \ 模特 .psd

视频教学
给模特化妆

图3-25 给模特化妆效果图

其具体操作步骤如下。

STEP 01 打开“模特.jpg”图像文件，按【Ctrl+J】组合键创建副本，得到图层1，单击“创建新图层”按钮创建空白图层，选择创建的图层2，使用钢笔工具绘制嘴唇的路径，按【Ctrl+Enter】组合键转换为选区，如图3-26所示。

STEP 02 按【Shift+F6】组合键打开“羽化选区”对话框，设置羽化半径为“1像素”，单击 确定 按钮；将前景色设置为“#ff0000”，按【Alt+Dlete】组合键填充嘴唇选区，如图3-27所示。

图3-26 新建选区

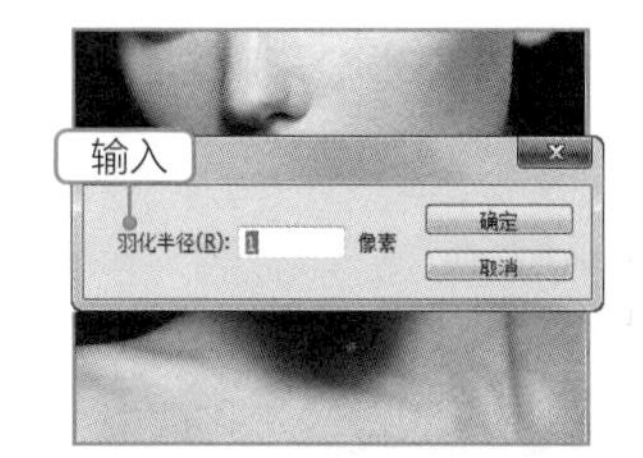

图3-27 羽化选与填充选区

STEP 03 按【Ctrl+D】组合键取消选区，选择图层2，设置图层混合模式为“叠加”，设置不透明度为“70%”，如图3-28所示。

STEP 04 选择【滤镜】/【模糊】/【高斯模糊】命令，打开“高斯模糊”对话框，将半径设置为“1.8像素”，单击 确定 按钮，如图3-29所示。

图3-28 设置图层混合模式和不透明度

图3-29 设置高斯模糊

STEP 05 单击“创建新图层”按钮创建空白图层3，使用套索工具在图层3上绘制眼睛及周边所在选区，按【Shift】键加选另一只眼睛的选区，如图3-30所示。

STEP 06 选择渐变工具，在工具属性栏中单击渐变条，在打开的对话框中选择预设的“红，绿渐变”选项，单击 确定 按钮返回工作界面；在工具属性栏中单击“径向渐变”按钮，从右眼选区中心向选区边缘拖动鼠标创建径向渐变，如图3-31所示。

STEP 07 选择图层3，设置图层混合模式为“颜色加深”，设置填充为“55%”，如图3-32所示。

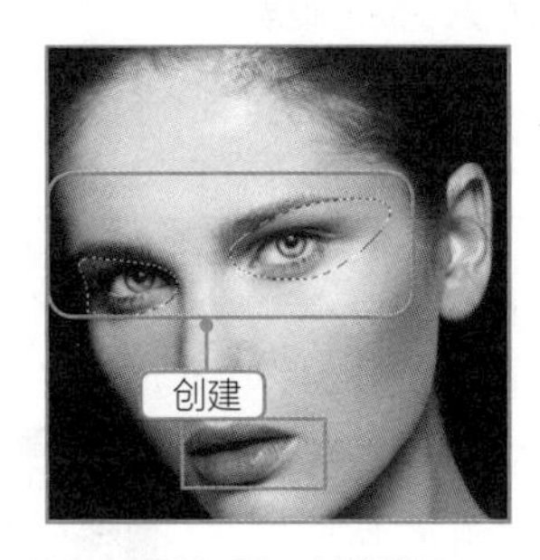

图3-30 创建选区

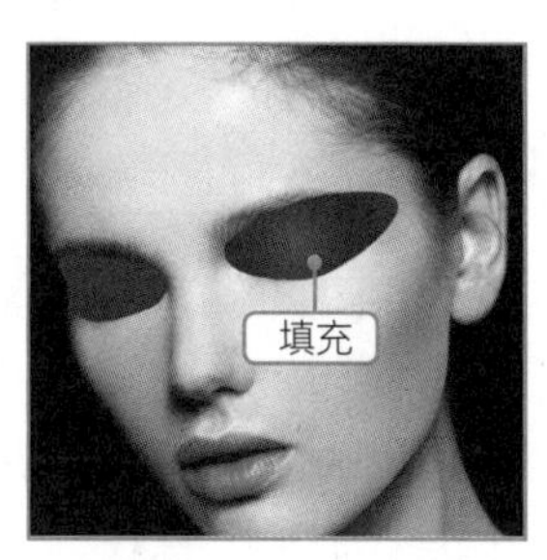

图3-31 创建渐变

图3-32 设置混合模式与填充

STEP 08 按【Ctrl+D】组合键取消选区，选择图层3，选择【滤镜】/【模糊】/【高斯模糊】命令，打开“高斯模糊”对话框，将半径设置为“8像素”，单击 确定 按钮，如图3-33所示。

STEP 09 使用套索工具在图层3上绘制眼白及眼球所在选区，按【Delete】键删除多余的颜色，如图3-34所示。

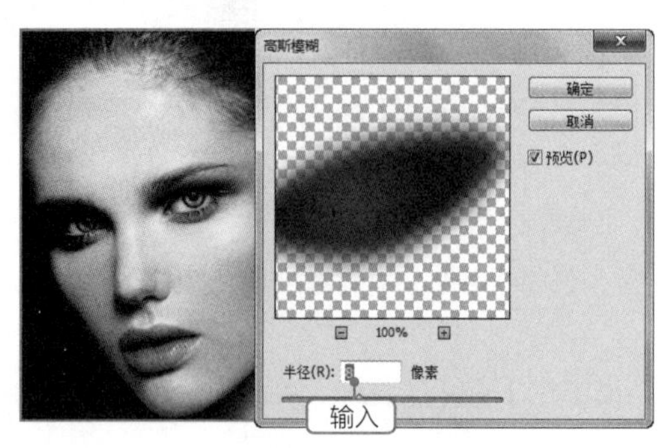

图3-33　设置高斯模糊

图3-34　删除多余颜色

STEP 10 单击“创建新图层”按钮创建空白图层4，将前景色设置为“#de5920”，选择画笔工具，在工具属性栏中调整画笔大小，设置画笔硬度为“0”，设置不透明度和流量为“50%”，在新建的图层4上绘制脸颊的腮红，如图3-35所示。

STEP 11 在“图层”面板中设置图层混合模式为“叠加”，设置不透明度为“80%”，效果如图3-36所示。另存文件为“模特.psd”，至此完成本例的制作。

图3-35　绘制腮红

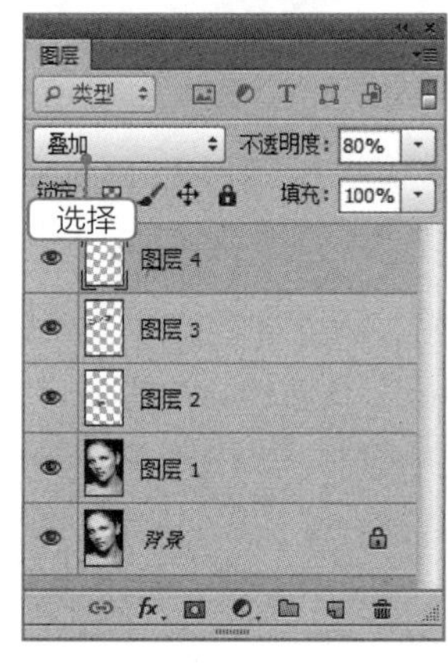

图3-36　设置图层混合模式和不透明度

3.2.2 图层混合模式的类型

图层混合模式是指对上一层图层与下一层图层的像素进行混合，从而得到一种新的图像效果。默认状态下，图层混合模式为“正常”，即上面图层中的图像完全遮盖下面图层上对应的区域，如图3-37所示。而Photoshop CS6提供了多种不同的色彩混合模式，设置不同的色彩混合模式可以产生不同的效果，单击“图层”面板中的正常按钮，在打开的下拉列表中即可选择需要的模式，下面分别介绍应用各种混合模式后的效果。

知识链接
图层混合模式效果

- 溶解：如果上面图层中的图像具有柔和的半透明效果，选择该混合模式可生成像素点状效果。

- 变暗：上面图层中较暗的像素将代替下面图层中与之相对应的较亮像素，而下面图层中较暗的像素将代替上面图层中与之相对应的较亮像素，从而使叠加后的图像区域变暗。
- 正片叠底：对上面图层中的颜色与下面图层中的颜色进行混合相乘，形成一种光线透过两张叠加在一起的幻灯片的效果，从而得到比原来两种颜色更深的颜色效果。
- 颜色加深：可增强上面图层与下面图层之间的对比度，从而得到颜色加深的图像效果。

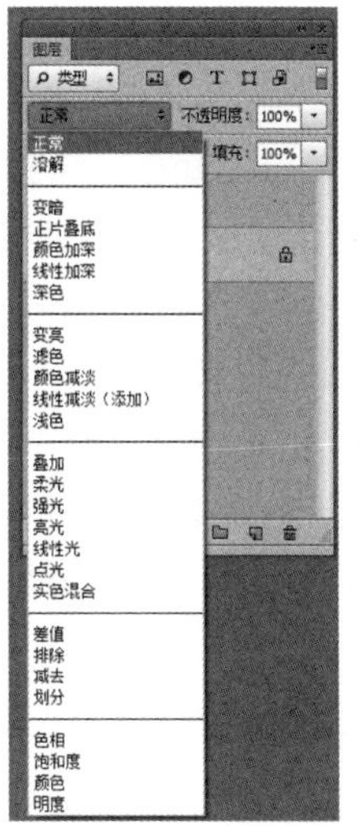

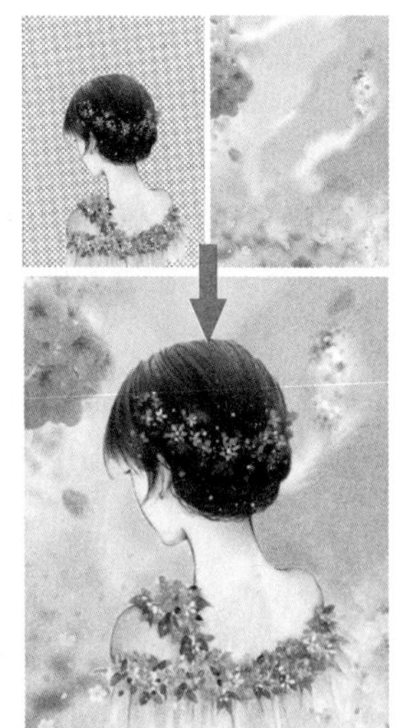

图3-37　正常的图层混合

- 颜色减淡：通过减小上下图层中像素的对比度来提高图像的亮度。
- 深色：比较上下两个图层中所有颜色通道值的总和，然后显示颜色值较低的部分。
- 浅色：比较上下两个图层中所有颜色通道值的总和，然后显示颜色值较高的部分。
- 线性加深（添加）：通过查看每个颜色通道中的颜色信息，变暗所有通道的基色，并通过提高其他颜色的亮度来反映混合颜色。此模式对于白色将不产生任何变化。
- 线性减淡：通过加亮所有通道的基色，并通过降低其他颜色的亮度来反映混合颜色。此模式对于黑色将不产生任何变化。
- 变亮：将下面图层中比上面图层中更暗的颜色作为当前显示颜色。
- 滤色：对上面图层与下面图层中相对应的较亮颜色进行合成，生成一种漂白增亮的图像效果。
- 叠加：根据下面图层的颜色，与上面图层中相对应的颜色进行相乘或覆盖，产生变亮或变暗的效果。
- 柔光：根据下面图层中颜色的灰度值对上面图层中相对应的颜色进行处理，高亮度的区域更亮，暗部区域更暗，从而产生一种柔和光线照射的效果，具体取决于混合色。当上层图层中的像素比50%灰色亮，图像将变亮；当上层图层中的像素比50%灰色暗，图像将变暗。
- 强光：上层图层中比50%灰色亮的像素将变亮；比50%灰色暗的像素将变暗。
- 亮光：通过增加或减小上下图层中颜色的对比度来加深或减淡颜色，具体取决于混合色。如果混合色比50%灰色亮，则通过减小对比度使图像变亮；如果混合色比50%灰色暗，则通过增加对比度使图像变暗。
- 线性光：将通过减小或增加上下图层中颜色的亮度来加深或减淡颜色，具体取决于混合色。如果混合色比50%灰色亮，则通过增加亮度使图像变亮；如果混合色比50%灰色暗，则通过减小亮度使图像变暗。
- 点光：与“线性光”模式相似，是根据上面图层与下面图层的混合色来决定替换部分较暗或较亮像素的颜色。如果混合色（光源）比50%灰色亮，则替换比混合色暗的像素，而不改变比混合色亮的像素；如果混合色比50%灰色暗，则替换比混合色亮的像素，而不改变比混合色暗的像素，适用于为图像添加特殊效果。

- 实色混合：将混合颜色的红色、绿色、蓝色通道值添加到基色的RGB值。如果通道的结果总和大于或等于255，则值为255；如果小于255，则值为0。因此，所有混合像素的红色、绿色、蓝色通道值要么是0，要么是255。这会将所有像素更改为原色：红色、绿色、蓝色、青色、黄色、洋红、白色、黑色。
- 差值：对上面图层与下面图层中颜色的亮度值进行比较，将两者的差值作为结果颜色。当不透明度为100%时，白色将全部反转，而黑色保持不变。
- 排除：该模式由亮度决定是否从上面图层中减去部分颜色，得到的效果与“差值”模式相似，只是更柔和一些。
- 减去：将从目标通道中应用的像素基础上减去源通道中的像素值。
- 划分：查看每个通道中的颜色信息，再从基色中划分混合色。
- 色相：只对上下图层中颜色的色相进行相融，形成特殊的效果，但并不改变下面图层的亮度与饱和度。
- 饱和度：只对上下图层中颜色的饱和度进行相融，形成特殊的效果，但并不改变下面图层的亮度与色相。
- 颜色：只将上面图层中颜色的色相和饱和度融入下面图层中，并与下面图层中颜色的亮度值进行混合，但不改变其亮度。
- 明度：与“颜色”模式相反，只将当前图层中颜色的亮度融入下面图层中，但不改变下面图层中颜色的色相和饱和度。

3.2.3 图层不透明度

通过设置图层的不透明度可以使图层产生透明或半透明效果，其方法是在“图层”面板右上方的“不透明度”数值框中输入数值来进行设置，范围为0～100%。

要设置某图层的不透明度，应先在“图层”面板中选择该图层，当图层的不透明度小于100%时，将显示该图层和下面图层的图像，不透明度值越小，就越透明；当不透明度值为0时，该图层不会显示，而完全显示其下面图层的内容。图3-38所示为不透明度为“80%”和“30%”时人物在背景中的显示效果。

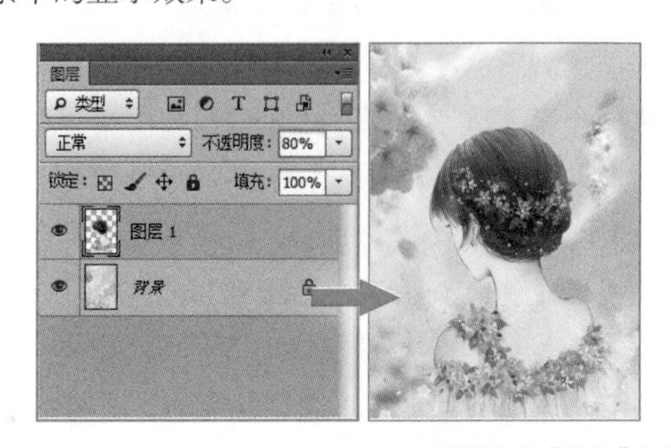

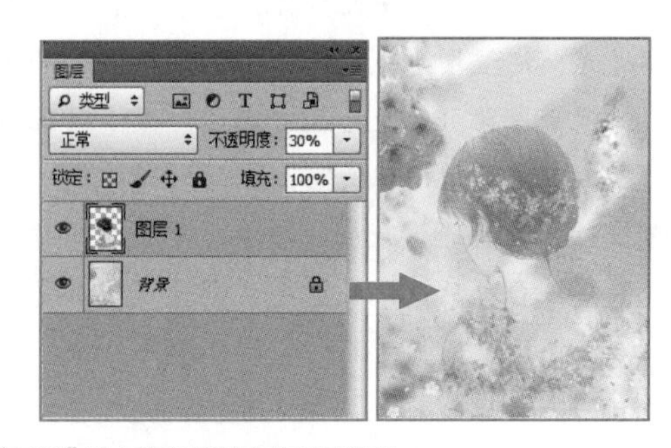

图3-38 不透明度为“80%”和“30%”时人物在背景中的显示效果

课堂练习——为头发染色

本练习要求打开“美女.jpg”图像文件（素材\第3章\课堂练习\美女.jpg），对图像中人物头发的颜色进行处理。完成本练习首先需要对头发创建选区，按【Ctrl+J】组合键将选区创建为新图层，填充选区为“#83348a”，最后调整图层混合模式为“叠加”，设置头层不透明度为“80%”，得到染发效果，如图3-39所示（效果\第3章\课堂练习\头发染色.psd）。

图3-39　头发染色效果

3.3 添加与管理图层样式

图层样式不仅可以为图层中的图像内容添加阴影或高光等效果，还可创建水晶、玻璃、金属等特效，使设计出的作品具有立体、逼真的效果。本节将详细讲解各种图层样式的添加、设置，以及图层样式的复制与清除等管理方法。

3.3.1 课堂案例——制作彩色糖果字

案例目标：输入文字，对输入的文字图层使用斜面和浮雕、描边、内阴影、渐变叠加、外发光、投影图层样式，从而制作绚丽多彩的糖果字，完成后的参考效果如图 3-40 所示。

知识要点：图层样式的添加；图层样式的设置；图层样式的含义。

素材位置：素材 \ 第 3 章 \ 糖果背景 .jpg

效果文件：效果 \ 第 3 章 \ 彩色糖果字 .psd

视频教学
制作彩色糖果字

图3-40　彩色糖果字效果

其具体操作步骤如下。

STEP 01 打开“糖果背景.jpg”图像文件，选择“横排文字工具”T，输入文字“colours”，设置字体为“Arista2.0 Alternate”，字号为“120”点，消除锯齿为“锐利”，填充颜色为“黑色”，效果如图3-41所示。

STEP 02 选择【图层】/【图层样式】/【斜面和浮雕】命令，打开“图层样式”对话框，单击选中“斜面和浮雕”复选框，设置样式为“内斜面”，再设置各项参数，最后设置高光模式为“颜色减淡”，高光颜色为“白色”；阴影模式为“颜色加深”，阴影颜色为“深红色（#640000）”，如图3-42所示。

图3-41　输入文字

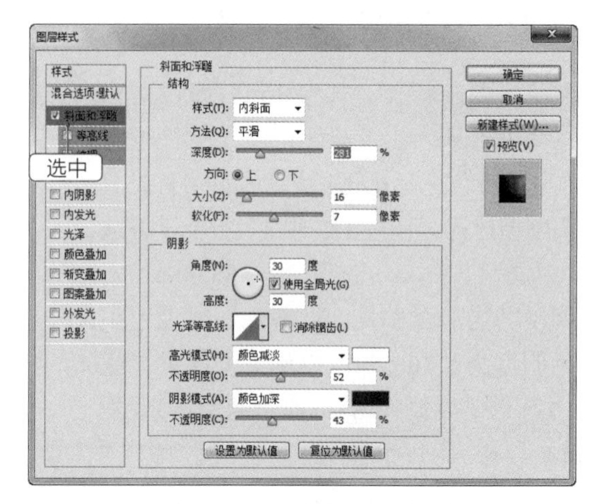

图3-42　设置斜面和浮雕样式

STEP 03 单击选中“描边”复选框，设置大小为“2像素”、位置为“外部”、不透明度为“100%”、颜色为“深红色（#770000）”，如图3-43所示。

STEP 04 单击选中“内阴影”复选框，设置内阴影颜色为“橘黄色（#ffa200）”、不透明度为“75%”、距离为“5像素”、阻塞为“37%”、大小为“2像素”，如图3-44所示。

STEP 05 单击选中“渐变叠加”复选框，设置混合模式为“正常”，渐变颜色为各种彩色（可根据自己喜好设置），再设置样式为“径向”，角度为“-1度”，缩放为“150%”，如图3-45所示。

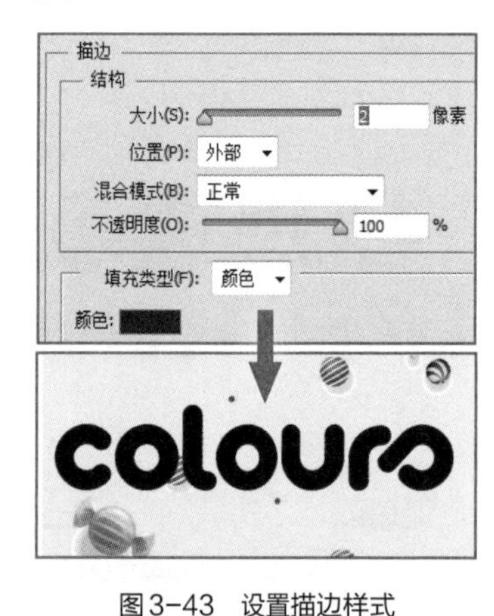

图3-43　设置描边样式

图3-44　设置内阴影样式

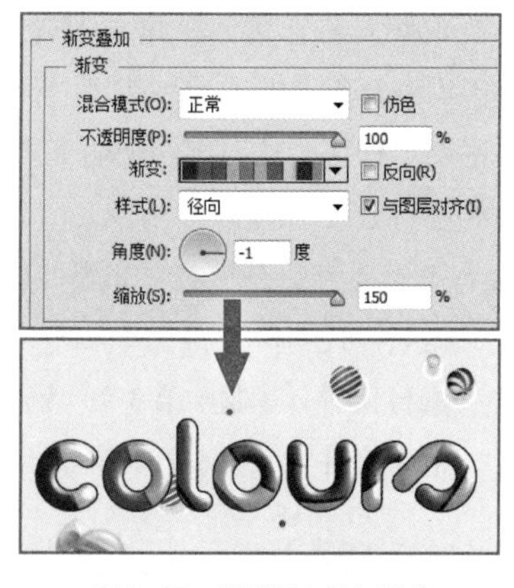

图3-45　设置渐变叠加样式

STEP 06 单击选中“外发光”复选框，设置混合模式为“正常”，外发光颜色选择渐变选项，并设置与渐变叠加相同的颜色，再设置扩展为“0”、大小为“29像素”，如图3-46所示。

STEP 07 单击选中“投影”复选框，设置混合模式为“正片叠底”，颜色为“深蓝色（#0F3048）”，再设置距离为“19像素”、扩展为“57%”、大小为“13像素”，如图3-47所示。

STEP 08 单击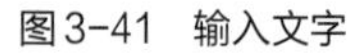按钮，得到彩色糖果文字效果，如图3-48所示。另存文件为“彩色糖果字.psd”，完成本例的制作。

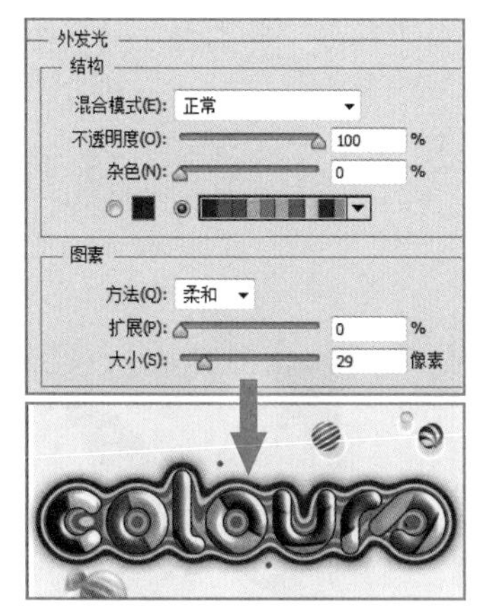

图3-46　设置外发光样式

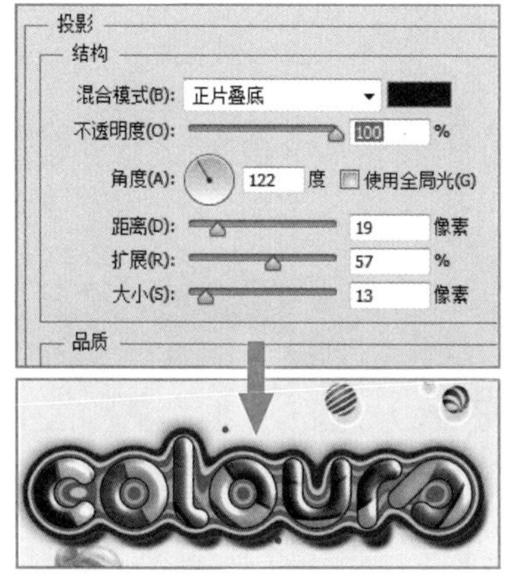

图3-47　设置投影样式

图3-48　彩色糖果字效果

3.3.2　添加图层样式

Photoshop CS6提供了多种图层样式，这些图层样式均需要通过“图层样式”对话框进行添加，如图3-49所示。打开“图层样式”对话框的方法主要有以下3种。

- 选择【图层】/【图层样式】命令，在打开的子菜单中选择一种效果命令即可。
- 在“图层”面板中单击“添加图层样式”按钮 fx，在打开的下拉列表中选择一种效果选项。
- 双击需要添加效果的图层右侧的空白部分。

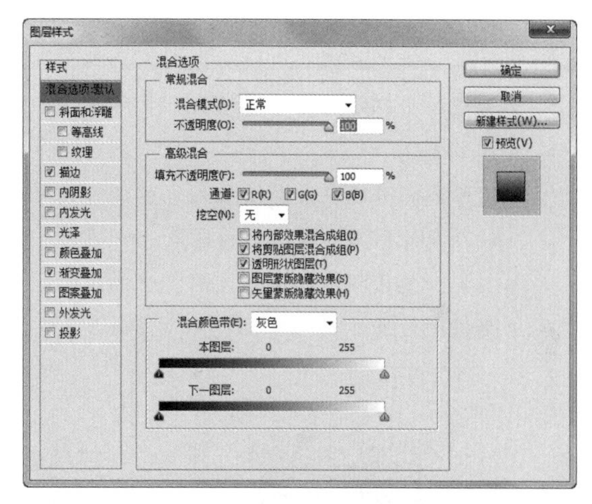

图3-49　“图层样式”对话框

3.3.3　设置图层样式

在“图层样式”对话框的左侧单击选中一种或多种图层样式对应的复选框，可为图像应用这些图层样式效果，选择复选框后的文字，可切换到各图层样式的设置面板中，对图层样式的具体参数进行设置。Photoshop CS6提供了多种图层样式，可以制作出光照、阴影、斜面、浮雕等特殊效果，下面对各种图层样式的效果分别进行介绍。

- 混合选项：默认用于控制图层与其下面的图层像素混合的方式，如设置图层间的颜色混合方式、像素混合范围、图层不透明度等。
- 斜面和浮雕：使图层中的图像产生凸出和凹陷的斜面和浮雕效果，还可以添加不同组合方式的高光和阴影，浮雕效果如图3-50所示。
- 等高线：可以勾画在浮雕处理中被遮住的起伏、凹陷、凸起的线，且设置

知识链接
图层样式参数详解

不同等高线生成的浮雕效果也不同，图3-51所示为“锥形”和“环形”等高线下的浮雕效果。

● 纹理：选择一个图案，将其应用到斜面和浮雕上，如图3-52所示。

图3-50　浮雕效果

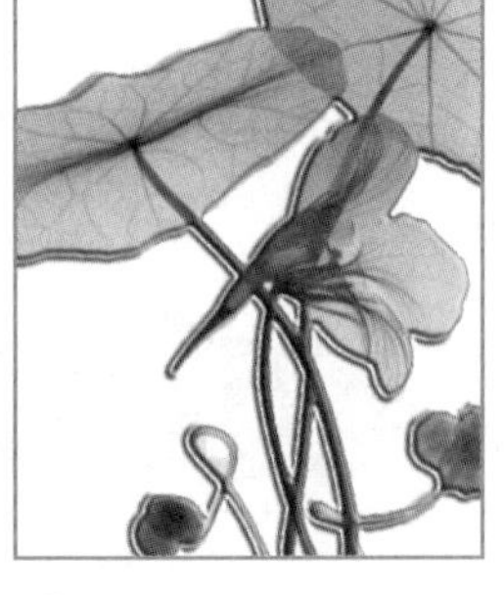

图3-51　“锥形”和“环形”等高线下的浮雕效果

图3-52　纹理浮雕效果

提示　等高线和纹理在“斜面和浮雕”复选框下，只有单击选中“斜面和浮雕”复选框，才能激活“等高线”和“纹理”复选框。

● 描边：可以沿图像边缘填充一种颜色、渐变或图案，图3-53所示为对圆角矩形进行渐变描边的效果。

● 内阴影：可以在紧靠图层内容的边缘内添加阴影，使图层图像产生凹陷效果，图3-54所示为对圆角矩形添加内阴影的效果。

● 投影：用于模拟物体受光后产生的投影效果，可以增加层次感，图3-55所示为不同角度的心形投影效果。

图3-53　渐变描边

图3-54　内阴影

图3-55　投影

技巧　若按住【Alt】键不放，“图层样式”对话框中的 取消 按钮会变为 复位 按钮，此时单击 复位 按钮，可将“图层样式”对话框中所有设置的值恢复为默认值。

● 外发光：沿图像边缘向外产生发光效果，图3-56所示为对剃须刀添加外发光的效果。

● 内发光：沿图像的边缘向内创建发光效果，图3-57所示为白色内发光的边框效果。

● 光泽：通过为图层添加光泽样式，可以在图像中产生游离的发光效果，如图3-58所示。

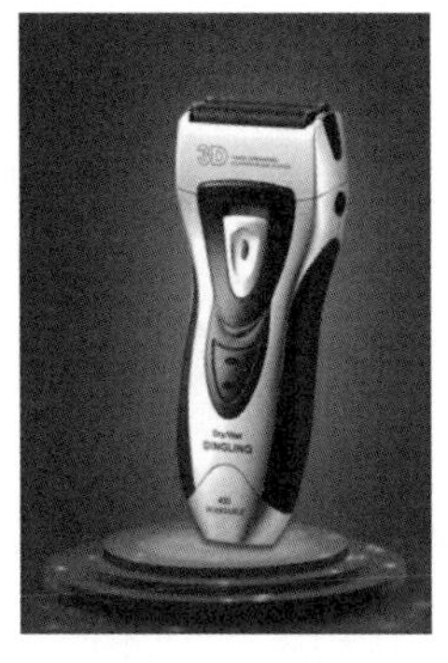

图3-56 外发光

图3-57 内发光

图3-58 光泽

- 颜色叠加：可以在图层上叠加指定的颜色，通过设置颜色的混合模式和不透明度来控制叠加效果，图3-59所示为对裙子叠加红色，且混合模式为“强光”的效果。
- 渐变叠加：可以在图层上叠加指定的渐变颜色，图3-60所示为对透明灯泡叠加渐变色的效果。
- 图案叠加：可以在图层上叠加指定的图案，并且可以缩放图案、设置图案的不透明度和混合模式，图3-61所示为对白色衬衣叠加图案的效果。

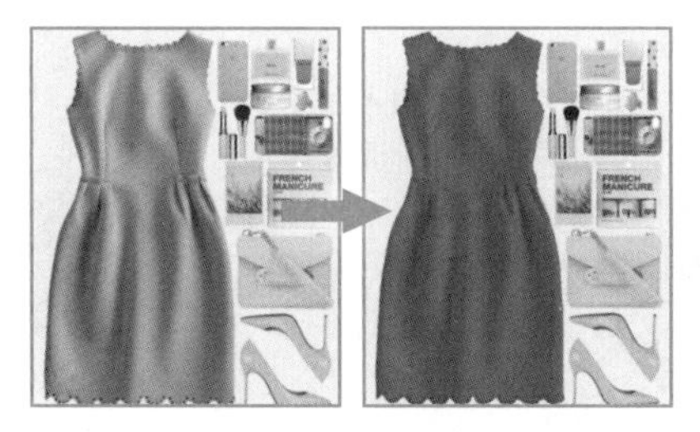

图3-59 颜色叠加

图3-60 渐变叠加

图3-61 图案叠加

3.3.4 复制图层样式

若需要为其他图层应用已有的图层样式可直接复制图层样式，其方法是按住【Alt】键，拖动fx图标到其他图层上即可，若没有按住【Alt】键，原图层的图层样式将被移动到新图层上，也可直接在图层上单击鼠标右键，在弹出的快捷菜单中选择“拷贝图层样式”命令，选择目标图层，在其上单击鼠标右键，在弹出的快捷菜单中选择“粘贴图层样式”命令即可。若选择“清除图层样式”命令可直接清除该图层的图层样式，图3-62所示为将左边图形的图层样式复制到右边的图形上。

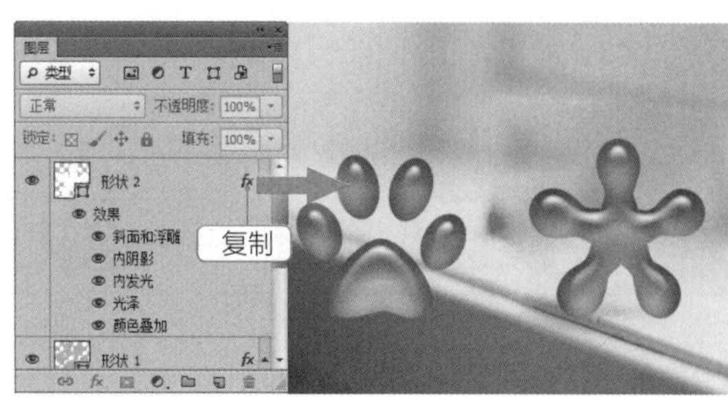

图3-62 复制图层样式

3.3.5 应用预设图层样式

Photoshop CS6中提供了一些预设的图层样式，通过对这些图层样式的应用可以快速完成图层样式的添加与设置，其方法是选择【窗口】/【样式】命令，打开“样式”面板 ，选择图层后，直接单击对应的样式即可为图层添加该样式效果。图3-63所示为应用“黄色回环”图层样式的效果。

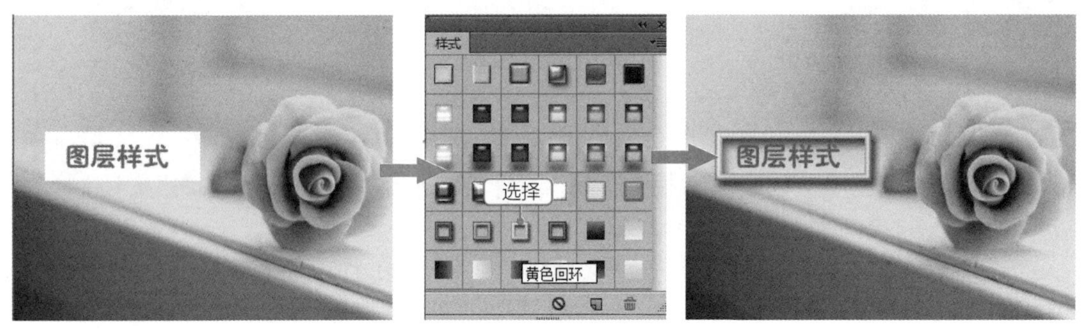

图3-63 应用预设的图层样式

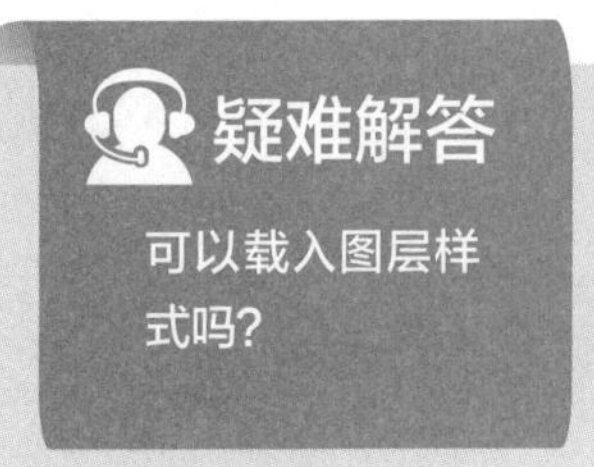

与预设的画笔、图案一样，也可将其他图层样式载入到“样式”面板中以供使用。在“样式”面板右上角单击按钮，在打开的下拉列表中可选择其他图层样式替换预设框中的图层样式即可。若选择“载入样式”选项，将打开“载入”对话框，选择后缀名为 .asl 的样式文件，单击载入(L)按钮即可。

课堂练习——制作玻璃字

本练习要求制作玻璃字，在“玻璃字背景.jpg”图像文件（素材\第3章\课堂练习\玻璃字背景.jpg）中输入文字，并使用“光泽”样式结合“内阴影”“内发光”等图层样式制作玻璃字效果，模拟出立体质感的文字，参考效果如图3-64所示（效果\第3章\课堂练习\玻璃字.psd）。

图3-64 玻璃字效果

3.4 上机实训——制作烟雾人像效果

3.4.1 实训要求

为了修饰并美化图像，营造个性创意，本实训要求制作烟雾人像效果，要求将人物图像的头部制作为个性化的烟雾，使图像变得创意十足。

3.4.2 实训分析

图像合成是一项创意工作，可以将不同的元素通过创意的方式组合起来，制作出新颖独特、夺人眼球的效果，常用于各类平面广告设计中。

本实例的烟雾人像效果，实质是将人物与烟雾进行合成，有点类似魔术中的场景。首先要将人物中的头像进行处理，隐藏该部分图像，然后添加烟雾图像，并让烟雾与人像自然结合，本实训的参考效果如图3-65所示。

素材所在位置： 素材\第3章\上机实训\烟雾人像效果\

效果所在位置： 效果\第3章\上机实训\烟雾人像效果.psd

图3-65 烟雾人像效果

3.4.3 操作思路

完成本实训主要包括背景制作、人物头像的抠取、帽子与烟雾添加3大步操作，其操作思路如图3-66所示。涉及的知识点主要包括径向渐变填充、创建与移动选区、设置图层不透明度、设置图层混合模式、复制图层等。

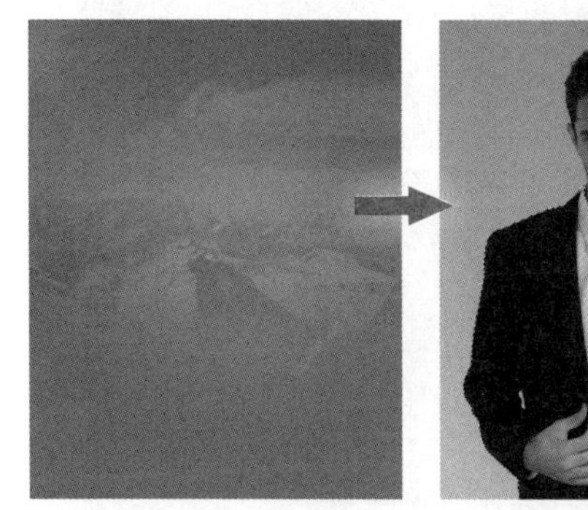

图3-66 操作思路

视频教学
制作烟雾人像效果

【步骤提示】

STEP 01 新建709像素×886像素的图像文件，为背景创建径向渐变，添加山脉图像，设置图像不透明度为“10%”。

STEP 02 使用钢笔工具创建人物头像外的部分路径，按【Ctrl+Enter】组合键转换为选区，移动选区到背景中，在人物下方新建图层，使用画笔绘制领口的投影。

STEP 03 选择人物图层，选择【图像】/【调整】/【去色】命令去色。

STEP 04 添加帽子、花纹与烟雾素材，调整各个素材的位置，设置花纹与烟雾素材的图层混合模式为“叠加”。

STEP 05 按【Ctrl+J】组合键复制烟雾图层，放置到帽子上层。存储文件，完成烟雾人像效果的制作。

3.5 课后练习

1. 练习 1——合成草莓城堡

利用白云、草莓、飞鸟和城堡等不同的场景合成“草莓城堡”，主要涉及图层的创建、图层顺序的更改、图层的链接等操作，完成后的参考效果如3-67所示。

素材所在位置： 素材\第3章\课后练习\练习1\草莓城堡\

效果所在位置： 效果\第3章\课后练习\练习1\草莓城堡.psd

2. 练习 2——制作彩条心

打开“彩条心.jpg”图像文件，为图像中的心形建立选区。然后复制图像，为复制的图像设置图层样式，再绘制图像，设置图层混合模式，制作彩条心效果，完成后的参考效果如图3-68所示。

素材所在位置： 素材\第3章\课后练习\练习2\彩条心.jpg

效果所在位置： 效果\第3章\课后练习\练习2\彩条心.psd

图3-67 草莓城堡

图3-68 彩条心

Chapter 4

第4章 文字在图像中的应用

在Photoshop中合理应用文字可以为图像增色，不仅可以使图像元素看起来更加丰富，起到修饰图像的作用，还能更好地对图像进行说明，表达图像的主题内容。本章将讲解文字应用的相关知识，包括输入文字、文字属性、创建路径文字、创建变形文字等，掌握这些文字的应用有利于用户对图像进行更完善的编辑。

课堂学习目标

- 掌握点文字、段落文字、路径文字的创建方法
- 掌握文字的选择、转换与变形方法
- 掌握设置字符与段落属性的方法

课堂案例展示

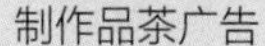
制作品茶广告

制作国庆促销文字

4.1 创建文字

在Photoshop CS6中，可使用文字工具直接在图像中添加点文字，如果需输入的文字较多，可选择创建段落文字。此外，为了满足特殊编辑的需要，还可创建选区文字或路径文字。本节将对这些文字的创建方法进行详细介绍。

4.1.1 课堂案例——制作品茶广告

案例目标：运用横排文字工具和竖排文字工具输入文字，为文字填充颜色与底纹，结合直线进行组合排版，制作品茶广告，完成后的参考效果如图 4-1 所示。

视频教学
制作品茶广告

知识要点：横排文字工具；直排文字工具；文字工具属性栏的设置；段落文字的输入；直线与形状的绘制。

素材位置：素材 \ 第 4 章 \ 品茶广告 \

效果文件：效果 \ 第 4 章 \ 品茶广告 .psd

图4-1 效果图

其具体操作步骤如下。

STEP 01 新建750像素×850像素/英寸，名称为“品茶广告”的白色背景图像，打开“茶杯.png”图像文件，将其移动到当前窗口下方，调整大小与位置，如图4-2所示。

STEP 02 在“图层”面板中双击茶杯所在图层，打开“图层样式”对话框，单击选中“投影”复选框，设置混合模式为“正片叠底”，颜色为“黑色”，不透明度为“30%”，角度为“112度”；再设置距离为“18像素”、扩展为“0%”、大小为“27像素”，单击 确定 按钮，返回图像窗口，查看投影效果，如图4-3所示。

图4-2 添加茶杯

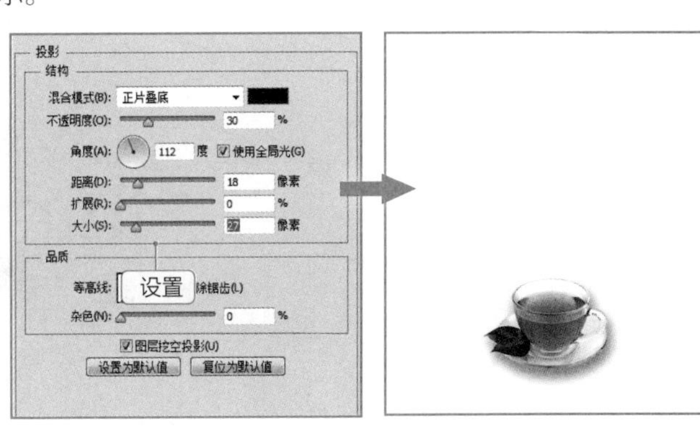

图4-3 设置投影效果

STEP 03 选择横排文字工具T，在图像上方的空白处单击鼠标，定位文字插入点，输入

“享”，在工具属性栏中单击✔按钮完成文字的创建，在其他空白位置处继续输入“受”，如图4-4所示。

STEP 04 在“图层”面板中选择文字图层，按【Ctrl+T】组合键进入变换状态，将鼠标指针移动到四角的控制点上，拖动放大文字，按【Enter】键完成变换，使用移动工具将文字移动到一起，排列效果如图4-5所示。

STEP 05 在“图层”面板中选择“享”“受”文字图层，选择横排文字工具**T**，在工具属性栏中设置“字体”为“方正启笛简体”，调整文字大小和位置，如图4-6所示。

图4-4　输入点文字

图4-5　调整文字大小与位置

图4-6　更改字体

STEP 06 在“图层”面板中双击“享”所在图层，打开“图层样式”对话框，单击选中“渐变叠加”复选框，设置混合模式为“正常”，渐变颜色为“#16b4cc、#41fbf9、#41fbf9、#2d827c”（可根据自己喜好设置），再设置样式为“线性”、角度为“-139度”、缩放为“71%”，如图4-7所示。

STEP 07 按住【Alt】键在“图层”面板中拖动“享”所在图层右侧的*fx*图标到“受”图层上，复制渐变叠加样式，效果如图4-8所示。

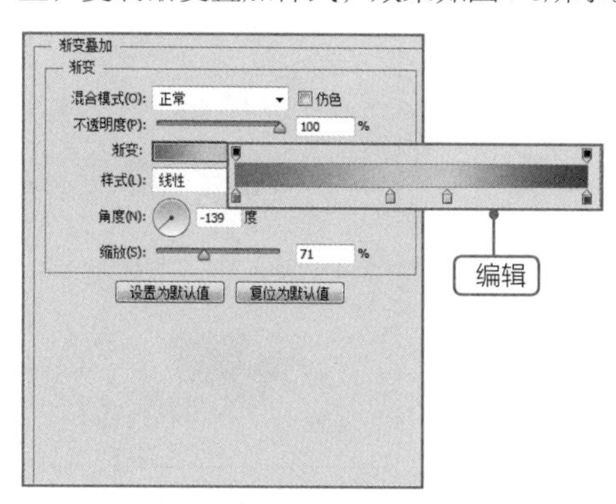

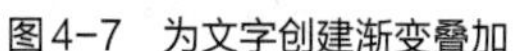
图4-7　为文字创建渐变叠加

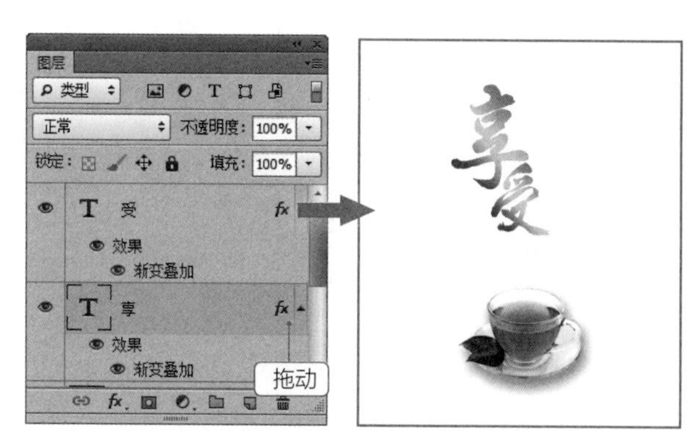

图4-8　复制渐变叠加样式

STEP 08 选择直线工具，在工具属性栏中设置填充颜色为“#16b4cc”，粗细为“2像素”，在文字右上角和左下角分别绘制线条，装饰文字，如图4-9所示。

STEP 09 打开“墨点.png”图像文件，将其移动到“享”字右上角，选择直排文字工具，在工具属性栏中设置字号为“47点”，文字颜色为“白色”，在墨点上输入“惬意”文字，在工具属性栏中单击✔按钮完成文字的创建，效果如图4-10所示。

STEP 10 在“受”字右侧单击定位文字插入点，在工具属性栏中设置字体为“方正准圆简体”，文字颜色为“#2e8983”，字号为“24点”，输入“品清廉人生”文字，在工具属性栏中单击✔按钮完成文字的创建，效果如图4-11所示。

图4-9 绘制线条

图4-10 输入直排文字

图4-11 输入直排文字

STEP 11 选择直线工具，在工具属性栏中设置填充颜色为“#2e8983”，按住【Shift】键在“品清廉人生”文字一侧绘制垂直线条，按【Alt】键使用移动工具拖动并复制线条到文字另一侧，如图4-12所示。

STEP 12 选择横排文字工具T，在工具属性栏中设置字体、字号分别为“华文楷体”“10点”，设置文字颜色为“#2e8983”，拖动鼠标在“受”字下方绘制文本框，输入段落文字，按【Enter】键可进行分段，继续输入其他段落文字，输入过程中可拖动文本框右下角的控制点，调整文本框大小，使文字完全显示，如图4-13所示。

STEP 13 在工具属性栏中单击✔按钮完成段落文字的创建，存储文件至此完成本实例的制作，如图4-14所示。

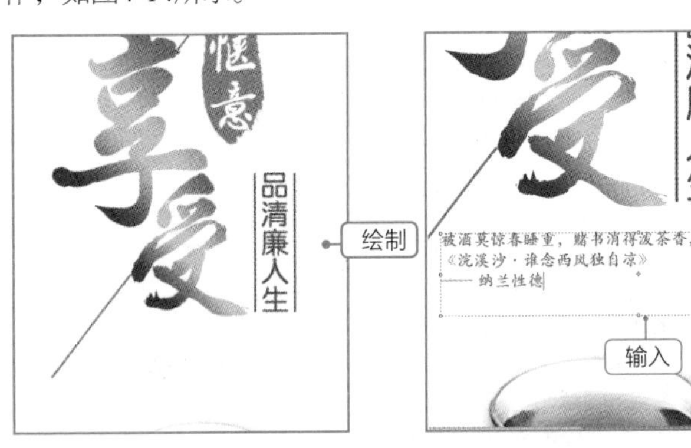

图4-12 绘制直线

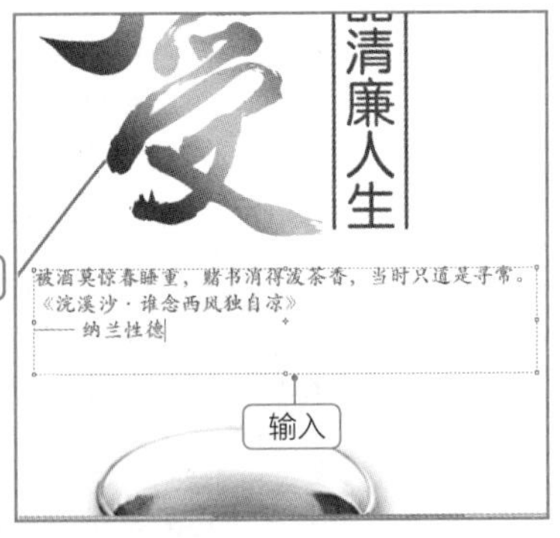

图4-13 输入段落文字

图4-14 查看效果

4.1.2 认识文字创建工具

选择文字创建工具，单击鼠标定位文字插入点，直接输入文字，然后在工具属性栏中单击✔按钮完成文字的创建。Photoshop中不同的文字创建工具可输入不同类型的文字，下面分别进行介绍。

- 横排文字工具T：在图像文件中创建水平文字并建立新的文字图层，图4-15所示为创建的横排文字。
- 直排文字工具IT：在图像文件中创建垂直文字并建立新的文字图层，图4-16所示为创建的直排文字。
- 横排文字蒙版工具T：在图像文件中创建水平文字形状的选区，如图4-17所示。但在图层面板中不建立新的图层。
- 直排文字蒙版工具IT：在图像文件中创建垂直文字形状的选区，如图4-18所示。但在图层面板中不建立新的图层。

图4-15　横排文字

图4-16　直排文字

图4-17　水平文字选区

图4-18　垂直文字选区

技巧　若要放弃文字输入，可在工具属性栏中单击⊘按钮，或按【Esc】键，此时自动创建的文字将会被删除。另外，单击其他工具按钮，或按【Enter】键或【Ctrl+Enter】组合键也可以结束文字的输入操作，若要换行，可按【Enter】键。

4.1.3　创建段落文字

通过横排文字工具T或直排文字工具IT还可以在文本框中创建段落文字。段落文字可以设置统一的字体、字号、字间距等文字格式，并且可以整体修改与移动，常用于杂志的排版。创建段落文字的方法是按住鼠标左键不放，拖动创建文本框，文字插入点自动定位到文本框中，输入段落文字即可。将移动鼠标指针至文本框四周的控制点，当其变为⊞形状时，可通过拖动控制点来调整文本框的大小，使文字完全显示出来。图4-19所示为段落文字效果。移动文本框，可整体移动段落文字的位置。删除文本框，将直接删除文本框中的段落文字。

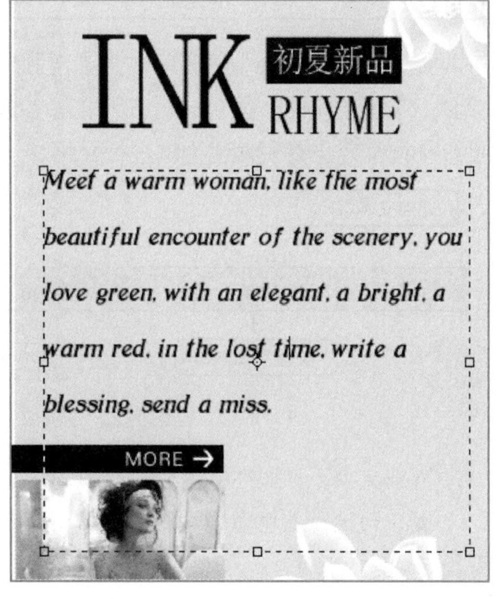

图4-19　输入段落文字

技巧 为了使排版更方便，可对创建的点文字与段落文字进行相互转换。若要将点文字转换为段落文字，可选择需要转换的文字图层，在其上单击鼠标右键，在弹出的快捷菜单中选择“转换为段落文本”命令即可；若要将段落文字转换为点文字，则在弹出的快捷菜单中选择“转换为点文本”命令即可。

4.1.4 创建路径文字

在图像处理过程中，创建路径文字可以使文字沿着斜线、曲线、形状边缘等路径排列，或在封闭的路径中输入文字，以产生意想不到的效果。输入沿路径排列的文字时需要先创建文字排列的路径，再使用文字工具在路径上输入文字即可。其具体方法是选择横排文字工具，将鼠标指针移动到路径上，当鼠标指针呈形状时，单击即可将文字插入点定位到路径上，此时输入文字，文字将沿着路径进行分布，选择路径选择工具，拖动路径文字起始处的标记，可调整文字在路径上的位置，如图4-20所示。此外，封闭的路径也可充当文本框的作用，将鼠标指针移动到封闭路径内部，当鼠标指针呈形状时，单击即可将文字插入点定位到路径内部，输入文字即可，如图4-21所示。

图4-20　输入路径文字

图4-21　在路径内部输入文字

4.1.5 认识文字工具属性栏

无论创建什么类型的文字，为了得到更好的文字效果，都可在文字工具的属性栏中设置文字的字体、字形、字号、颜色、对齐方式等参数，如图4-22所示。不同的文字工具属性栏基本相同，下面以横排文字工具属性栏为例进行介绍。

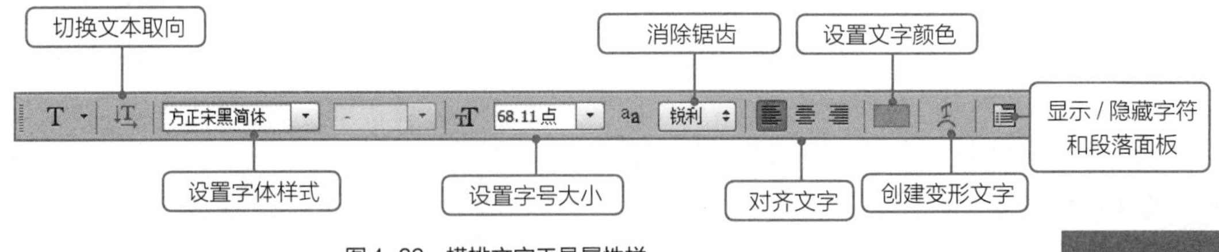

图4-22　横排文字工具属性栏

横排文字工具属性栏中相关选项的含义如下。

- “切换文本取向”按钮：单击该按钮，可将文字方向转换为水平方向或垂直方向。
- “字体”下拉列表：用于设置文字的字体。

知识链接
字体的性格特征

疑难解答 | 打开图像文件缺失字体怎么办?

当用户打开另一台计算机制作的PSD图像文件时，很可能因为两台计算机中安装的字体不同，造成打开的图像文件中有缺失字体的情况。在打开这类图像文件时，Photoshop将打开一个提示对话框，显示图像文件中缺失的字体。此时，用户可选择【文字】/【替换所有缺欠字体】命令，在打开的"替换所有缺失字体"对话框中将缺失的字体替换为计算机中已安装的字体。此外，双击字体文件可将下载的字体安装到计算机中。

- "设置消除锯齿效果"下拉列表：用于设置文字的锯齿效果，包括无、锐利、犀利、浑厚、平滑等选项。
- 按钮：分别单击对应的按钮可设置段落文字为左对齐、居中对齐和右对齐。
- 颜色块：单击该颜色块，在打开的对话框中可设置文字的颜色。
- "创建文字变形"按钮：单击该按钮，打开如图4-23所示的"变形文字"对话框。在其中可为文字设置上弧或波浪等变形效果。图4-24所示为设置扇形和旗帜变形的效果。

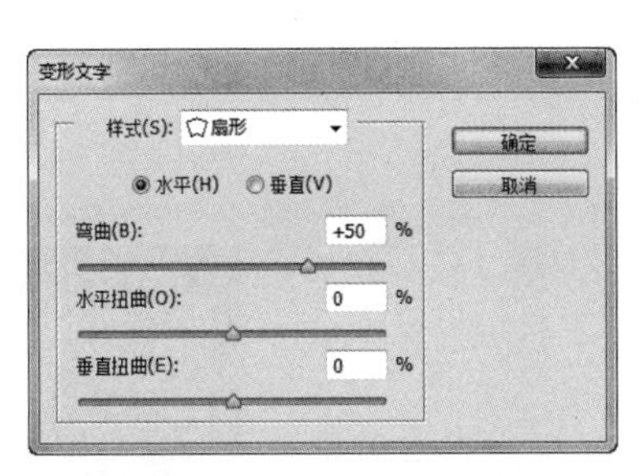

图4-23 "变形文字"对话框

图4-24 扇形和旗帜变形的效果

提示 选择需取消变形的文字，可在打开的"变形文字"对话框中将"样式"设置为"无"，再单击 确定 按钮即可。

- 按钮：单击该按钮，可显示或隐藏"字符"面板和"段落"面板。

课堂练习——制作文字标志

新建"标志"图像文件，制作径向渐变背景，然后使用横排文工具T在其中输入文字，通过"创建文字变形"按钮对文字进行花冠变形。将文字栅格化后，编辑文字，添加素材（素材\第4章\课堂练习\时钟.psd），为文字应用投影和浮雕图层样式，制作文字标志，参考效果如图4-25所示（效果\第4章\课堂练习\标志.psd）。

图4-25 文字标志效果

4.2 编辑文字

在输入文字后，若不能满足要求，就需要选择文字，通过“字符”或“段落”面板进行格式的美化操作，也可根据需要将文字转化为普通图层、形状或路径，便于进行更加丰富的编辑操作，下面进行详细介绍。

4.2.1 课堂案例——制作国庆促销横幅

案例目标：在国庆背景中创建文字，编辑文字字符格式，然后将文字创建为路径，通过编辑路径来更改文字外观，最后完成国庆促销横幅的制作，完成后的参考效果如图4-26所示。

知识要点：选区的创建、添加、减去与扩展；文字的输入；文字字符格式的编辑；文字创建为路径。

素材位置：素材\第4章\国庆背景.psd

效果文件：效果\第4章\国庆促销横幅.psd

图4-26 国庆促销横幅

其具体操作步骤如下。

STEP 01 打开“国庆背景.psd”图像文件，选择横排文字工具T，在图像空白处单击鼠标，定位文字插入点，输入“家电焕新超优惠”，在工具属性栏中单击✓按钮完成文字的创建，继续创建其他文字，如图4-27所示。

STEP 02 在“图层”面板中选择文字图层，按【Ctrl+T】组合键进入变换状态，将鼠标指针移动到四角的控制点上，放大文字，按【Enter】键完成变换，使用移动工具将文字移动到一起，排列效果如图4-28所示。

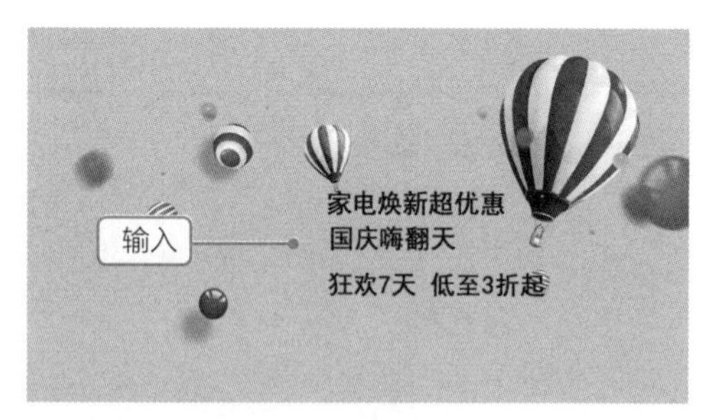

图4-27 输入文字

图4-28 调整文字大小与组合方式

STEP 03 选择“国庆嗨翻天”图层，在“字符”面板中设置字体为“造字工房力黑”，字间距为“-35”，效果如图4-29所示。

STEP 04 选择“家电焕新超优惠”图层，在“字符”面板中设置字体为“方正准圆简体”，字间距为“-25”，单击“仿粗体”按钮T，效果如图4-30所示。

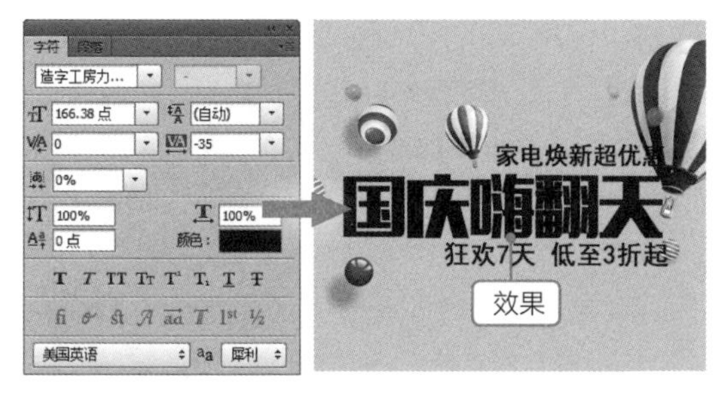

图4-29　设置字体与字间距

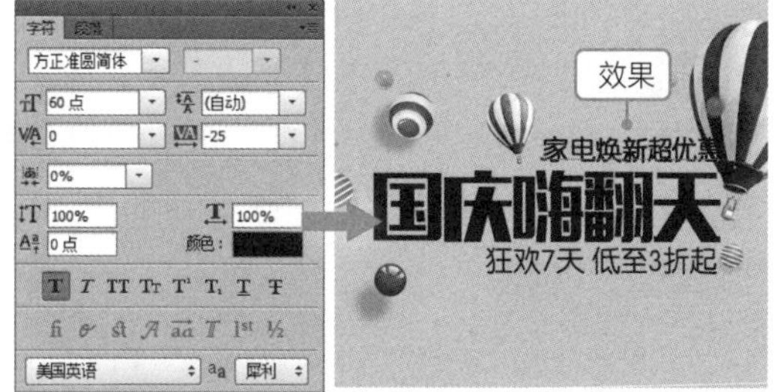

图4-30　设置字体、仿粗体与字间距

STEP 05 选择“狂欢7天 低至3折起”图层，在“字符”面板中设置字体为“方正准圆简体”，字间距为“-25”，单击“仿斜体”按钮，效果如图4-31所示。

STEP 06 在“图层”面板中的“国庆嗨翻天”图层上单击鼠标右键，在弹出的快捷菜单中选择“创建工作路径”命令，选择钢笔工具，按住【Ctrl】键，拖动路径锚点，对文字路径进行编辑，得到艺术字效果，如图4-32所示。

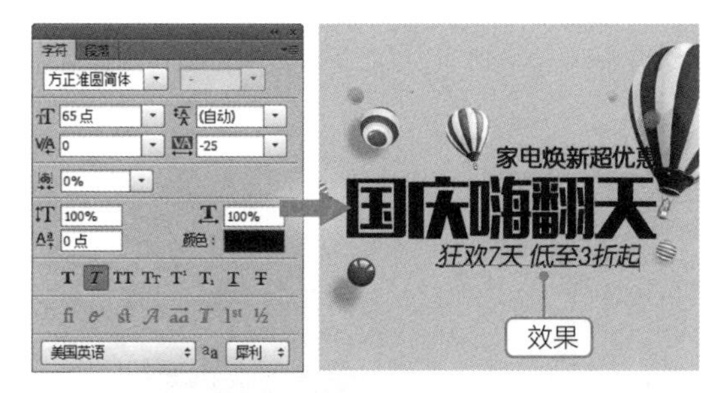

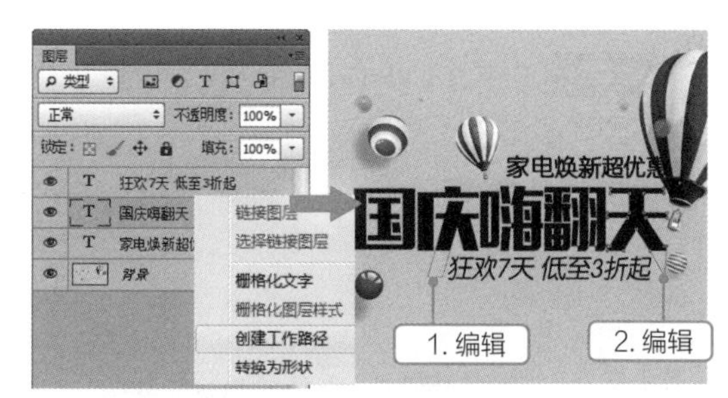

图4-31　设置字体、仿斜体与字间距

图4-32　创建与编辑路径

提示 编辑形状时，使用“直接选择工具”还可以直接移动某一部分内容，使用“钢笔工具”可添加或删除锚点并调整曲线。

STEP 07 选择【窗口】/【路径】命令，打开“路径”面板，在“路径”面板中选择修改后的路径，单击“将路径作为选区载入”按钮，得到路径选区，如图4-33所示。

STEP 08 新建图层1，将前景色设置为“黑色”，按【Alt+Delete】组合键填充选区为黑色，如图4-34所示。

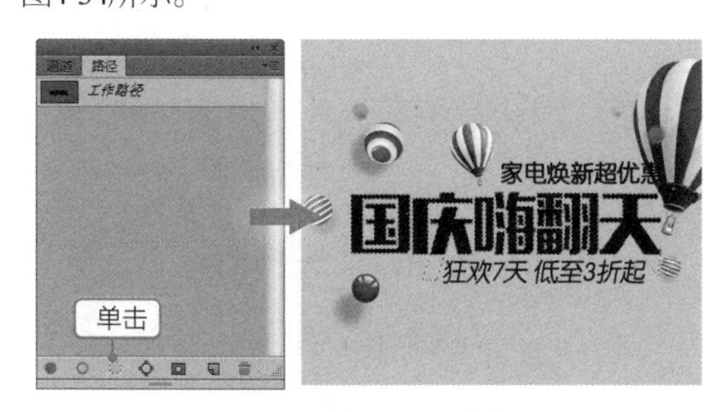

图4-33　将路径创建为选区

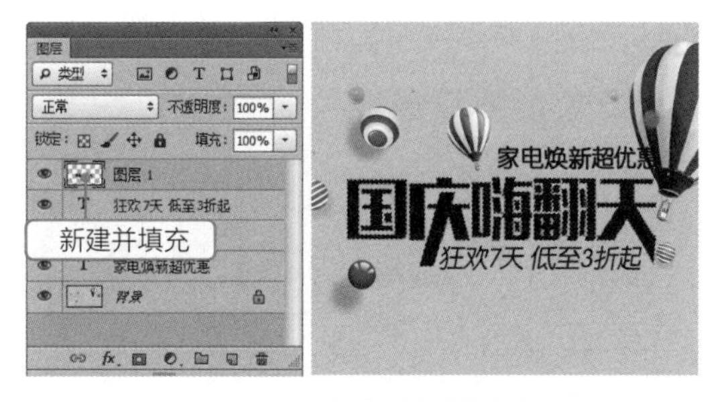

图4-34　新建图层并填充选区

STEP 09 按【Ctrl+D】组合键取消选区，隐藏背景图层，按【Ctrl+Alt+Shift+E】组合键盖印可见图层，得到图层2，按【Ctrl】键单击图层2缩略图，载入盖印后的图层选区，如图4-35所示。

STEP 10 选择【选择】/【修改】/【扩展】命令，在打开的对话框中设置扩展量为“12像素”，单击 确定 按钮返回图像窗口。选择多边形套索工具，按【Shift】键为文字轮廓内的区域绘制加选的选区，效果如图4-36所示。

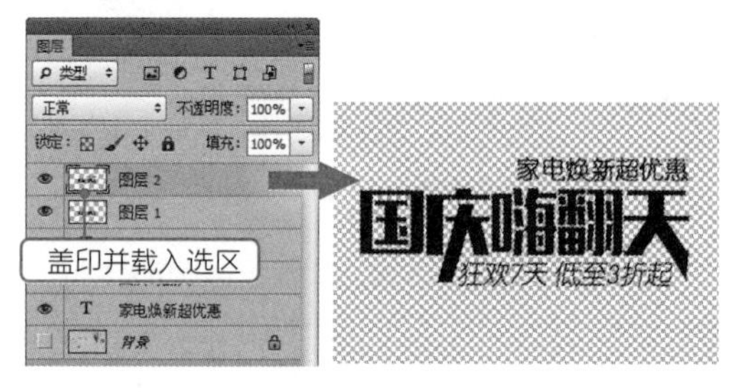

图4-35 盖印可见图层并载入选区

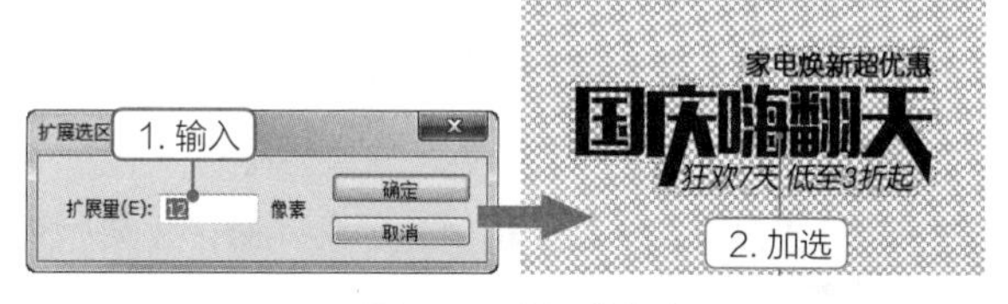

图4-36 扩展并修改选区

STEP 11 新建图层3，将前景色设置为“#f4e544”，按【Alt+Delete】组合键填充选区为黑色，如图4-37所示。

STEP 12 按【Ctrl+D】组合键取消选区，将图层3拖动到背景图层上方，显示背景图层，如图4-38所示。

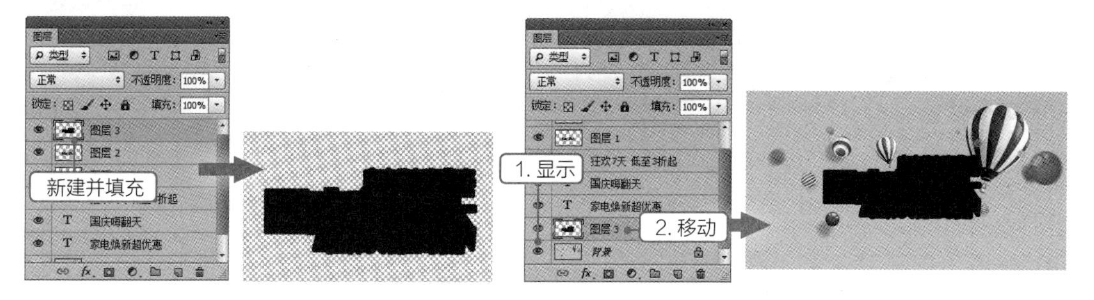

图4-37 新建并填充轮廓图形

图4-38 移动图层堆叠顺序

STEP 13 在“图层”面板中隐藏图层2，分别选择“家电焕新超优惠”“狂欢7天 低至3折起”文字图层，在“字符”面板中分别更改文字颜色为“白色”“#f4e544”；按【Ctrl】键单击图层1缩略图载入选区，将前景色设置为“#f4e544”，按【Alt+Delete】组合键填充为黄色，如图4-39所示。

STEP 14 选择多边形套索工具，按【Alt】键为“国庆”文字绘制减选的选区，得到“嗨翻天”选区，将前景色更改为“#21f8fa”，按【Alt+Delete】组合键填充为蓝色，如图4-40所示。另存文件为“国庆促销横幅.psd”，完成本例的制作。

图4-39 载入与填充选区

图4-40 编辑与填充选区

4.2.2 设置字符属性

设置文字的字符属性，除了可以通过文字属性工具栏外，还可通过“字符”面板来设置。文字工具属性栏中只包含了部分字符属性，而“字符”面板则集成了所有的字符属性。在文字工具属性栏中单击“切换字符和段落面板”按钮，或选择【窗口】/【字符】命令，打开图4-41所示的“字符”面板。除了字体、字号、文字颜色设置与文字工具属性栏一致外，“字符”面板中其他选项的作用如下。

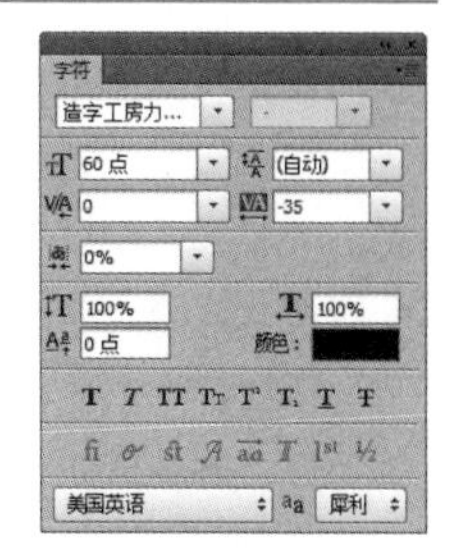

图4-41 “字符”面板

- “设置行距”数值框：用于设置文字的行间距，设置的值越大，行间距越大；数值越小，行间距越小。当选择“（自动）”选项时将自动调整行间距。
- “字距微调”数值框：当将输入光标插入到文字当中时，该数值框有效，用于设置光标两侧的文字之间的字间距。
- “字距调整”数值框：选择部分字符后，可调整所选的字符间距；没有选择字符时，将调整所有文字的间距。
- “比例间距”数值框：以百分比的方式设置两个字符之间的字间距。
- “垂直缩放”数值框：用于设置文字的垂直缩放比例。
- “水平缩放”数值框：用于设置文字的水平缩放比例。
- “基线偏移”数值框：用于设置文字的基线偏移量，输入正数值往上移，输入负数值往下移。

知识链接
使用字符样式

- 特殊字体样式按钮组：用于设置文字样式，从左向右依次为“粗体”“斜体”“全部大写字母”“小型大写字母”“上标”“下标”“下划线”和“删除线”。
- OpenType字体按钮：包括当前PostScript和TureType字符不具备的功能，如花体字和连字。
- 连字及拼写规则栏：可对所选字体的关联字符和拼写规则语言进行设置。

4.2.3 设置段落属性

与设置字符属性一样，除了可在文字工具的属性栏设置对齐方式外，还可通过“段落”面板进行更详细的设置。选择【窗口】/【段落】命令，打开“段落”面板，如图4-42所示，主要按钮对应的作用介绍如下。

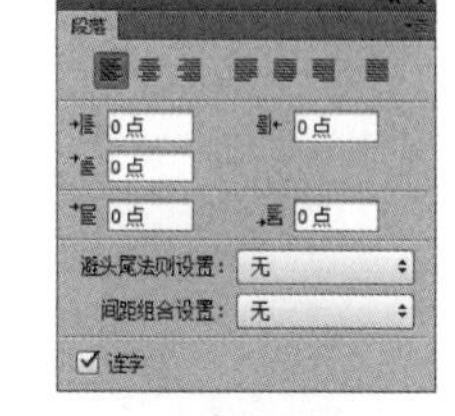

图4-42 “段落”面板

- 按钮组：分别用于设置段落左对齐、居中对齐、右对齐、最后一行左对齐、最后一行居中对齐、最后一行右对齐、全部对齐。设置时，选择文字后单击相应的按钮即可。
- “左缩进”数值框：用于设置所选段落文字左边向内缩进的距离。
- “右缩进”数值框：用于设置所选段落文字右边向内缩进的距离。
- “首行缩进”数值框：用于设置所选段落文字首行缩进的距离。
- “段前添加空格”文本框：用于设置插入光标所在段落与前一段落间的距离。

知识链接
使用段落样式

- "段后添加空格"数值框：用于设置插入光标所在段落与后一段落间的距离。
- "连字"复选框：单击选中该复选框，表示可以将文字的最后一个外文单词拆开形成连字符号，使剩余的部分自动换到下一行。

4.2.4 将文字图层转换为普通图层

文字图层是一种矢量对象，它不能进行很多特殊操作，如果想制作一些特殊效果，就需要将它转换为普通图层，从而可对图层中的文字应用滤镜或者涂抹绘画等操作。在"图层"面板中的文字图层上单击鼠标右键，在弹出的快捷菜单中选择"栅格化文字"命令即可将文字图层转换为普通图层，如图4-43所示。

4.2.5 将文字转换为形状

在制作字体时，经常需要在输入文字的基础上对文字字形进行二次加工，此时，可将文字转化为形状。其方法为：在"图层"面板中的文字图层上单击鼠标右键，在弹出的快捷菜单中选择"转换为形状"命令，可以将文字转化为形状图层，如图4-44所示。

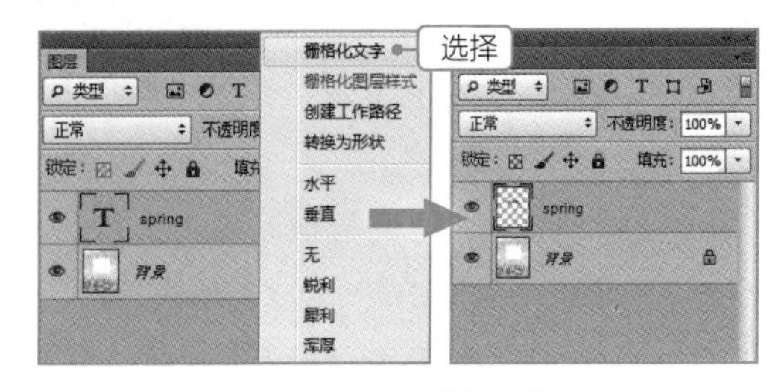

图4-43 将文字图层转换为普通图层

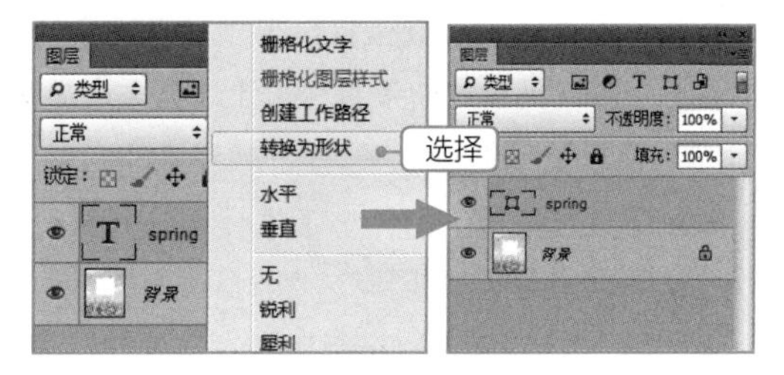

图4-44 将文字图层转换为形状

4.2.6 创建文字的工作路径

输入文字后，创建文字的工作路径可对其笔画进行造型设计，制作具有艺术效果的文字。创建文字工作路径的方法为：在"图层"面板中的文字图层上单击鼠标右键，在弹出的快捷菜单中选择"创建工作路径"命令，即可将文字转换为路径，隐藏文字图层，在"路径"面板中可查看创建的文字路径，将文字转换为路径之后，使用直接选择工具或钢笔工具可编辑路径，如图4-45所示。

图4-45 将文字转换为工作路径

课堂练习——制作“爱与希望”文字

在“爱与希望.jpg”图像文件（素材\第4章\课堂练习\爱与希望.jpg）中创建文字，将其转换为路径，并对路径进行编辑，新建图层，将前景色设置为白色，选择画笔工具，设置画笔样式为“柔边圆压力大小”，画笔大小为“12像素”，在“路径”面板中选择文字路径，单击“用画笔描边路径”按钮，得到特殊的文字效果，效果如图4-46所示（效果\第4章\课堂练习\爱与希望.psd）。

图4-46 “爱与希望”文字效果

4.3 上机实训——排版宣传单

4.3.1 实训要求

本例将制作一份罗马的旅游宣传单页面，其中涉及大量的文字输入与排版编辑，要求排版后的页面整齐、简洁、美观，以便于读者阅读。

4.3.2 实训分析

在文字较多的图像文件中，一般通过段落文字来设置行间距、段间距、首行缩进等参数，并且可以通过辅助线来控制多个段落的位置与对齐。为了突出标题文字的显示，增加文字的美感，可为标题文字创建艺术效果，如变形文字外观、设置描边或投影等图层样式、使用花纹填充等。

本例将首先在“宣传单.jpg”图像文件中创建横排文字，再在中间创建变形文字，输入宣传的说明段落文字，然后在画面左侧输入其他的文字，最后在中间输入竖排文字，并对文字图层的样式进行设置，本实训的参考效果如图4-47所示。

素材所在位置：素材\第4章\上机实训\罗马宣传单\

效果所在位置：效果\第4章\上机实训\罗马宣传单.psd

图4-47 罗马宣传单效果

4.3.3 操作思路

完成本实训主要包括打开背景、制作右侧页面、制作左侧页面3大步操作，其操作思路如图4-48所示。涉及的知识点主要包括输入横排文字、创建“凸起”变形效果、输入段落文字、添加直排文字、设置字符格式等。

图4-48 操作思路

【步骤提示】

视频教学
排版宣传单

STEP 01 选择横排文字工具输入横排文字，选择直排文字工具输入直排文字。为“带你回到古老的国度”文字设置描边样式，描边粗细为“4”，描边颜色的值为“#4fc4e9”。

STEP 02 继续为“带你回到古老的国度”文字创建“凸起”变形效果，“弯曲”“水平扭曲”和“垂直扭曲”值分别为“+28”“-27”和“+13”。

STEP 03 选择横排文字工具绘制文本框，然后在工具属性栏中设置字体为“方正中等线简体”，输入段落文字，调整文本框大小与位置。

STEP 04 继续输入与编辑其他文字，绘制形状，添加标志，修饰页面，存储文件，完成画册的制作。

4.4 课后练习

1. 练习1——*制作夏季新品海报*

本练习将为模特添加广告文字，并在文字周围添加装饰的花朵和树叶图像，在制作过程中，要注意矩形的绘制和图像的删除，完成后的参考效果如4-49所示。

素材所在位置：素材\第4章\课后练习\练习1\

效果所在位置：效果\第4章\课后练习\练习1\夏季新品海报.psd

图4-49 夏季新品海报

2. 练习2——*制作父亲节艺术字*

父亲节艺术字是一种节日艺术文字，有独特的针对性。本练习制作的文字为组合设计，将日期和主要文字结合在一起，形成独特的形状，最后将颜色和效果进行了统一调整，使结构更加紧密，完成后的参考效果如图4-50所示。

效果所在位置：效果\第4章\课后练习\练习2\父亲节艺术字.psd

图4-50 父亲节艺术字

Chapter 5

第5章 图形在图像中的应用

文字和图形都是图像处理与设计中的重要元素。第4章对文字在图像中的应用进行了详细介绍，本章将介绍图形在图像中的具体应用，包括如何应用形状工具、钢笔工具和画笔工具等绘制一些形状图形、自由路径图形、艺术性图形等。通过本章的学习，读者可以在图像中添加丰富多样的图形，在修饰美化图像的同时，提高图像处理水平。

课堂学习目标

- 掌握使用形状工具快速绘制形状的方法
- 掌握使用钢笔工具绘制路径的方法
- 掌握编辑路径的各种方法
- 掌握使用画笔工具等绘制艺术图形的方法

课堂案例展示

绘制埃菲尔铁塔标志

绘制卡通小女孩

制作浪漫的梦幻心

5.1 绘制形状图形

使用Photoshop绘制圆、矩形、五角星、多边形、线条等常见的形状时，可通过Photoshop提供的形状工具来提高绘图效率。这些形状工具包括矩形工具、圆角矩形工具、椭圆工具、多边形工具、直线工具、自定义形状工具等。本节将对这些形状工具进行详细讲解。

5.1.1 课堂案例——绘制埃菲尔铁塔标志

案例目标：在提供的埃菲尔铁塔图形的基础上，通过圆、五角星的绘制，制作出埃菲尔铁塔标志，并添加文字，隐藏部分线条，完成后的参考效果如图 5-1 所示。

知识要点：椭圆工具与多边形工具的使用；图形的移动、缩放、复制与水平翻转操作。

素材位置：素材 \ 第 5 章 \ 铁塔背景 .jpg、埃菲尔铁塔 .png

效果文件：效果 \ 第 5 章 \ 埃菲尔铁塔标志 .psd

图 5-1　效果图

其具体操作步骤如下。

视频教学
绘制埃菲尔铁塔标志

STEP 01 打开“铁塔背景.jpg”图像文件，选择椭圆工具，将鼠标指针移动到图像中心，按住鼠标左键不放的同时，按住【Shift+Alt】组合键拖动鼠标绘制位于图像中心的正圆，如图5-2所示。

STEP 02 在工具属性栏中单击填充后的下拉按钮，在打开的下拉列表中单击色块，取消填充；单击描边后的下拉按钮，在打开的下拉列表中选择“深黑绿青”选项，在其后设置描边粗细为“1.5点”，线条样式为“实线”，如图5-3所示。

图 5-2　绘制圆

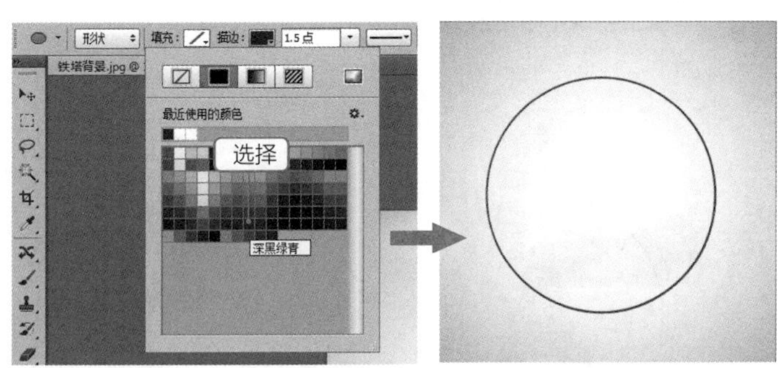

图 5-3　设置描边效果

STEP 03 在“图层”面板中选择椭圆1图层，连续按两次【Ctrl+J】组合键，得到椭圆1副本图层和椭圆1副本2图层，如图5-4所示。

STEP 04 在“图层”面板中选择椭圆1副本图层，按【Ctrl+T】组合键进入变换状态，将鼠标指针移动到四角的控制点上，鼠标指针变为45° 倾斜的双箭头形状，按住鼠标左键不放的同时，按住【Shift+Alt】组合键向中心点拖动鼠标，沿着中心缩小圆，按【Enter】键完成变换，使用相同的方法向中心缩小椭圆1副本2图层中的圆，如图5-5所示。

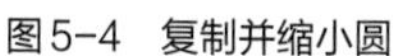

图5-4　复制并缩小圆

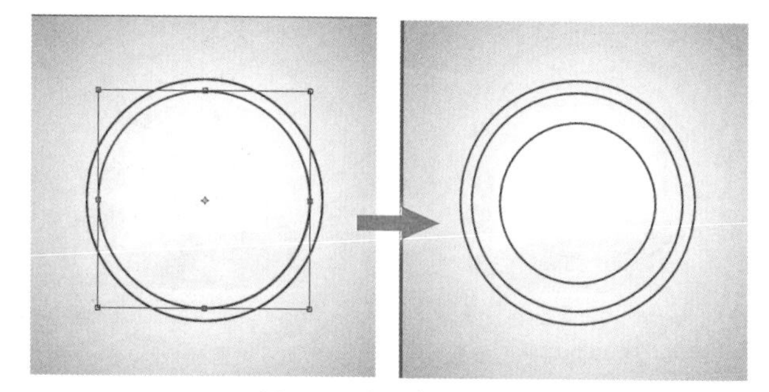

图5-5　中心缩小圆

疑难解答　如何绘制固定大小的形状?

在绘制形状的过程中，形状的大小会根据鼠标的拖动幅度进行自动调整，若需要得到精确的形状尺寸，可在工具属性栏的“W”“H”数值框中输入形状的宽度与高度，在图像中单击鼠标，在打开的对话框中单击[确定]按钮，即可完成创建，图5-6所示为创建494像素×494像素的椭圆。创建形状后，也可通过修改工具属性栏的“W”“H”数值，按【Enter】键将已有形状更改为需要的大小。

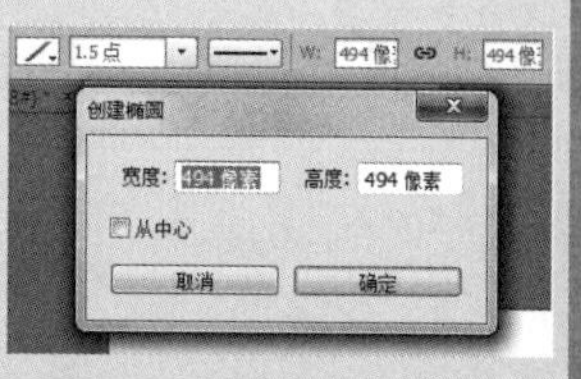

图5-6　创建固定大小的形状

STEP 05 在画布外单击，取消选择圆所在的图层，选择多边形工具，在工具属性栏中设置填充颜色为“深黑绿青”，取消描边颜色，设置边数为“5”，单击按钮，在打开的下拉列表中单击选中“星形”复选框，如图5-7所示。

STEP 06 在圆中拖动鼠标绘制五角星，注意在拖动的过程中，向四角拖动角可旋转五角星，到合适的角度和大小后，释放鼠标即可得到五角星，如图5-8所示。

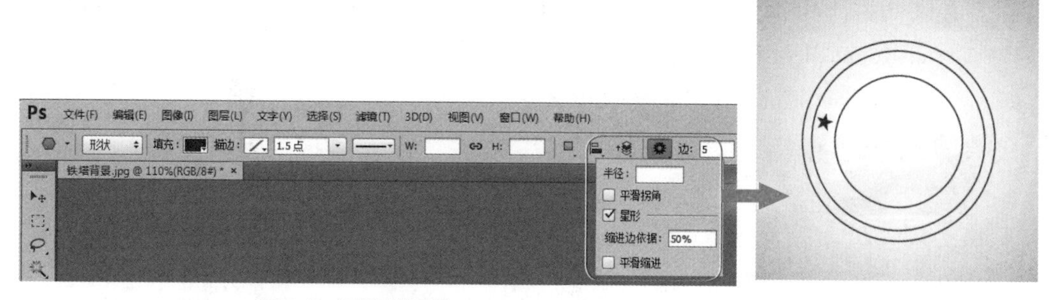

图5-7　设置形状属性

图5-8　绘制五角星

STEP 07 继续绘制其他不同大小的五角星，绘制完成后，使用移动工具拖动绘制的五角星，调整其位置，使其间距大致相等，位于圆环中心位置，如图5-9所示。

STEP 08 在“图层”面板中按住【Shift】键并单击，选择所有五角星所在的图层，按【Ctrl+E】

组合键合并为一个图层，如图5-10所示。

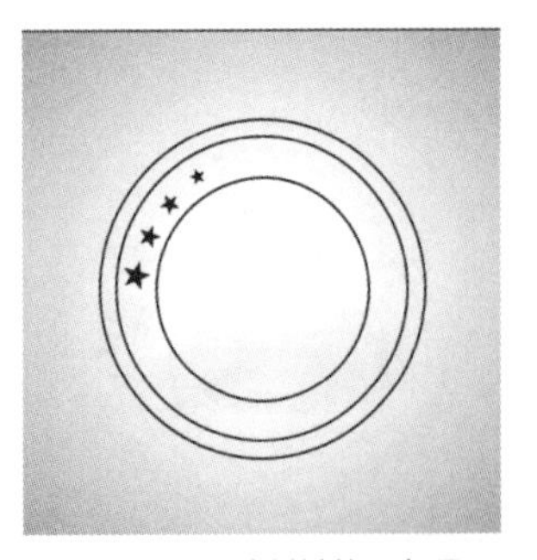

图5-9　绘制其他五角星

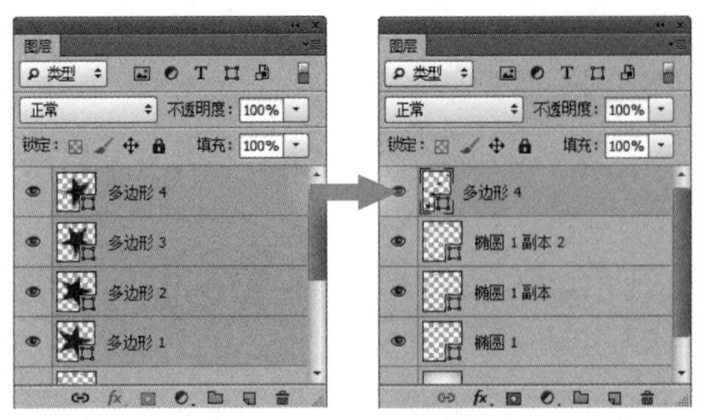

图5-10　合并图层

STEP 09　在“图层”面板中选择合并后的五角星图层，按【Ctrl+J】组合键创建副本，按【Ctrl+T】组合键进入变换状态，单击鼠标右键，在弹出的快捷菜单中选择“水平翻转”命令，使用移动工具移动翻转后的图像到右侧对称位置，按【Enter】键完成变换，如图5-11所示。

STEP 10　打开“埃菲尔铁塔.png”图像文件，选择移动工具，移动素材图像到背景中，调整铁塔的大小和位置，效果如图5-12所示。

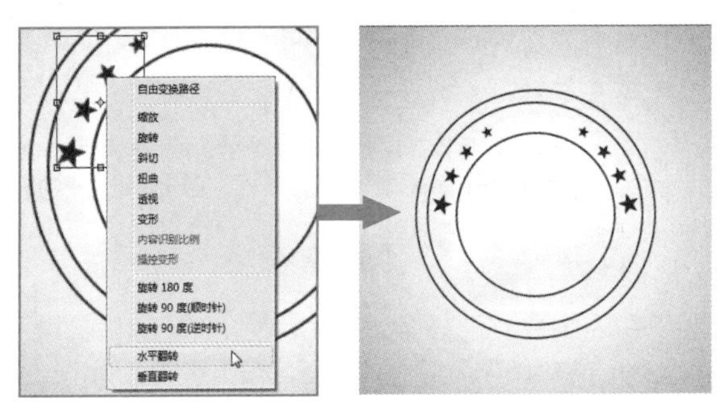

图5-11　水平翻转并移动形状

图5-12　添加素材

STEP 11　在“图层”面板中选择椭圆1副本图层，单击“添加图层蒙版”按钮，选择图层蒙版，选择画笔工具，设置前景色为黑色，涂抹圆下端，隐藏下端描边效果，如图5-13所示。

STEP 12　选择横排文字工具，在铁塔下方输入“AFETT”，在工具属性栏中设置字体、字号为“Arial Rounded MT”“24点”，设置文字颜色为“深黑绿青”，另存为“埃菲尔铁塔标志.psd”，至此完成本实例的制作，如图5-14所示。

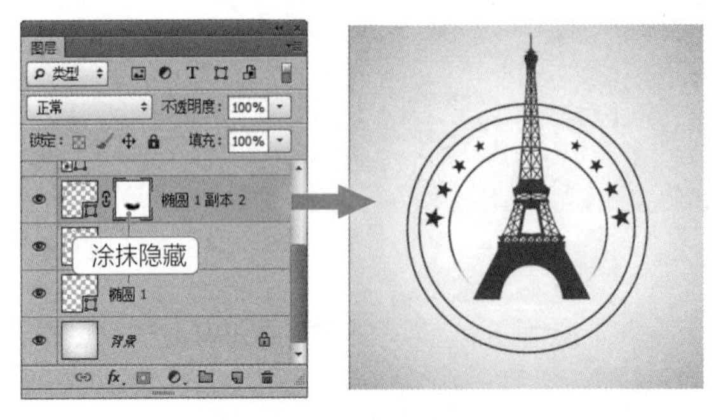

图5-13　创建图层蒙版并隐藏图形

图5-14　添加文字

5.1.2 选择绘图模式

在使用Photoshop中的形状工具和钢笔工具绘制图形时，首先可在工具属性栏中选择绘图模式。绘图模式是指绘制图形后，图像形状所呈现的状态，包括路径、形状和像素3种模式。图5-15所示为在矩形工具属性栏中选择绘图模式。

图5-15 选择绘图模式

不同绘图模式的含义分别介绍如下。

- 形状：是指绘制的图形将位于一个单独的形状图层中。它由形状和填充区域两部分组成，是一个矢量的图形，同时出现在路径面板中。用户可以根据需要对形状的描边颜色、样式，以及填充区域的颜色等进行设置。图5-16所示为椭圆工具在“形状”绘图模式后，在工具属性栏中设置填充为“红色”的效果，图5-17所示为椭圆工具在“形状”绘图模式后，在工具属性栏中设置描边为“红色”、粗细为“9.58点”、线型为“实线”的效果。

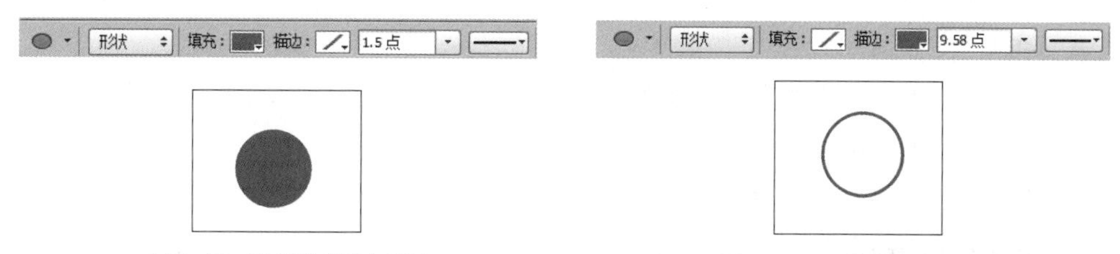

图5-16 形状模式填充效果　　图5-17 形状模式描边效果

- 路径：路径是指一段封闭或开放的线段。在“路径”绘图模式绘制的路径将出现在“路径”面板中，图5-18所示为在“路径”绘图模式下绘制圆，通过单击工具属性栏中的对应按钮可将其转换为选区、矢量蒙版或形状图层，图5-19所示为单击工具属性栏的 选区... 按钮，将圆路径转化为圆选区的效果，也可在“路径”面板中对路径进行描边或填充。

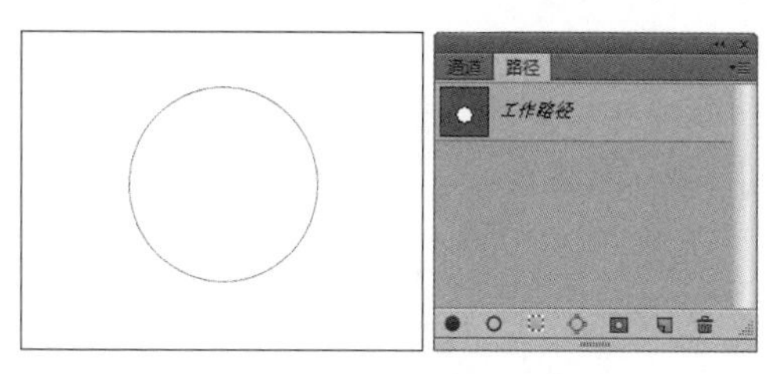

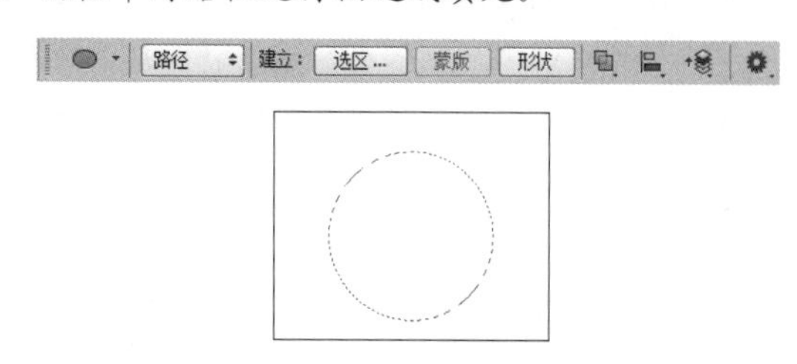

图5-18 路径绘图效果　　图5-19 将路径转换为选区

- 像素：“像素”模式下，将使用前景色填充绘制的形状，并且绘制的形状不会单独形成图层，将直接融入到背景中，因此一般先创建新图层，再绘制像素形状，以方便后期图层的管理。

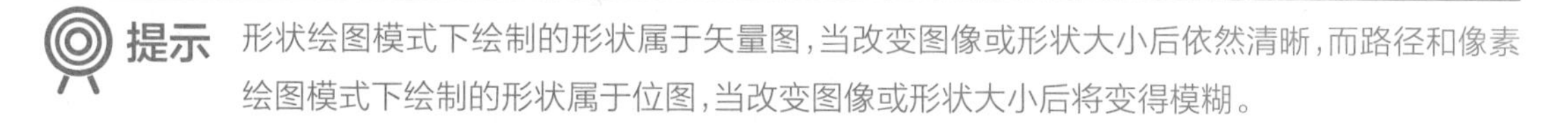

提示 形状绘图模式下绘制的形状属于矢量图，当改变图像或形状大小后依然清晰，而路径和像素绘图模式下绘制的形状属于位图，当改变图像或形状大小后将变得模糊。

5.1.3 矩形、圆角矩形与椭圆工具

矩形工具用于绘制矩形和正方形，圆角矩形工具用于绘制圆角矩形，椭圆工具用于绘制圆形和椭圆形。这些形状工具的使用方法大同小异。

选择矩形工具、圆角矩形工具、椭圆工具后，在图像中单击并拖动鼠标即可绘制对应的图形，按住【Shift】键不放单击鼠标并绘制，可得到正方形、正圆角矩形和圆。除了通过拖动鼠标来绘制外，在Photoshop中还可以绘制固定尺寸、固定比例的形状。图5-20所示为分别选择矩形工具、圆角矩形工具、椭圆工具后，在工具属性栏上单击按钮打开的下拉列表。

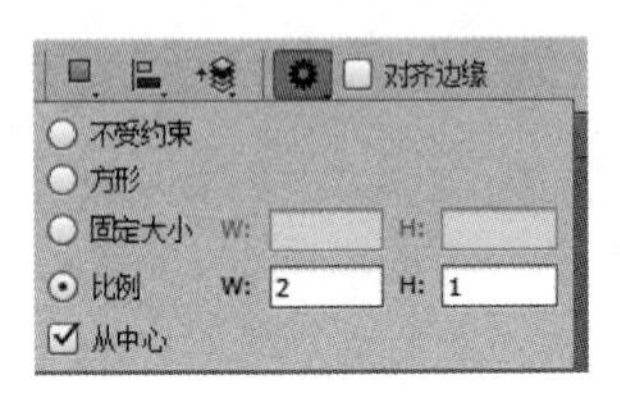

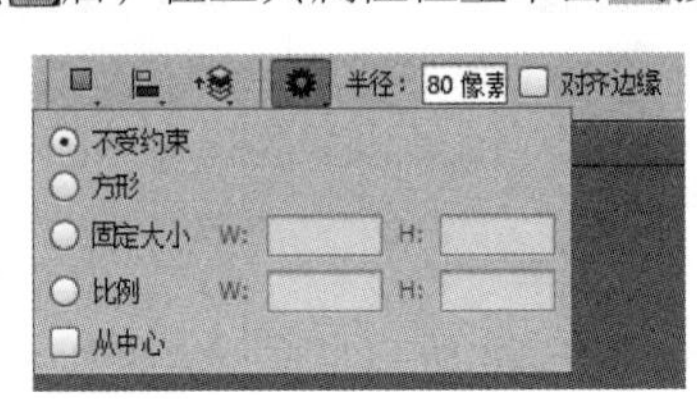

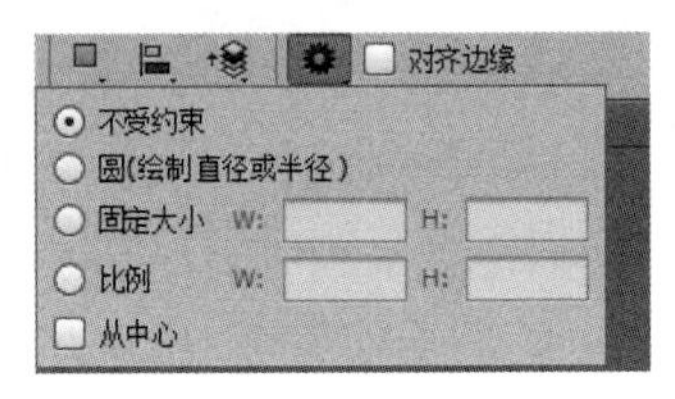

图5-20　矩形、圆角矩形、椭圆工具的绘图方式的设置列表

相关选项的含义介绍如下。

- “不受约束”单选项：默认的矩形选项，在不受约束的情况下，可通过拖动鼠标绘制任意形状的矩形。
- “方形”单选项：单击选中该单选项后，拖动鼠标绘制，可得到正方形、正圆角矩形，效果与按住【Shift】键绘制相同。
- “固定大小”单选项：单击选中该单选项后，在其后的“W”和“H”数值框中可输入矩形的宽高值，在图像中单击鼠标即可绘制指定宽高的矩形。
- “比例”单选项：单击选中该单选项后，在其后的“W”和“H”数值框中可输入矩形的宽高比例值，在图像中单击并拖动鼠标即可绘制宽高等比的矩形、圆角矩形或椭圆。
- “从中心”复选框：一般情况下绘制的矩形，其起点均为单击鼠标时的点，而单击选中该复选框后，单击鼠标时的位置将为绘制矩形的中心点，拖动鼠标时矩形由中间向外扩展。
- “圆（绘制直线或半径）”单选项：该选项主要针对椭圆工具，单击选中该单选项后，拖动鼠标可绘制圆，效果与按住【Shift】键绘制相同。
- “半径”文本框：主要针对圆角矩形工具，位于按钮后面，用于控制圆角的大小，半径越大，圆角越广，图5-21所示为半径为20像素和80像素的圆角矩形边框的区别。

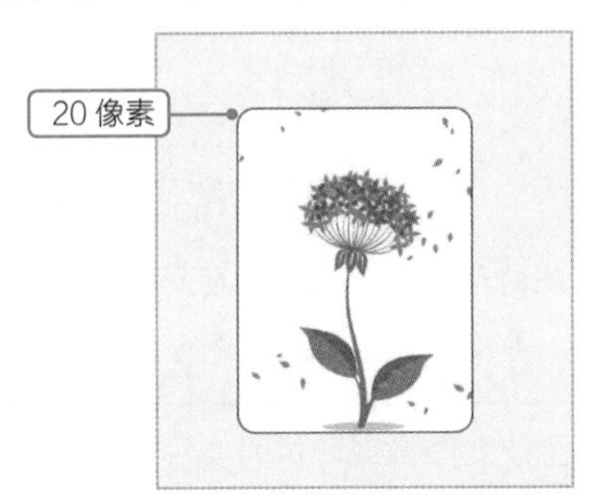

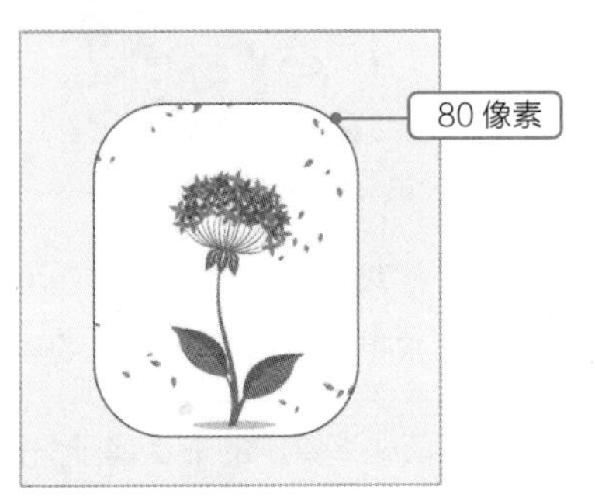

图5-21　半径为20像素和80像素的圆角矩形边框的区别

5.1.4 多边形工具

多边形工具用于创建多边形和星形。选择多边形工具后，在其工具属性栏的“边”数值框中可设置多边形的边数。输入3时，可绘制三角形；输入6，可绘制六边形。在工具属性栏上单击按钮，在打开的下拉列表中可设置其他相关选项，如图5-22所示，其中相关选项的含义介绍如下。

- “半径”数值框：用于设置多边形或星形的半径长度，数值越小，绘制出的图形越小。
- “平滑拐角”复选框：可将多边形或星形的角变为平滑角，该功能多用于绘制星形。
- “星形”复选框：用于创建星形。单击选中该复选框后，“缩进边依据”数值框和“平滑缩进”复选框可用，其中“缩进边依据”用于设置星形边缘向中心缩进的数值，值越大，缩进量越大，星形角越尖；“平滑缩进”复选框用于设置平滑的中心缩进。图5-23所示依次为正五边形、“缩进边依据”为“45%”的五角星、同时选中“平滑拐角”复选框和“星形”复选框呈现的平滑拐角星、同时选中“平滑拐角”复选框、“星形”复选框、“平滑缩进”复选框呈现的平滑缩进的五角星。

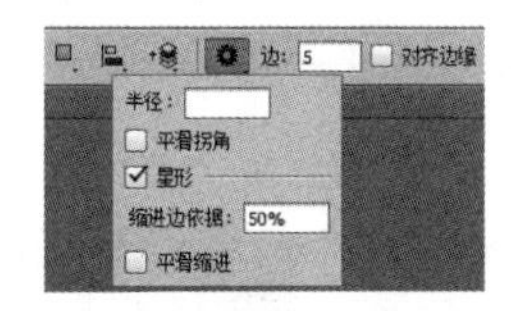

图5-22 不同选项的星形效果

图5-23 不同选项的星形效果

5.1.5 直线工具

直线工具可绘制直线或带箭头的线段。选择直线工具，单击并拖动鼠标即可绘制任意方向的直线，按住【Shift】键的同时进行绘制，可得到垂直或水平方向上45°的直线。在绘制直线前，可在其工具属性栏中的“粗细”文本框中设置直线的粗细，单击按钮，在打开的下拉列表中可设置直线工具的参数，如图5-24所示。

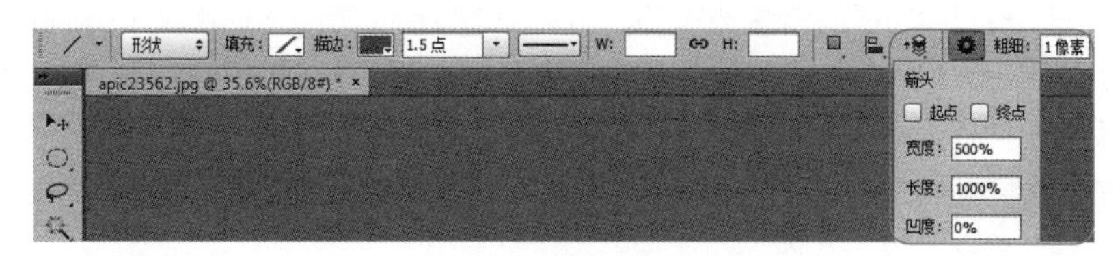

图5-24 直线工具属性栏

直线工具相关参数的含义介绍如下。

- “起点”/“终点”复选框：用于为直线添加箭头。单击选中“起点”复选框，将在直线的起点添加箭头；单击选中“终点”复选框，将在直线终点位置添加箭头；若同时单击选中两个复选框，绘制的则为双箭头直线。
- “宽度”数值框：用于设置箭头宽度与直线宽度的百分比，范围为10%~1 000%。图5-25所示分别为宽度为200%、500%、1 000%的箭头。
- “长度”数值框：用于设置箭头长度与直线宽度的百分比，范围为10%~1 000%。图5-26所示分别为长度为200%、500%、1 000%的箭头。

- “凹度”数值框：用于设置箭头的凹陷程度，范围为-50%~50%。一般情况下，箭头尾部平齐，此时凹度为0，若值大于0，箭头尾部向内凹陷；若值小于0，箭头尾部向外突出，如图5-27所示。

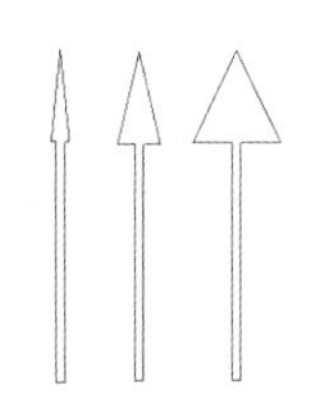
图5-25 箭头宽度效果

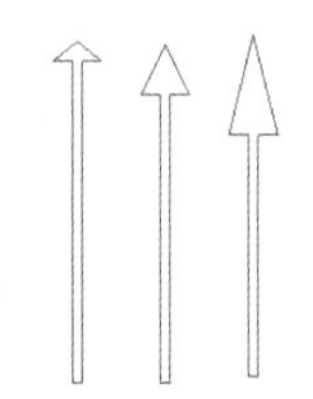
图5-26 箭头长度效果

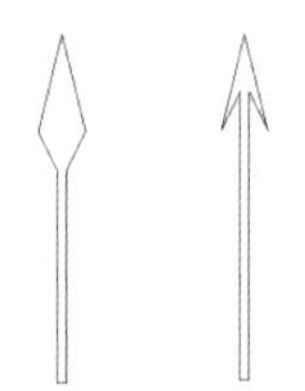
图5-27 凹度为-50%和50%时的效果

5.1.6 自定形状工具

通过自定形状工具可以使用Photoshop预设的形状或外部载入的形状，快速绘制一些特殊的形状，如箭头、心形、邮件图标等。选择自定形状工具后，在工具属性栏的“形状”下拉列表中选择预设的形状，在图像中单击并拖动鼠标即可绘制所选形状，按住【Shift】键不放并绘制，可得到长宽等比的形状，图5-28所示为在瓶盖上绘制心形的效果。

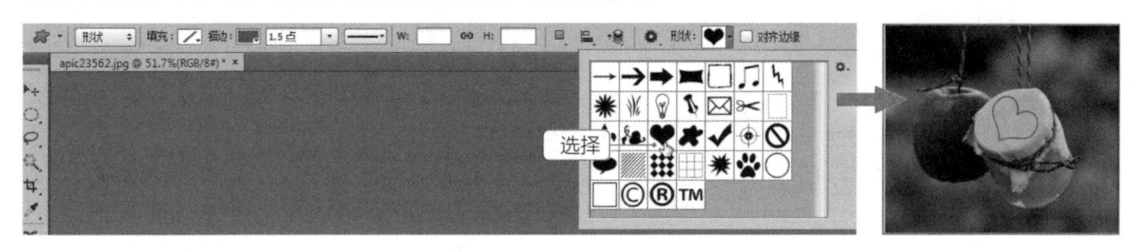

图5-28 使用自定形状工具绘制心形

提示 若默认的自定形状不符合要求，可在自定形状工具属性栏的“形状”下拉列表右上角单击按钮，在打开的下拉列表中选择不同类别的形状，若选择“载入形状”选项，可将电脑中存储的后缀名为.csh的形状文件添加到列表中。

课堂练习——绘制名片

名片，又称卡片，是标识姓名及其所属组织、公司单位和联系方法的纸片。本练习将利用“蜂.psd”图像文件（素材\第5章\课堂练习\蜂.psd）制作上海市蜂浆贸易有限公司董事长自我介绍的名片，涉及矩形工具、椭圆工具、直线工具、多边形工具、自定形状工具的结合使用，参考效果如图5-29所示（效果\第5章\课堂练习\名片.psd）。

图5-29 名片效果

5.2 路径绘图与编辑

在Photoshop中，通过路径可以精确地绘制和调整图形区域，得到丰富多样的图形效果，而通过“路径”面板可编辑绘制的路径。本节将详细讲解钢笔工具、自由钢笔工具、“路径”面板的使用方法，以及路径的常见编辑方法，让图形的绘制更加简单方便。

5.2.1 课堂案例——绘制卡通小女孩

案例目标： 在卡通背景中使用钢笔工具绘制卡通小女孩，在绘制过程中涉及锚点与路径的编辑，并为绘制的路径填充颜色，完成后的参考效果如图 5-30 所示。

知识要点： 绘图模式的设置；钢笔工具的使用；锚点的添加与编辑；路径的创建与存储；路径的填充。

素材位置： 素材 \ 第 5 章 \ 卡通背景 .jpg

效果文件： 效果 \ 第 5 章 \ 卡通小女孩 .psd

图5-30 效果图

其具体操作步骤如下。

视频教学：绘制卡通小女孩

STEP 01 打开“卡通背景.jpg”图像文件，选择钢笔工具，在工具属性栏中将绘图模式设置为“路径”，如图5-31所示。

STEP 02 在图像中单击确定起点，在上方继续单击创建第二个锚点，按住鼠标左键不放向右上角拖动鼠标，调整两个锚点之间的曲线弧度。使用相同的方法继续添加其他锚点，按住鼠标左键不放拖动控制柄的方向，绘制头部路径，如图5-32所示。

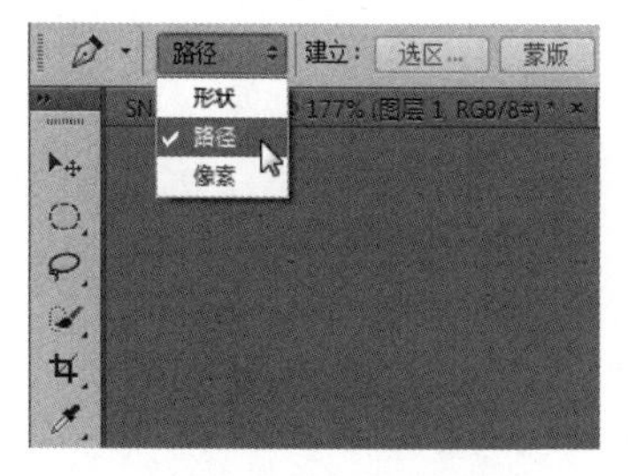

图5-31 设置绘图模式

图5-32 绘制路径

技巧 在使用钢笔工具绘制路径的过程中，按住鼠标左键不放拖动只能更改曲线弧度，若需要更改锚点位置，需按住【Ctrl】键不放拖动锚点。

STEP 03 完成头部绘制后回到起点的锚点位置，钢笔呈形状，单击即可完成封闭路径的绘制，如图5-33所示。

STEP 04 按住【Ctrl】键不放单击路径，单击选择路径上的空心锚点，选择的锚点变为实心，移动锚点可通过更改锚点位置更改路径外观，拖动出现的控制柄，可再次调整曲线弧度，如图5-34所示。

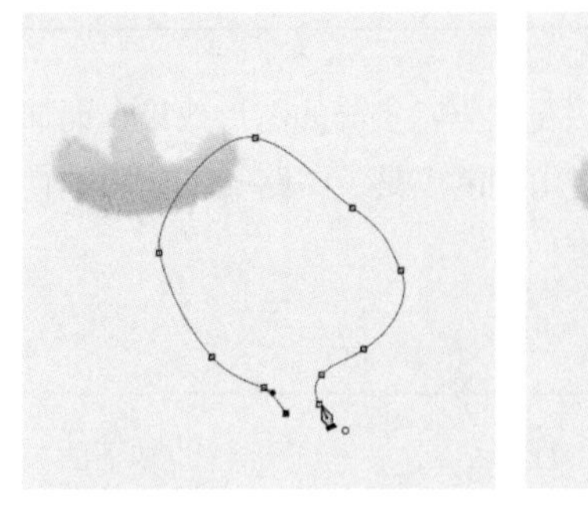

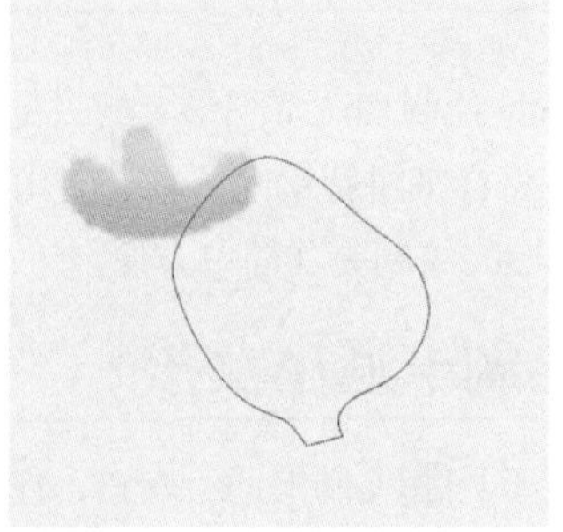

图5-33　闭合路径

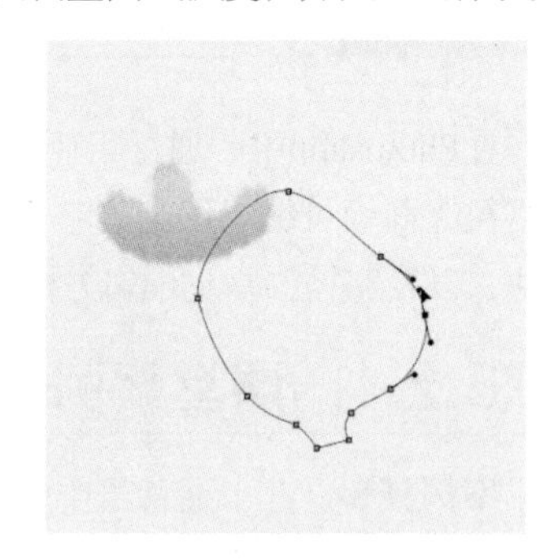

图5-34　编辑锚点

STEP 05 在“路径”面板的“工作路径”上双击，打开“存储路径”对话框，在“名称”文本框中输入“头部”，然后单击 确定 按钮，存储路径，如图5-35所示。

STEP 06 在“路径”面板下方单击“创建新路径”按钮，创建一个新路径，在新路径上双击，将路径重命名为“裙子”，使用钢笔工具绘制裙子路径，如图5-36所示。

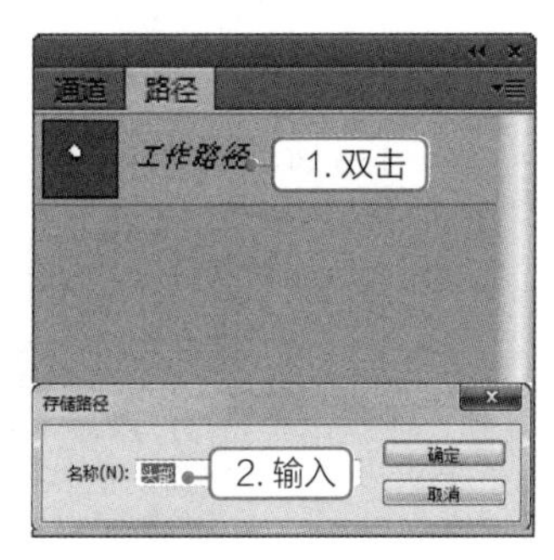

图5-35　存储路径

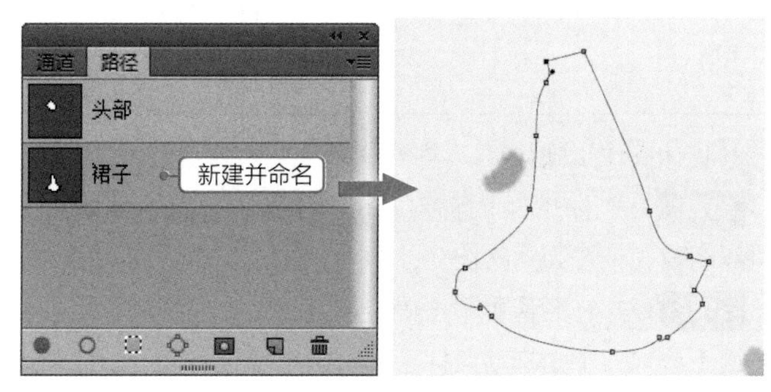

图5-36　新建路径

STEP 07 使用相同的方法新建并绘制“手”“腿”“头发”“头饰”路径，如图5-37所示。

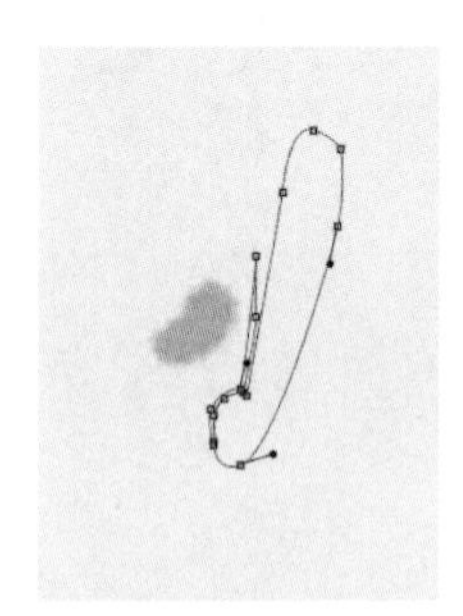

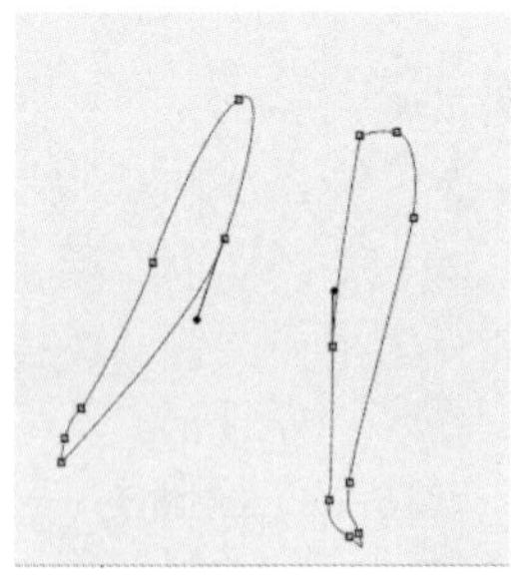

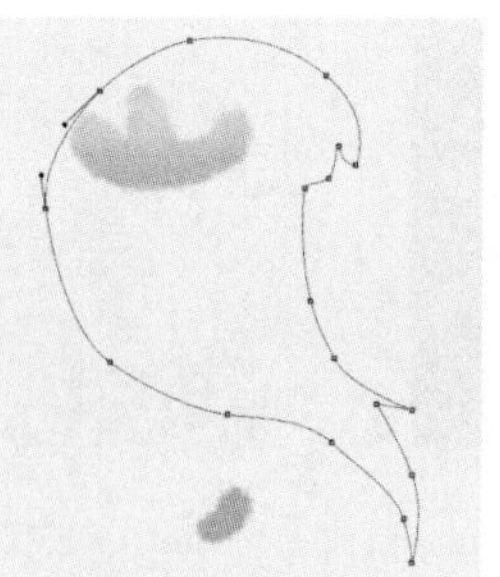

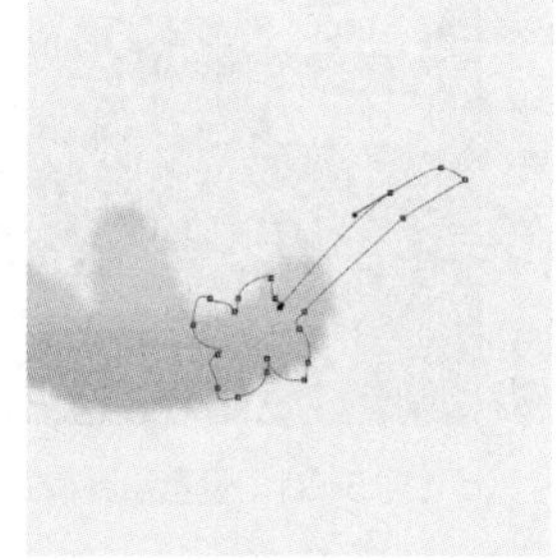

图5-37　绘制其他路径

STEP 08 按【D】键复位前景色和背景色，单击前景色色块，在打开的对话框中设置前景色为“#fdebdf”，单击 确定 按钮，按【Ctrl+J】组合键生成新图层，如图5-38所示。

STEP 09 选择新建的图层，在“路径”面板中选择“头部”路径，在“路径”面板中单击“用前景色填充路径”按钮，将其填充为前景色，如图5-39所示。

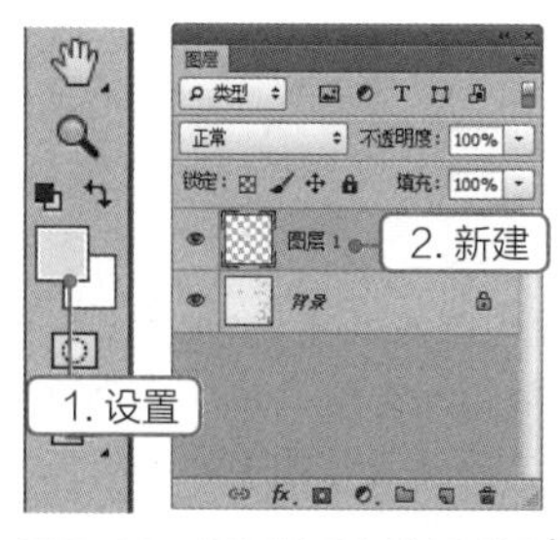

图5-38 设置前景色并新建图层

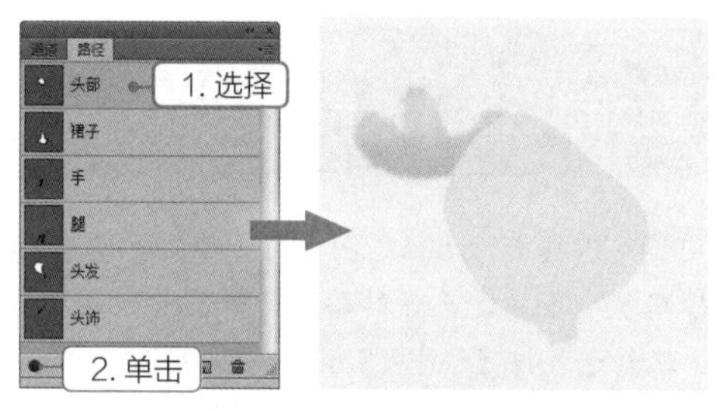

图5-39 用前景色填充头部路径

STEP 10 使用相同的方法完成卡通小女孩其他部分路径的填充，其中，裙子和头饰颜色为“#e06f89”，头发颜色为“#450a0e”，手和腿颜色为“#fdebdf”，注意调整图层的顺序，使卡通人物的各部分正常显示，效果如图5-40所示。

STEP 11 选择椭圆工具，在工具属性栏中设置绘图模式为“形状”，将鼠标指针移动到脸部，按住鼠标左键不放绘制眼睛，在工具属性栏中设置填充为“#450a0e”，按【Shift】键继续绘制脸蛋上的腮红，在工具属性栏中更改填充颜色为“#facfc2”，效果如图5-41所示。

图5-40 填充卡通女孩

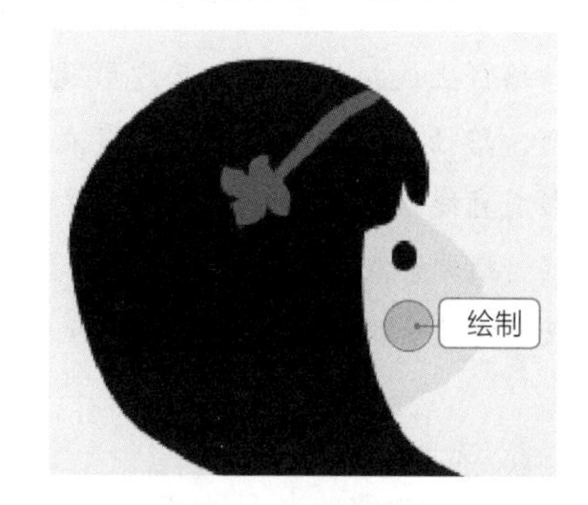

图5-41 绘制眼睛与腮红

STEP 12 选择腮红圆所在图层，选择【滤镜】/【模糊】/【高斯模糊】命令，在打开的提示对话框中单击 确定 按钮将图层栅格化处理，然后打开“高斯模式”对话框，设置模糊半径为“2像素”，单击 确定 按钮，如图5-42所示。

STEP 13 选择加深工具，在工具属性栏中设置半径为“1像素”，设置曝光度为“50%”，分别选择发饰和衣服所在图层，绘制衣服与发饰的褶皱线条，如图5-43所示。另存为“卡通小女孩.psd”，至此完成本实例的制作。

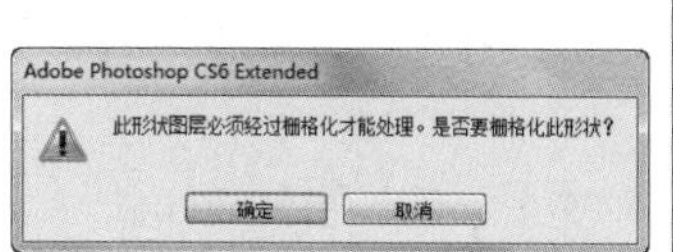

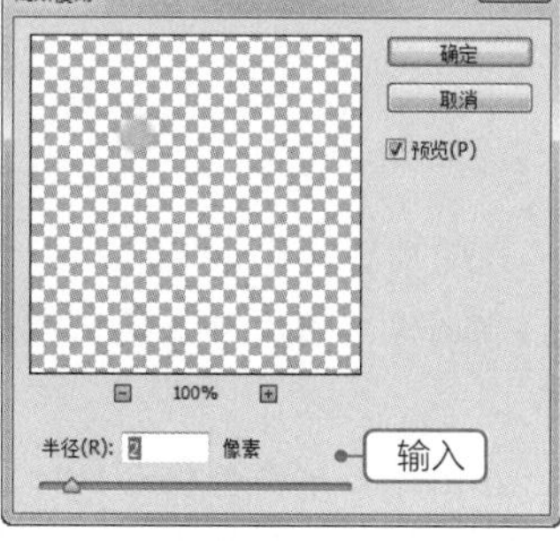

图5-42 添加高斯模糊效果

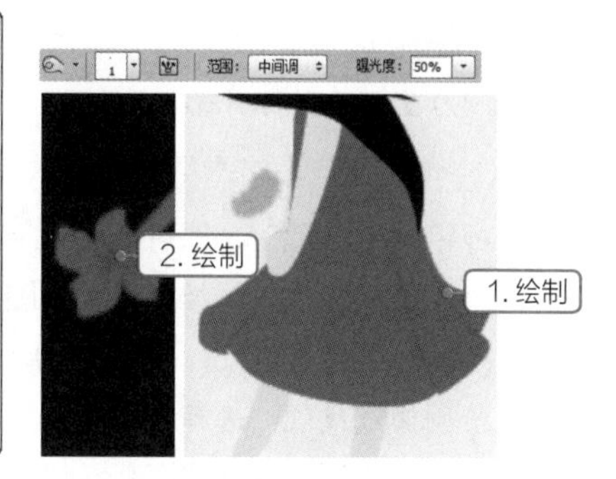

图5-43 添加褶皱

疑难解答 怎样快速显示与隐藏路径?

在使用钢笔工具进行路径绘图的过程中，路径可根据需求进行显示或隐藏，一般在“路径”面板中选择路径后可显示选择的路径，若需要隐藏路径，可在“路径”面板上路径之外的任意地方单击，此外也可按【Ctrl + Shift + H】组合键快速隐藏路径。需要注意该组合键不能被搜狗拼音输入法皮肤切换键所占用，否则按键将切换输入法的皮肤。

5.2.2 认识路径和锚点

路径是一种不包含像素的轮廓形式，在使用路径的过程中可以使用颜色填充路径，或是描边路径。路径主要由线段、锚点、控制柄组成，如图5-44所示，下面分别进行介绍。

- 线段：路径由一个或多个直线段或曲线段组成，线段既可以根据起点与终点的情况分为闭合线段和开放式线段，也可以根据线条的类型分为直线和曲线。
- 锚点：路径上连接线段的小正方形就是锚点，其中锚点表现为黑色实心时，表示该锚点为选择状态。路径中的锚点主要有平滑点、角点两种，其中平滑点可以组成圆滑的形状，角点则可以形成直线或转折曲线，图5-45所示分别为平滑点形成的心形与角点形成的星形。
- 控制柄：指调整线段（曲线线段）位置、长短、弯曲度等参数的控制点。选择平滑点锚点后，该锚点上将显示控制柄，拖动控制柄一端的小圆点，即可修改该线段的形状和弧度。

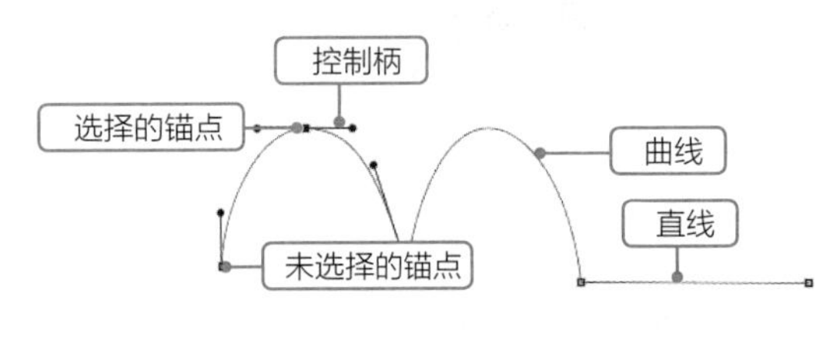

图5-44 路径的组成

图5-45 平滑点、角点

5.2.3 使用钢笔与自由钢笔工具

在Photoshop中，可使用钢笔工具与自由钢笔工具来完成自由形状或路径的绘制。其中，钢笔工具是最基础的路径绘制工具，常用于绘制各种直线或曲线。下面对钢笔工具与自由钢笔工具的应用方法进行具体介绍。

1. 钢笔工具

选择钢笔工具后，即可使用钢笔工具绘制直线和曲线线段。

- 绘制直线线段：选择钢笔工具，在图像中依次单击鼠标产生锚点，即可在生成的锚点之间绘制一条直线线段，如图5-46所示。
- 绘制曲线线段：选择钢笔工具，在图像上单击并拖动鼠标，即可生成带控制柄的锚点，继续单击并拖动鼠标，即可在锚点之间生成一条曲线线段，如图5-47所示。

2. 自由钢笔工具

自由钢笔工具主要用于绘制比较随意的路径。它与钢笔工具的最大区别就是钢笔工具需要遵守一定的规则，而自由钢笔工具的灵活性较大，使用自由钢笔工具绘制图形时，将自动添加锚点，无需确定锚点位置。选择自由钢笔工具，在图像上单击并拖动鼠标，即可沿鼠标的拖动轨迹绘制出一条路径，如图5-48所示。

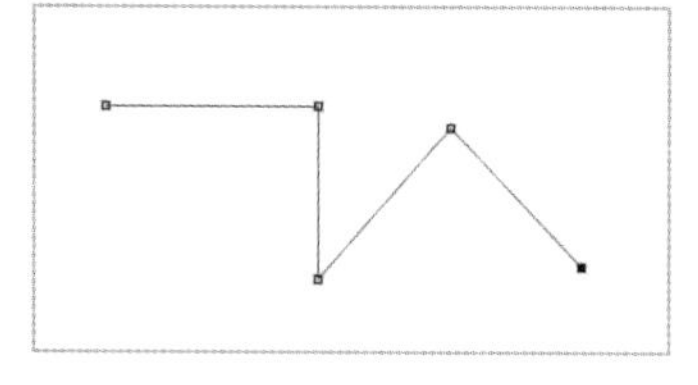
图5-46 绘制直线线段

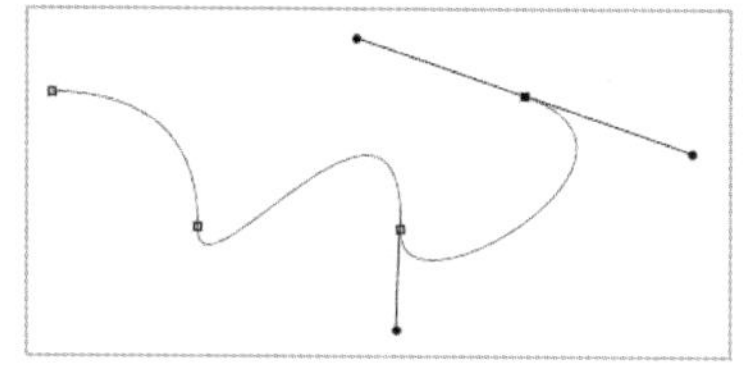
图5-47 绘制曲线线段

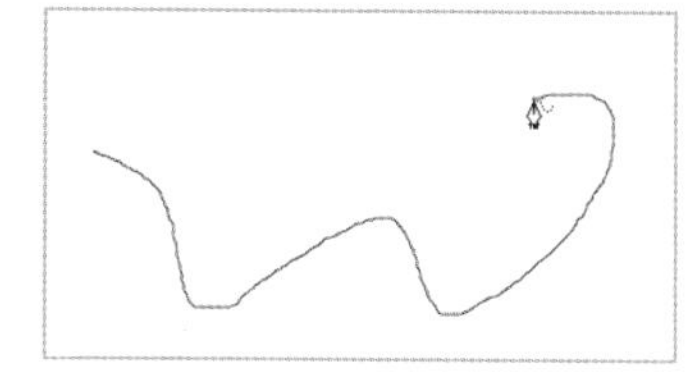
图5-48 使用自由钢笔工具

5.2.4 编辑锚点

通过编辑锚点可以更改路径的外观，因此锚点的编辑尤为重要。下面通过直接选择工具、添加锚点工具、删除锚点工具、转换点工具对锚点进行编辑，锚点常用的编辑方法介绍如下。

- 选择与移动锚点：直接选择工具用于选择锚点，当选择直接选择工具后，使用鼠标单击某个锚点即可选择锚点，所选的锚点将呈现实心圆的效果，未选择的锚点则为空心圆。此外使用直接选择工具拖动路径段还可对路径段进行移动。
- 添加锚点：当需要对路径段添加锚点时，可在工具箱中选择添加锚点工具，将鼠标移动到路径上，当鼠标指针变为形状时，单击鼠标，在单击处添加一个锚点。
- 删除锚点：除了在路径上添加锚点外还可对锚点进行删除。用户只需选择删除锚点工具或钢笔工具，将鼠标移动到绘制好的路径锚点上，当鼠标指针呈形状时，使用鼠标单击，可将单击的锚点删除。
- 转换锚点类型：在绘制路径时，会因为路径的锚点类型不同而影响路径的形状。而转换点工具主要用于转换锚点的类型，从而调整路径的形状。用户只需选择转换点工具，并在角点上单击，角点将被转换为平滑点，使用鼠标拖动可调整路径形状。

5.2.5 使用“路径”面板编辑路径

绘制的路径将会出现在“路径”面板中，选择【窗口】/【路径】命令可打开“路径”面板，如图5-49所示。通过该面板可以实现查看当前路径和路径缩略图、命名路径、用前景色填充路径、用画笔描边路径、将路径作为选区载入、从选区生成工作路径、创建新路径、删除当前路径等操作，下面进行详细介绍。

- 查看当前路径和路径缩略图：“路径”面板中以蓝色底纹显示的路径为当前活动路径，选择路径后的所有操作都是针对该路径的。路径左侧的方格中将显示该路径的缩略图，通过它可查看路径的大致样式。
- 命名路径：双击路径名称后其名称将处于可编辑状态，此时可对路

图5-49 “路径”面板

径进行重命名。

- 用前景色填充路径：单击“用前景色填充路径”按钮，将在当前图层为选择的路径填充前景色。
- 用画笔描边路径：单击“用画笔描边路径”按钮，将在当前图层为选择的路径以前景色描边，描边粗细为画笔笔触大小。
- 将路径转为选区载入：单击“将路径转为选区载入”按钮，可将当前路径转换为选区。此外，按【Ctrl】键的同时，在“路径”面板中单击路径缩略图，或选择路径后，按【Ctrl+Enter】组合键，也可将路径转换为选区。
- 从选区生成工作路径：单击“从选区生成工作路径”按钮，可将当前选区转换为路径。
- 创建新路径：单击“创建新路径”按钮，将创建一个新路径。将需要复制的路径拖动到“路径”面板下方的按钮上，可实现路径的复制。
- 删除当前路径：单击“删除当前路径”按钮，将删除选择的路径。

技巧 除了通过单击“路径”面板中的相关按钮编辑路径外，还可通过单击“路径”面板右上角按钮，在打开的下拉列表中选择相关选项编辑路径，如图5-50所示；或在路径上单击鼠标右键，在弹出的快捷菜单中选择相关命令编辑路径，如图5-51所示。需要注意的是通过“填充路径”“描边路径”可以为路径设置更为丰富的填充与描边效果。

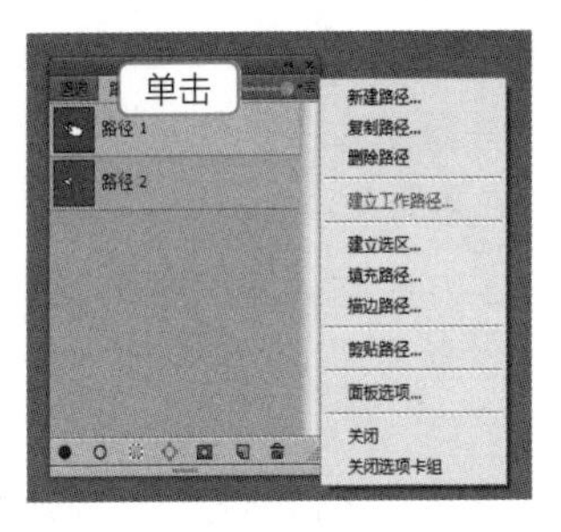

图5-50　路径编辑列表

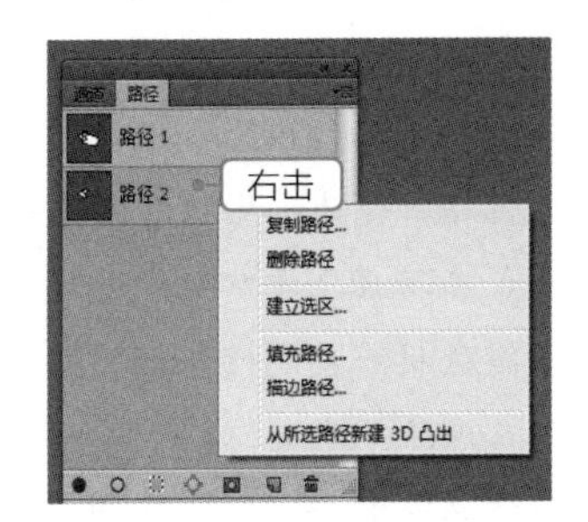

图5-51　路径编辑右键菜单

5.2.6　存储路径

默认情况下，用户绘制的工作路径都是临时的路径。若是再绘制一个路径，原来的工作路径将被新绘制的路径所替代。若不想绘制的路径只是一个临时路径，可将路径存储起来。其方法是：在“路径”面板中双击需要存储的工作路径，在打开的“存储路径”对话框中设置名称后，单击确定按钮，此时，“路径”面板中的工作路径将被存储起来。

5.2.7　对齐与分布路径

在绘制路径时不一定会按照特定的路径分布进行绘制，若需要将绘制的图形按照一定的规律进行对齐分布，可对其进行设置，常用的设置方法是：按住【Shift】键使用路径选择工具单击选择需要分布对齐的多个路径，在工具属性栏中单击“路径对齐方式”按钮，在打开的下拉列表中显示了常用的对齐方式，包括左边、水平居中、右边、顶边、垂直居中、底边、按宽度均匀分布和按高度均匀分布几种，如图5-52所示。

5.2.8 路径的运算

路径的运算可在选择路径后，通过单击工具属性栏中的“路径操作”按钮，在打开的下拉列表中可实现路径的运算，如图5-53所示，路径操作列表中各按钮的具体含义如下。

- “合并形状”按钮：单击该按钮，可以将两个路径合并为一个路径。
- “减去顶层形状”按钮：单击该按钮，可以将一个路径上一层的路径区域全部减去（若重叠，重叠部分同样要减去）。
- “与形状区域相交”按钮：单击该按钮，可以只保留两个路径形成区域重合的部分。
- “排除重叠形状”按钮：单击该按钮，可以排除两个路径相交的部分。

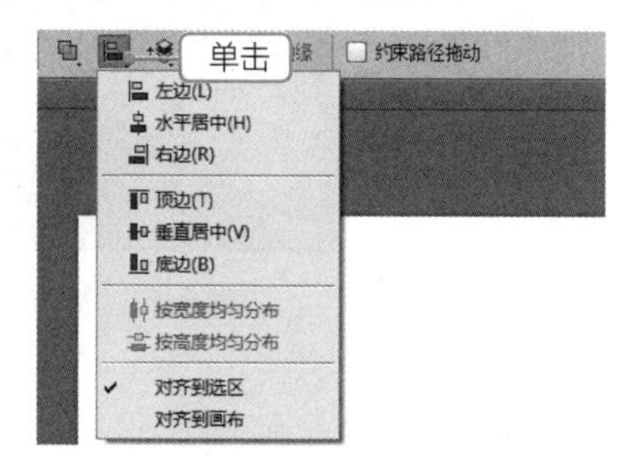

图5-52 对齐与分布路径

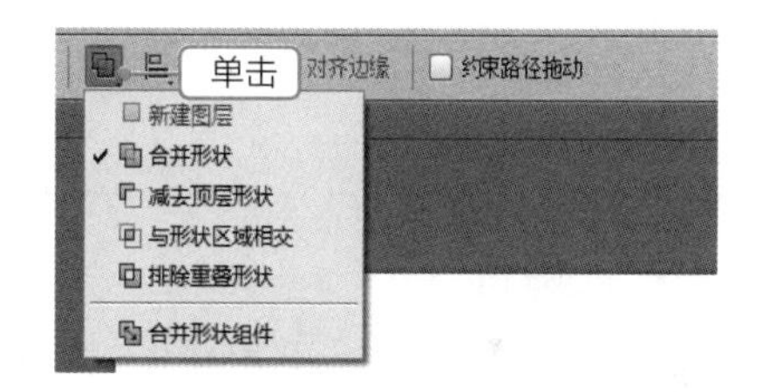

图5-53 路径的运算

提示 路径运算的操作同样适用于形状运算、选区运算。若需要在同一图层中运算形状，可在绘制底层形状后先选择路径运算方式，再继续绘制运算的上层形状；若要在不同的图层间实现形状的运算，则需要选择运算的多个图层，然后选择【图层】/【合并形状】命令中的子命令来完成运算，运算后的多个形状图层将合并为一个图层。

课堂练习——绘制企业标志

练习绘制方凌集团的企业标志，主要涉及选区转换为路径、路径的编辑、路径的绘制与填充、路径的变换、文字的输入等知识点，完成后的参考效果如图5-54所示（效果\第5章\课堂练习\企业标志.psd）。

图5-54 企业标志效果

5.3 绘制艺术图形

形状工具和钢笔工具多用于绘制一些轮廓线条硬朗分明的矢量图形，若绘制一些轮廓复杂的艺术图形时，就需要通过路径与画笔工具的应用来完成。本节将对画笔工具、“画笔预设”面板和“画笔”面板的应用，以及其他绘图工具进行具体介绍。

5.3.1 课堂案例——制作浪漫的梦幻心

案例目标：利用画笔工具及路径制作梦幻的心形效果。制作时先设置好画笔笔刷效果，然后使用自定形状工具绘制出需要的心形路径，然后使用画笔工具进行路径描边，最后添加颜色完成梦幻心的制作，完成后的参考效果如图 5-55 所示。

知识要点：“画笔”面板的使用；自定形状工具的使用；画笔工具的使用；锚点编辑；选区载入；图层混合模式设置。

素材位置：素材 \ 第 5 章 \ 梦幻心背景 .jpg

效果文件：效果 \ 第 5 章 \ 梦幻心 .psd

视频教学
制作浪漫的
梦幻心

图5-55 效果图

其具体操作步骤如下。

STEP 01 打开“梦幻心背景.jpg”图像文件，新建图层“1”，选择画笔工具，按【F5】打开“画笔”面板，设置画笔笔尖样式为“柔角30”，再设置“大小”“间距”为“10像素”“25%”，如图5-56所示。

STEP 02 在“画笔”面板中单击选中“形状动态”复选框，设置控制为“钢笔压力”，设置最小直径为“20%”，如图5-57所示。

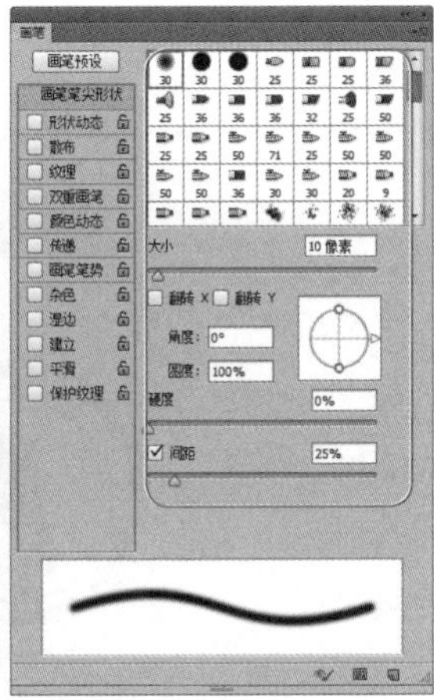

图5-56 打开素材设置画笔样式与大小

图5-57 设置形状动态

STEP 03 在“画笔”面板中单击选中“散布”复选框，单击选中“两轴”复选框，在其后的数值框中输入“800%”，设置数量为“2”，如图5-58所示。

STEP 04 在画笔工具属性栏设置画笔的流量为“80%”。将前景色设置为“白色”，选择自定形状工具后，设置绘图模式为“路径”，在工具属性栏的“形状”下拉列表中选择“红心形卡”形状，如图5-59所示。

图5-58 设置散布效果

图5-59 选择“红心形卡”形状

STEP 05 在图像中单击并拖动鼠标即可绘制所选形状，按住【Shift】键不放并绘制，可得到长宽等比的形状，如图5-60所示。

STEP 06 选择锚点添加工具，在心形右下部分的路径上单击，添加3个距离很短的锚点，如图5-61所示。

STEP 07 使用直接选择工具单击选择中间的锚点删除，自动删除3个锚点连接的线段，如图5-62所示。

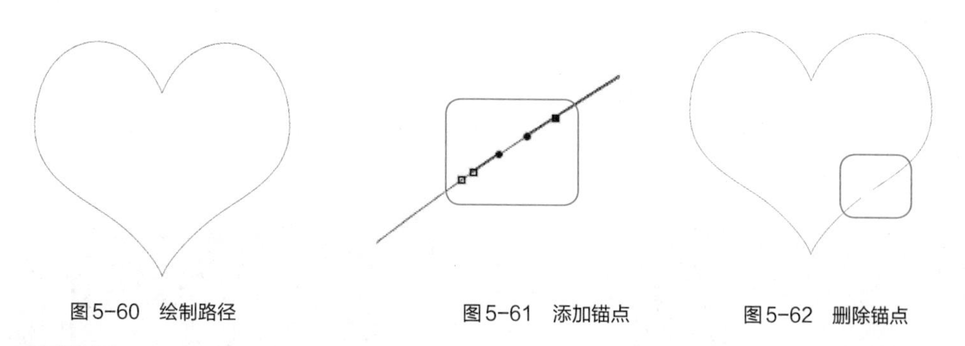

图5-60 绘制路径　　图5-61 添加锚点　　图5-62 删除锚点

STEP 08 按【Ctrl+T】组合键进入变换状态，向右旋转路径，按【Enter】键完成变换，如图5-63所示。

STEP 09 在“路径”面板中双击路径存储路径为“心”，选择【编辑】/【拷贝】命令，继续选择【编辑】/【粘贴】命令，在“心”路径上继续添加一个心路径，此时两个路径重合在一起，如图5-64所示。

STEP 10 按【Ctrl+T】组合键使复制的路径进入变换状态，在其上单击鼠标右键，在弹出的快捷菜单中选择“水平翻转”命令，使用移动工具移动翻转后的路径到右侧，按【Enter】键完成变换，如图5-65所示。

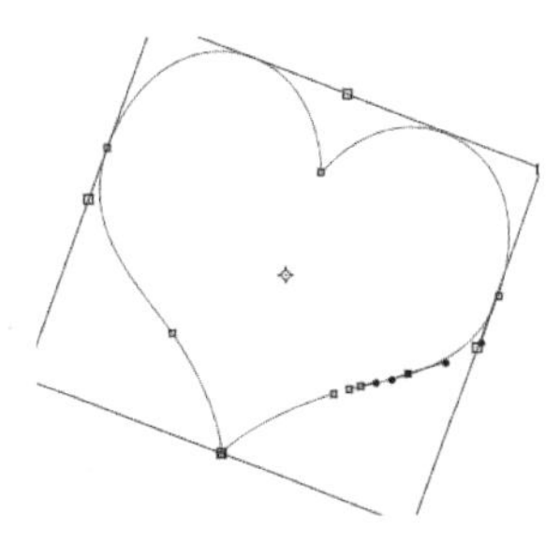

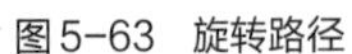
图5-63 旋转路径

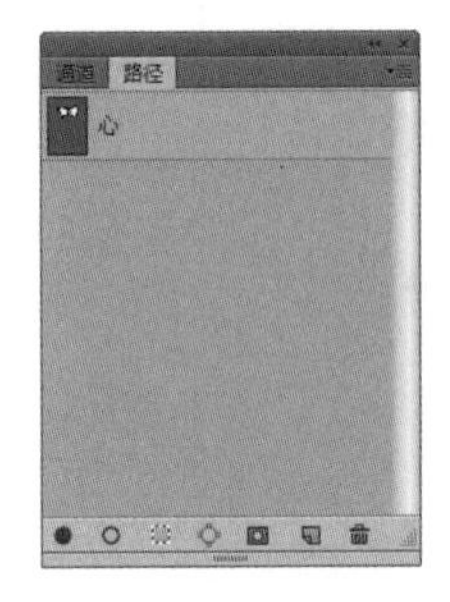

图5-64 存储并复制路径

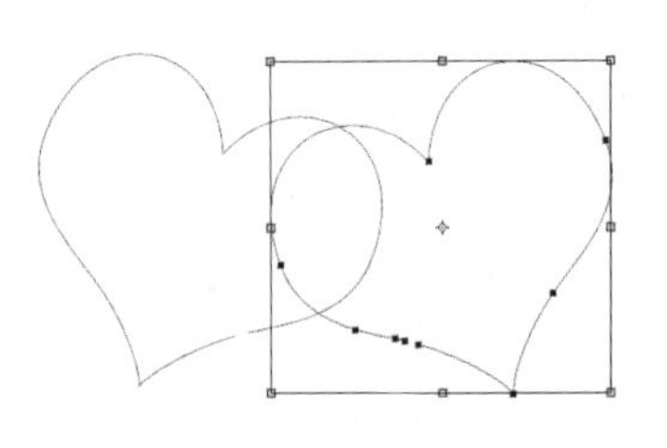
图5-65 水平翻转复制的路径

STEP 11 在“路径”面板的“心”路径上单击鼠标右键，在弹出的快捷菜单中选择“描边路径”命令，打开“描边路径”对话框，在“工具”下拉列表框中选择“画笔”选项，单击确定按钮，如图5-66所示。

STEP 12 返回图像窗口，得到画笔描边路径的效果，如图5-67所示。

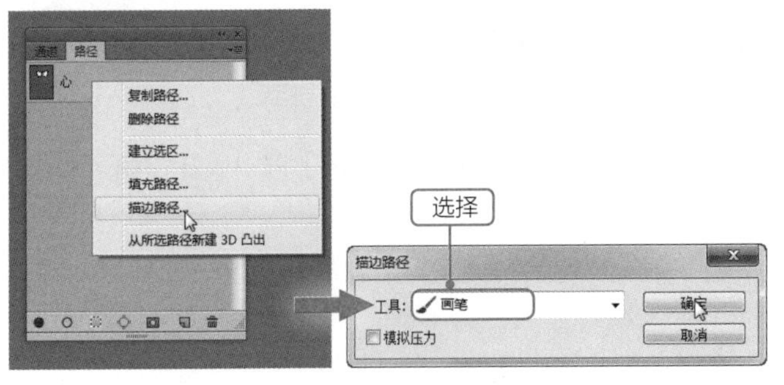

图5-66 描边路径

图5-67 画笔描边路径效果

STEP 13 新建图层2，选择画笔工具，分别设置前景色为“#f9e700（黄色）”“#0fb0df（蓝色）”“#ea96bb（红色）”，调整画笔大小，绘制图5-68所示的图形，覆盖心形轮廓。

STEP 14 选择图层2，按住【Ctrl】键单击图层1前的缩略图标，在图层2中载入图层 1的心形选区，按【Ctrl+J】组合键，得到图层3，单击图层1、图层2前的图标，隐藏图层1、图层2，效果如图5-69所示。

图5-68 绘制图形

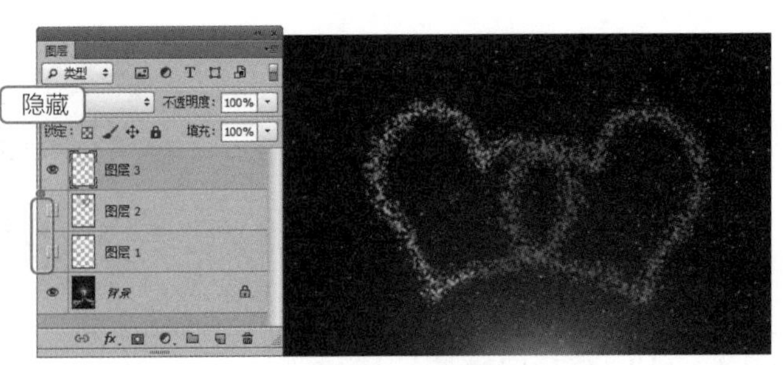

图5-69 新建图层

STEP 15 选择橡皮擦工具，设置画笔硬度为“0”，设置不透明度为“50%”，在心形的下边缘外侧来回涂抹，使心形边缘富有粗细变化，效果如图5-70所示。

STEP 16 按【Ctrl+J】组合键得到图层3副本，设置图层混合模式为“滤色”，加强心形颜色，效果如图5-71所示。另存为“梦幻心.psd”，至此完成本实例的制作。

图5-70 擦除部分轮廓

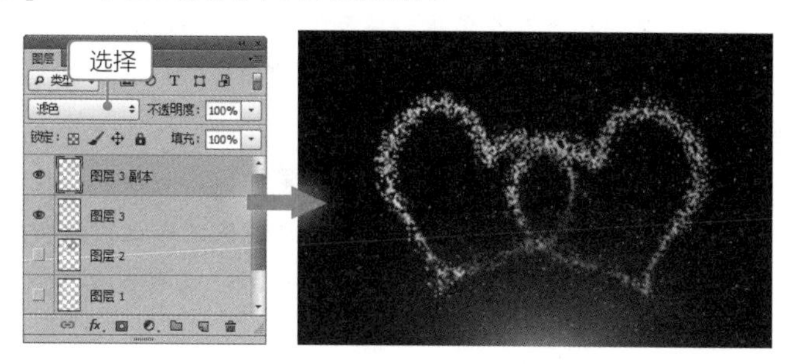

图5-71 设置复制图层的混合模式

5.3.2 使用画笔工具

画笔工具主要用于绘制各种轻柔的线条，但要绘制出美观的图形就必须对画笔工具进行一定的设置，设置画笔工具的各项参数都是通过画笔工具的工具属性栏来实现的。图5-72所示即为画笔工具的工具属性栏。

图5-72 “画笔工具”工具属性栏

画笔工具属性栏中各选项的含义介绍如下。

- 下拉按钮：单击该下拉按钮，在打开的下拉列表中显示预设的各个工具的选项，如图5-73所示。若单击选中“仅限当前工具”复选框，将只显示当前选择的画笔预设。若单击按钮，可在打开的下拉列表中编辑工具预设。
- “画笔预设”下拉列表框：位于下拉按钮后，单击右侧的下拉按钮，可在打开的下拉列表中设置画笔的大小、硬度和样式，如图5-74所示。

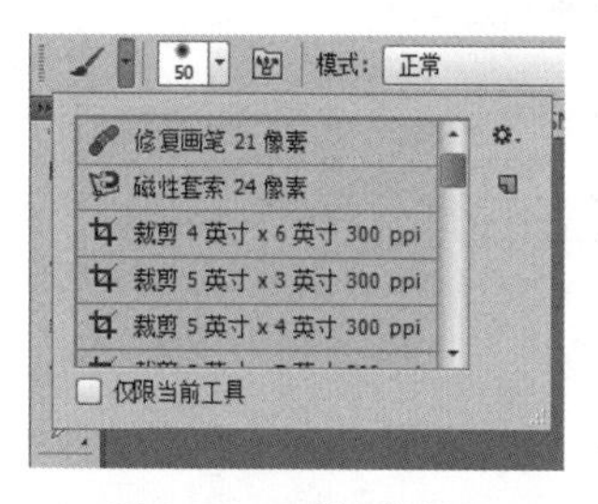

图5-73 画笔下拉按钮

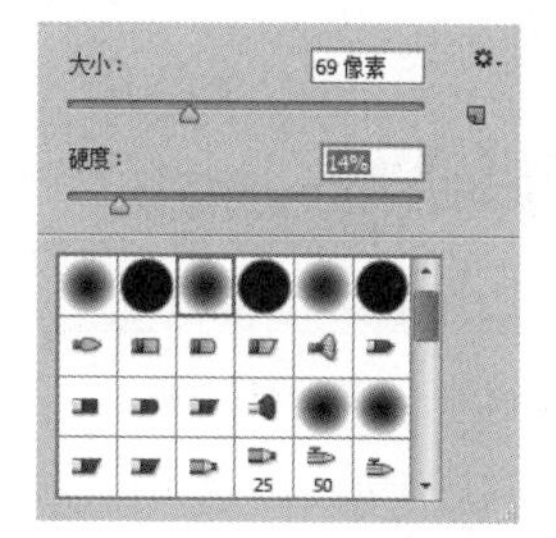

图5-74 “画笔预设”下拉列表框

疑难解答 | 如何载入外部的画笔样式?

选择画笔工具，在“画笔预设”下拉列表框右上角单击按钮，在弹出的下拉列表中可选择其他画笔样式替换预设框中的画笔样式，若选择“载入画笔”选项，打开“载入”对话框，可选择需要载入的外部画笔样式，单击载入(L)按钮即可。

- 模式”下拉列表框：用于设置“画笔工具”的混合颜色，默认为“正常”，与“图层”面板中的图层混合模式效果相同。
- “不透明度”数值框：用于设置画笔颜色的不透明度，其值越小，颜色越透明。
- 按钮：用于对不透明度使用“压力”，只有连接绘图板后才能正常使用。不连接时，则由“画笔预设”决定压力。
- “流量”数值框：用于设置画笔的压力程度，其值越小，笔触越淡。
- 按钮：单击该按钮，可切换到喷枪方式进行绘制。
- 按钮：用于对“流量”使用压力，只有连接绘图板后才能正常使用。不连接时则由“画笔预设”决定压力。

5.3.3 认识“画笔”和“画笔预设”面板

在“画笔”面板中可进行画笔的笔尖形状、画笔预设和画笔参数的设置，也可以查看画笔的预览效果，如图5-75所示。在“画笔预设”面板中则可查看画笔的笔尖种类，包括圆形笔尖、毛刷笔尖和图像样本笔尖，如图5-76所示。在“画笔预设”面板中单击“切换画笔面板”按钮，可切换到“画笔”面板；在“画笔”面板中单击 画笔预设 按钮可切换到“画笔预设”面板。

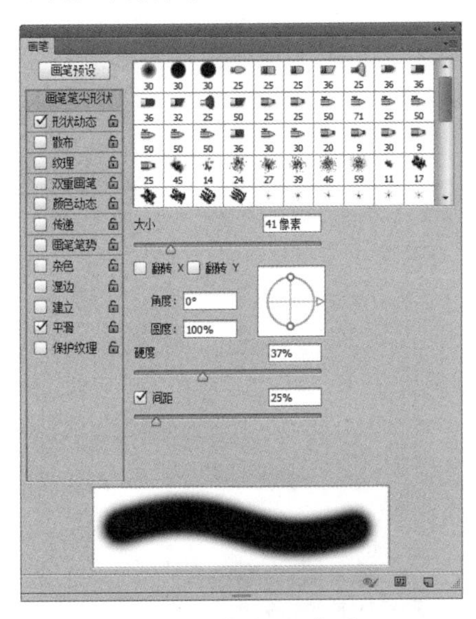

图5-75 “画笔预设”面板

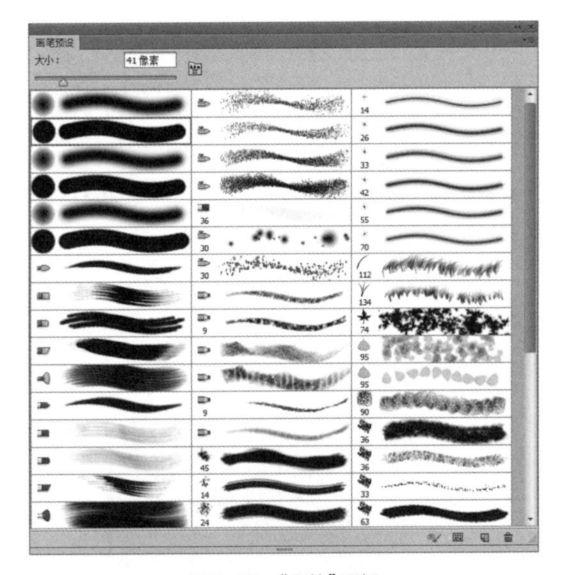

图5-76 “画笔”面板

在“画笔”面板左侧单击选中对应的复选框可在打开的面板中进行画笔的详细设置，各面板的含义介绍如下。

- 画笔笔尖形状：对画笔的笔尖形状、大小、角度、圆度、硬度和间距等属性进行设置。其中，“间距”数值框用于设置描边中两个画笔笔迹之间的距离。
- 形状动态：形状动态用于设置绘制时画笔笔迹的变化，可设置绘制画笔的大小、圆角等产生的随机效果。
- 散布：可对画笔笔迹的数目和位置进行设置，使笔迹沿绘

制的线条扩散。

知识链接
纹理参数详解

知识链接
颜色动态详解

- 纹理：可对画笔笔迹添加纹理效果，使绘制出的笔迹类似于画布效果。
- 双重画笔：可为画笔设置另一个笔尖，使画笔描绘的线条呈现两种画笔效果。
- 颜色动态：可以对绘制的线条颜色、饱和度和明度等进行设置，以设置颜色的变化效果。
- 传递：可改变画笔笔迹中油彩的传递方式。其中“不透明度抖动”数值框用于设置画笔笔迹中油彩不透明度的变化程度，在下方的“控制”下拉列表中可选择不透明度抖动的方式；“流量抖动”数值框用于设置画笔笔迹中油彩流量的变化程度，在下方的“控制”下拉列表中可选择流量抖动方式。
- 画笔笔势：可对笔刷的笔尖角度进行调整。“倾斜X”和“倾斜Y”数值框用于设置笔尖沿X轴或Y轴倾斜的角度；“旋转”数值框用于设置画笔的旋转力度；“压力”数值框用于调整画笔的压力，其值越大，绘制速度越快，线条越粗犷。
- 杂色：用于为一些特殊的画笔增加随机效果。
- 湿边：用于在使用画笔绘制笔迹时增大油彩量，从而产生水彩效果。
- 建立：用于模拟喷枪效果，使用时根据鼠标的单击程度来确定画笔线条的填充量。
- 平滑：在使用画笔绘制笔迹时产生平滑的曲线，若是使用压感笔绘画，该选项效果最为明显。
- 保护纹理：用于将相同图案和缩放应用到具有纹理的所有画笔预设中。启用该选项，则使用多种纹理画笔时，可绘制出统一的纹理效果。

5.3.4 认识其他绘图工具

除了使用形状工具与画笔工具绘制图形外，还有一些其他的工具也可用于绘制图形，如铅笔工具、颜色替换工具、混合器画笔工具，下面进行简单介绍。

1. 铅笔工具

铅笔工具主要用于绘制硬朗及边缘明显的线条。其使用方法和画笔工具相同，只是铅笔工具属性栏与画笔工具属性栏相比略有不同，如图5-77所示。其中，单击选中“自动涂抹”复选框后，将铅笔工具移动到与前景色相同的区域时将使用背景色绘制，将铅笔工具移动到与背景色相同的区域时将使用前景色绘制。

图5-77　铅笔工具属性栏

2. 颜色替换工具

颜色替换工具主要用于图像中特定颜色的替换，可以使用选取的前景色在目标颜色上绘画。其使用方法是：选择颜色替换工具，设置需要替换的前景色，然后将鼠标放在图像上需要替换的部分，当鼠标指针变为⊕形状时，拖动鼠标涂抹即可，图5-78所示为使用颜色替换工具为白色衣服上色。

图5-78 为衣服上色

在绘画过程中，可通过工具属性栏设置绘图参数，如图5-79所示。

图5-79 颜色替换工具属性栏

“颜色替换工具”工具属性栏中主要选项的含义介绍如下。

- “模式”下拉列表框：用于设置绘图的特殊效果模式。
- 按钮：用于设置颜色的取样方式。其中按钮表示连续取样；按钮表示一次取样；按钮表示取样背景色板。
- “限制”下拉列表框：用于确定取样的范围。

知识链接
混合器画笔工具详解

3. 混合器画笔工具

混合器画笔工具能方便快捷地绘制出实用、专业的效果。其工具属性栏和“画笔工具”工具属性栏相似，但增加了部分特殊设置选项，如图5-80所示。

图5-80 “混合器画笔工具”工具属性栏

课堂练习——载入笔刷制作猫咪店标

载入呆萌猫咪画笔（素材\第5章\课堂练习\呆萌猫咪.abr），选择画笔工具，选择载入的画笔样式，绘制呆萌猫咪，完成后添加文字（素材\第5章\课堂练习\店标文字.psd），参考效果如图5-81所示（效果\第5章\课堂练习\猫咪店标.psd）。

图5-81 猫咪店标效果

5.4 上机实训——制作纷飞雪景

5.4.1 实训要求

为了修饰美化照片，营造唯美意境，本实训要求为素材制作纷飞雪景效果，要求制作的雪花在大小、分布等方面都比较自然美观。

5.4.2 实训分析

画笔工具是制作雪景比较常用的一种工具，雪的大小、形态、动态效果可以根据场景的远近、场景元素等进行多样化的设置，使其更好融入背景，营造更为吸引人的画面感。一般来说，雪不宜太大，避免遮挡背景中的元素，造成喧宾夺主。

本例中素材的部分区域为白色，为了方便观察，需要在背景上新建黑色图层作为绘制雪花的背景。在绘制雪花的过程中，主要通过绘制远景、中景、近景的不同大小与不同透明度的雪花，来形成自然的雪花飘飞效果。本实训的参考效果如图5-82所示。

素材所在位置： 素材\第5章\上机实训\雪景.jpg

效果所在位置： 效果\第5章\上机实训\雪景.psd

图5-82　纷飞雪景效果图

5.4.3 操作思路

完成本实训主要包括打开素材、设置画笔效果、绘制雪花3大步操作，其操作思路如图5-83所示。涉及的知识点主要包括图层的新建、画笔工具的使用、“画笔”面板的设置、图层不透明度的设置等。

图5-83　操作思路

【步骤提示】

视频教学
制作纷飞雪景

STEP 01 打开“雪景.jpg”图像文件，新建图层1，填充为黑色，再新建雪花图层。

STEP 02 将前景色设置为白色，选择画笔工具，设置柔角笔刷样式，设置不透明度为100%，选择【窗口】/【画笔】命令，在打开的“画笔”面板中设置笔刷大小为“10像素”。

STEP 03 在“画笔”面板中单击选中“间距”复选框，设置间距值为“180%”。

STEP 04 在“画笔”面板中单击选中“形状动态”复选框，设置大小抖动值为“100%”，最小直径为“1%”。

STEP 05 在“画笔”面板中单击选中“散布”复选框，设置散布为“1000%”，数量为“1”，数量抖动为“99%”。

STEP 06 拖动鼠标绘制雪花效果，注意控制雪花的密度与方向，可在绘制过程中不断调整画笔大小和画笔的不透明度，也可多建几个雪花图层，增加雪花的层次感。

STEP 07 将“雪花”图层的不透明度设置为“70%”，隐藏黑色背景图层，完成本例制作。

5.5 课后练习

1. 练习1——*绘制音乐图标*

打开“音乐背景.psd”图像文件，在该图像中使用钢笔工具绘制图标背景和心形，并为绘制的路径填充纯色、渐变色，制作一个心形图标，完成后的参考效果如图5-84所示。

提示：制作时要注意心形两侧的对称性，并注意心形与圆的位置。此外，也可根据音乐文字自由发挥，设计出其他多种多样的音乐图标样式。

图5-84 “音乐图标”效果图

素材所在位置：素材\第5章\课后练习\练习1\音乐背景.psd、音乐图标文字.psd

效果所在位置：效果\第5章\课后练习\练习1\音乐图标.psd

2. 练习2——*为人物衣服上色*

打开图5-85所示的“上色.jpg”图像文件，使用画笔工具对图像中人物的衣服以及嘴唇进行上色，使图像颜色对比度更强，完成后的参考效果如图5-86所示。

素材所在位置：素材\第5章\课后练习\练习2\上色.jpg

效果所在位置：效果\第5章\课后练习\练习2\上色.psd

图5-85 “上色”图像

图5-86 上色效果图

Chapter 6

第 6 章 选区在图像中的应用

选区可保护选区外的图像不受影响，只对选区内的图像效果进行编辑。本章将详细讲解在Photoshop CS6中创建和编辑选区的方法，包括各个选区工具的使用方法和操作技巧。通过本章的学习，读者能够熟练掌握选区的创建与操作技巧，并可通过选区功能制作具有不同效果的图像。

课堂学习目标

- 掌握不同选区工具的使用方法
- 掌握编辑选区的操作技巧

课堂案例展示

合成原汁机图像

毛发抠取

为美女添加翅膀

6.1 创建选区

当需要对图像中的部分图像进行抠取或编辑时，就需要创建选区。在Photoshop中创建选区，一般要通过各种选区工具来完成，本节将详细讲解使用选框工具、套索工具、魔棒工具、快速选择工具以及色彩范围菜单命令等创建选区的方法。

6.1.1 课堂案例——合成原汁机图像

案例目标：背景是用来衬托商品主体的，如果在拍摄商品图片时没有很好地利用背景，图片则往往会显得很单调。本例为了显出一个原汁机的特色，将为其添加带有牛奶、气泡和文字说明的清新背景，并添加新鲜的橘子素材，点缀画面，增加画面的活力，完成后的参考效果如图 6-1 所示。

视频教学
合成原汁机图像

图6-1　合成原汁机图像

知识要点：魔棒工具与磁性套索工具的使用；选区与路径的转换；选区的反选。

素材位置：素材 \ 第 6 章 \ 原汁机 \

效果文件：效果 \ 第 6 章 \ 原汁机 .psd

其具体操作步骤如下。

STEP 01 打开“原汁机.jpg”图像文件，选择魔棒工具，在工具属性栏中设置容差为“20”，单击选择背景，如图6-2所示。

STEP 02 按【Ctrl+Shift+I】组合键反选，为原汁机创建选区，如图6-3所示。

图6-2　为背景创建选区

图6-3　为原汁机创建选区

STEP 03 选择【窗口】/【路径】命令，打开“路径”面板，单击面板底部的“从选区生成工作路径”按钮，选择钢笔工具，按【Ctrl】键不放单击选择路径，通过编辑路径上的锚点使原汁机路径更加精确，如图6-4所示。

STEP 04 完成路径的编辑后，按【Ctrl+Enter】组合键将路径转换为选区，切换到“图层”面板，按【Ctrl+J】组合键复制选区到新建的图层1上，如图6-5所示。

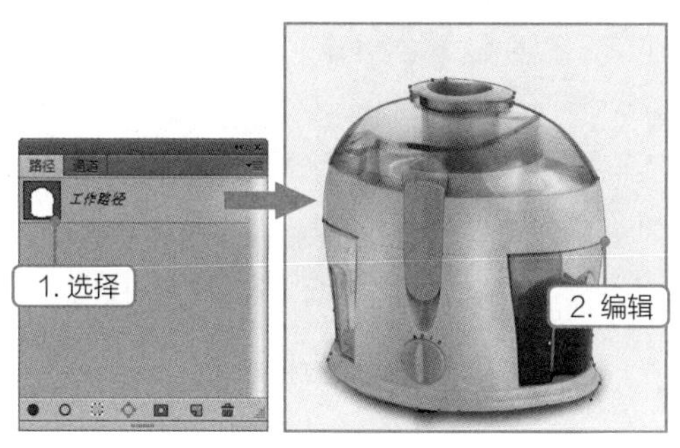

图6-4 编辑路径

图6-5 将路径转换为选区

技巧 在抠取图片时，可灵活使用多种工具进行抠图。如本例使用魔棒工具创建选区后，由于产品边缘与背景的差值较少，部分边缘并不精确，因此可结合钢笔工具进行选区的编辑。

STEP 05 打开“原汁机背景.jpg”图像，使用移动工具将抠取的原汁机图像拖动到背景窗口中，按【Ctrl+T】组合键，拖动原汁机四角调整大小，移动到合适位置，按【Enter】键，如图6-6所示。

STEP 06 双击原汁机所在图层的缩略图，在打开的对话框的左侧列表中单击选中“投影”复选框，设置混合模式、不透明度、角度、距离、大小分别为“正片叠底”“30%”“87度”“11像素”“13像素”，单击“确定”按钮，如图6-7所示。

图6-6 添加背景

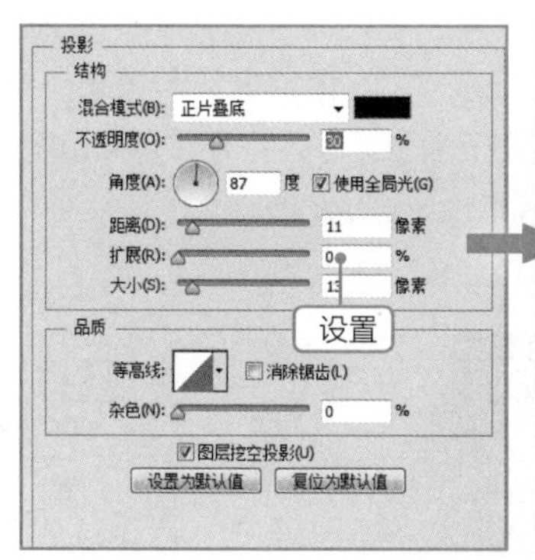

图6-7 添加投影

STEP 07 打开“橘子.jpg”图像文件，选择磁性套索工具，沿着橘子图像边缘移动创建套索线，在移动鼠标的过程中，在需要固定的边缘处单击可确定线条上的控制点，回到鼠标指针起点，完成橘子选区的创建，如图6-8所示。

STEP 08 将其拖动到背景窗口中，生成图层2，按【Ctrl+Alt】组合键不放，拖动“图层”面板中原汁机所在图层右侧的“图层样式”按钮到橘子图层上，为橘子添加投影，调整橘子的大小与位置，另存文件为“原汁机.psd”，完成本例的制作，最终效果如图6-9所示。

图6-8　为橘子创建选区

图6-9　移动选区并复制投影样式

6.1.2　课堂案例——毛发抠图

案例目标：打开模特素材，通过创建选区对人物头像进行抠取，然后更换背景，完成后的参考效果如图 6-10 所示。

知识要点："色彩范围"命令；矩形选框工具；调整边缘。

素材位置：素材 \ 第 6 章 \ 长发 .jpg、人物背景 .jpg

效果文件：效果 \ 第 6 章 \ 毛发抠图 .psd

视频教学
毛发抠图

图6-10　毛发抠图

其具体操作步骤如下。

STEP 01 打开"长发.jpg"图像文件，查看素材图像文件的效果，如图6-11所示。

STEP 02 选择【选择】/【色彩范围】命令，打开"色彩范围"对话框，单击图像窗口中的背景，取样背景颜色，设置颜色容差为"50"，如图6-12所示。

图6-11　打开素材

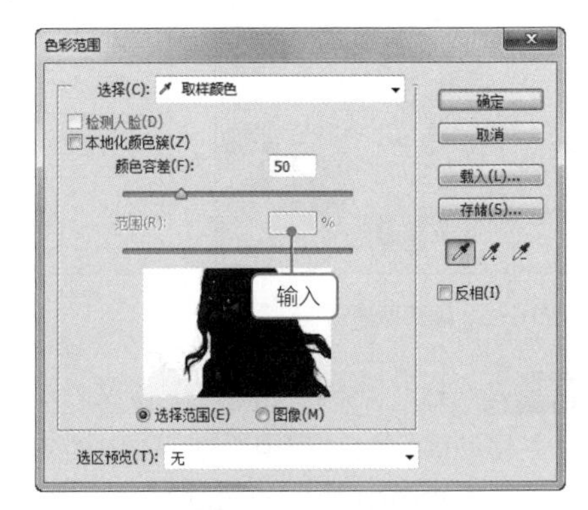

图6-12　设置色彩范围

STEP 03 单击 确定 按钮查看创建颜色选区的效果，如图6-13所示。

STEP 04 按【Ctrl+Shift+I】组合键反选，为人物创建选区，如图6-14所示。

图6-13　创建颜色选区

图6-14　为人物创建选区

STEP 05 此时发现脸部部分有未选择的区域，选择矩形选框工具，按住【Shift】键不放切换到加选选区状态，在人物脸部未选择的区域绘制矩形选区，效果如图6-15所示。

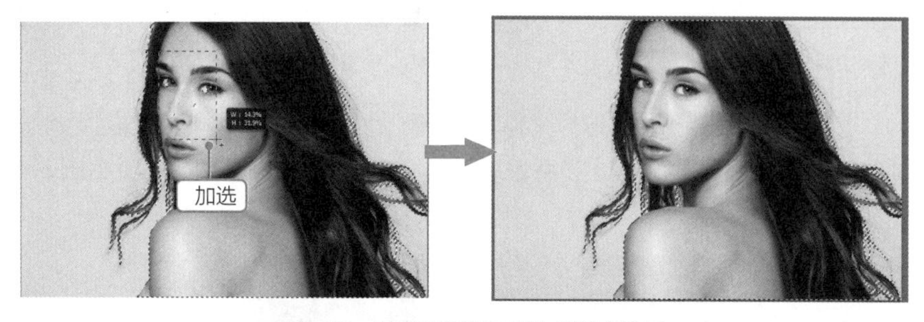

图6-15　使用矩形选框工具加选脸部选区

STEP 06 在矩形选框工具的工具属性栏单击调整边缘...按钮，在打开的“调整边缘”对话框中设置半径为“2像素”，设置羽化为“1像素”，对比度为“10%”，移动边缘为“-15%”，输出到为“新建带有图层蒙版的图层”，如图6-16所示。

STEP 07 不关闭“调整边缘”对话框，在图像窗口中查看头发边缘的背景并未完全隐藏，在图像窗口的工具属性栏中设置画笔的大小为“20”，涂抹头发边缘与背景衔接的部分，隐藏头发边缘的背景，效果如图6-17所示。

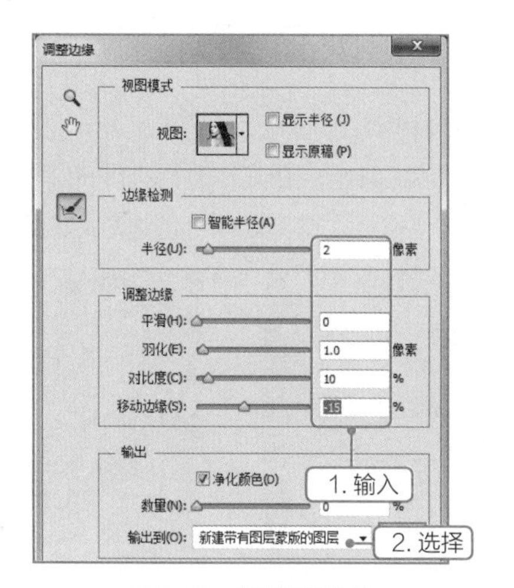

图6-16　自动调整边缘

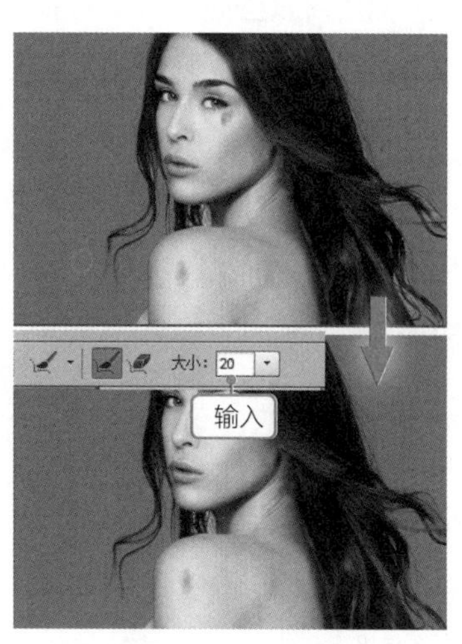

图6-17　手动调整边缘

STEP 08 单击 确定 按钮关闭“调整边缘”对话框，返回图像窗口查看新建带有涂层蒙版的图层，发现原图层已经被隐藏，选择蒙版缩略图，如图6-18所示。

STEP 09 设置前景色为白色，选择画笔工具，将画笔硬度设置为“0”，调整画笔大小，使用画笔涂抹需要显示的部分；将前景色设置为黑色，使用画笔涂抹需要隐藏的部分，如图6-19所示。

图6-18 选择蒙版

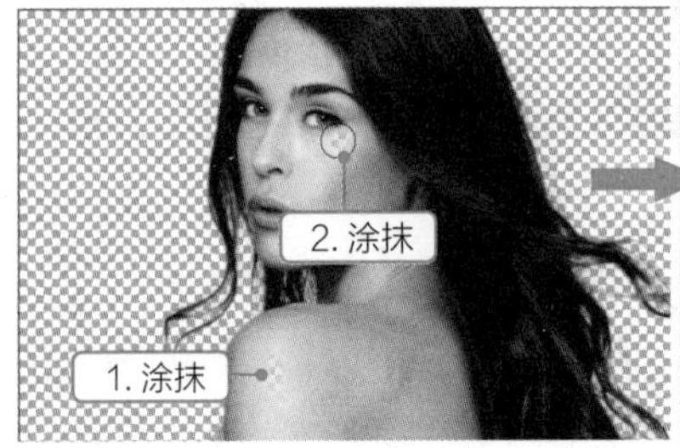

图6-19 使用画笔修改蒙版

STEP 10 打开“人物背景.jpg”图像文件，选择移动工具，拖动抠取图层到背景中，调整大小与位置，如图6-20所示。查看为人物更换背景后的图片效果，另存文件为“毛发抠图.psd”，至此完成本例的制作。

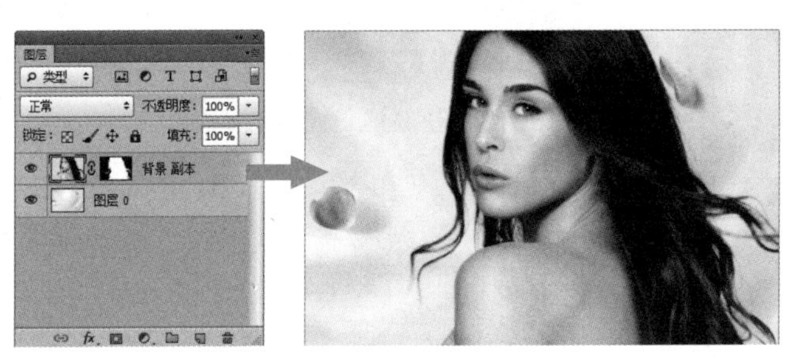

图6-20 更换背景

6.1.3 使用选框工具创建选区

选框工具包括矩形选框工具、椭圆选框工具、单行选框工具、单列选框工具，主要用于创建矩形选区、椭圆选区、单行选区、单列选区，如图6-21所示。将鼠标指针移动到工具箱的“矩形选框工具”按钮上，单击鼠标右键或按住鼠标左键不放，此时将打开该工具组，在其中选择需要的工具，先在工具属性栏中设置好参数并将鼠标指针移动到图像窗口中，按住鼠标左键拖动即可创建对应的选区。

图6-21 矩形选区、椭圆选区、单行选区、单列选区

技巧 在创建矩形选区时，按住【Shift】键可创建正方形形状的选区；在创建椭圆选区时，按住【Shift】键进行拖动，可以绘制出圆形选区。

矩形选框工具适用于创建外形为矩形的规则选区，矩形的长和宽可以根据需要任意控制，还可以创建具有固定长宽比的矩形选区。选择矩形选框工具后，在相应的属性栏中可以进行羽化和样式等设置。图6-22所示为矩形选框工具属性栏。

图6-22 矩形选框工具属性栏

矩形选框工具属性栏中各选项的含义介绍如下。

- 按钮组：用于控制选区的创建方式，选择不同的按钮将进入不同的创建类型。表示创建新选区，表示添加到选区，表示从选区减去，表示与选区交叉。
- “羽化”数值框：通过该数值框可以在选区的边缘产生一个渐变过渡，达到柔化选区边缘的目的。取值范围为0~255像素，数值越大，像素化的过渡边界越宽，柔化效果也越明显。
- “样式”下拉列表框：在其下拉列表中可以设置矩形选框的比例或尺寸，有“正常”“固定比例”“固定大小”3个选项。选择“固定比例”或“固定大小”时可激活“宽度”和“高度”文本框。
- “消除锯齿”复选框：用于消除选区锯齿边缘，使用矩形选框工具不能使用该选项。
- 调整边缘...按钮：单击该按钮，可以在打开的“调整边缘”对话框中定义边缘的半径、对比度、羽化程度等，可以对选区进行收缩和扩充操作；另外还有多种视图模式可选，如叠加（快速蒙版模式）和黑白（蒙版模式）等。

知识链接
“调整边缘”对话框选项详解

提示 当用户在Photoshop CS6中绘制表格式的多条平行线或制作网格线时，使用单行选框工具和单列选框工具会十分方便。

6.1.4 使用套索工具创建选区

套索工具用于创建不规则选区。套索工具主要包括套索工具、多边形套索工具、磁性套索工具。套索工具的打开方法与矩形选框工具的打开方法一致。

1. 使用套索工具创建

套索工具主要用于创建不规则选区。在工具箱中选择套索工具，在图像中按住鼠标左键不放并拖动，完成选择后释放鼠标，绘制的套索线将自动闭合成为选区，如图6-23所示。

2. 使用多边形套索工具创建

多边形套索工具主要用于边界多为直线或边界曲折的复杂图形的选择。在工具箱中选择多边形套索工具，先在图像中单击创建选区的起始点，然后沿着需要选取的图像区域移动鼠标指针，并在多边形的转折点处单击，作为多边形的一个顶点。当回到起始点时，鼠标指针右下角将出现一个小圆圈，即生成最终的选区，如图6-24所示。

技巧　在使用多边形套索工具创建选区时，按【Shift】键可按水平、垂直、45°方向选取线段；按【Delete】键可删除最近选择的一条线段。

3. 使用磁性套索工具创建

磁性套索工具适用于在图像中沿图像颜色反差较大的区域创建选区。在工具箱中选择磁性套索工具后，按住鼠标左键不放，沿图像的轮廓拖动，系统自动捕捉图像中对比度较大的图像边界并自动产生节点，当到达起始点时单击即可完成选区的创建，如图6-25所示。

图6-23　用套索工具创建选区

图6-24　用多边形套索工具创建选区

图6-25　用磁性套索工具创建选区

技巧　在使用磁性套索工具创建选区的过程中，可能会由于鼠标指针未恰当移动而产生多余的节点，此时可按【Backspace】键或【Delete】键删除最近创建的磁性节点，然后从删除节点处继续绘制选区。

6.1.5 使用魔棒工具创建选区

魔棒工具用于选择图像中颜色相似的不规则区域。在工具箱中选择魔棒工具，然后在图像中的某点上单击，即可将该图像附近颜色相同或相似的区域选取出来。魔棒工具属性栏如图6-26所示。

图6-26　魔棒工具属性栏

魔棒工具属性栏中各主要选项含义如下。

- “容差”数值框：用于控制选定颜色的范围，值越大，颜色区域越广。图6-27所示分别是容差值为10和容差值为50时单击花瓣后的选区效果。
- “连续”复选框：单击选中该复选框，则只选择与单击点相连的同色区域；撤

图6-27　容差值为10和容差值为50的选区对比

销选中该复选框，整幅图像中符合要求的颜色区域将全部被选中。

- “对所有图层取样”复选框：当单击选中该复选框并在任意一个图层上应用魔棒工具时，所有图层上与单击处颜色相似的地方都会被选中。

6.1.6 使用快速选择工具创建选区

快速选择工具是魔棒工具的快捷版本，可以不用任何快捷键进行加选，在快速选择颜色差异大的图像时，非常的直观和快捷。在其工具属性栏中单击“新选区”按钮或“添加到选区”按钮，按住鼠标左键不放拖动即可创建选区，图6-28所示为使用快速选择工具为花朵与花径创建选区的效果。在其工具属性栏中单击“从选区减去”按钮，可在已有选区中绘制需要取消选择的区域。

知识链接
“扩大选取”命令详解

图6-28 快速获取选区

6.1.7 使用“色彩范围”命令创建选区

“色彩范围”命令是从整幅图像中选取与指定颜色相似的像素，比魔棒工具选取的区域更广。选择【选择】/【色彩范围】命令，打开“色彩范围”对话框，如图6-29所示，其中各主要选项的含义如下。

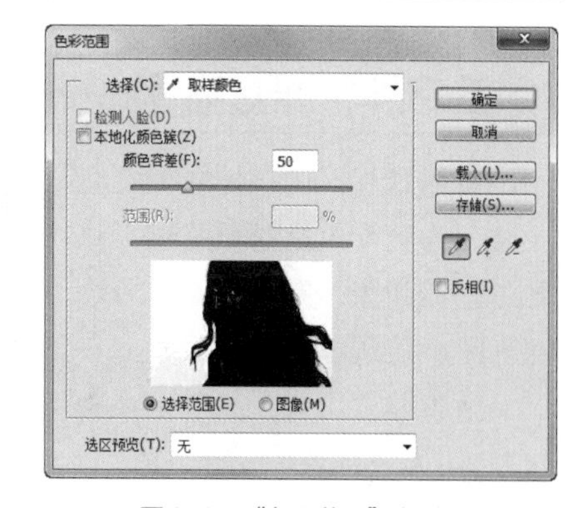

图6-29 “色彩范围”对话框

- “选择”下拉列表框：用于选择颜色，也可通过图像的亮度选择图像中的高光、中间调、阴影部分。用户可通过拾色器在图像中任意选择一种颜色，然后根据容差值来创建选区。
- “颜色容差”数值框：用于调整颜色容差值的大小。
- “选区预览”下拉列表框：用于设置预览框中的预览方式，包括“无”“灰度”“黑色杂边”“白色杂边”“快速蒙版”5种预览方式。
- “选择范围”单选项：单击选中该单选项后，在预览区中将以灰度显示选择范围内的图像，白色表示被选择的区域，黑色表示未被选择的区域，灰色表示选择的区域为半透明。
- “图像”单选项：单击选中该单选项后，在预览区内将以原图像的方式显示图像的状态。
- “反相”复选框：单击选中该复选框后可实现预览图像窗口中选择区域与未选择区域之间的相互切换。
- 吸管工具：工具用于在预览图像窗口中单击选择颜色，、工具分别用于增加和减少选择的颜色范围。

课堂练习——制作简单海报

本例将打开“简单海报.jpg”图像文件（素材\第6章\课堂练习\简单海报.jpg），使用磁性套索工具为素材中的人像创建选区，然后反选选区，对背景进行去色操作，最后打开“文字.psd”图像文件（素材\第6章\课堂练习\文字.psd），将其移动到“简单海报”图像中，添加文字修饰图像，制作后的效果如图6-30所示（效果\第6章\课堂练习\简单海报.psd）。

图6-30　简单海报效果

6.2 调整与编辑选区

直接绘制的选区往往不能满足对图片处理的要求，此时就需要对选区进行调整与编辑，如全选和反选选区、移动、修改、变换、存储和载入选区等，让选区更加合理，也更易于实际操作。本节将对调整与编辑选区的基本方法进行介绍。

6.2.1 课堂案例——为美女添加翅膀

案例目标：在素材中将美女抠出，为美女更换粉色背景，并绘制翅膀效果，完成后的参考效果如图 6-31 所示。

视频教学
为美女添加翅膀

知识要点：选区的羽化；选区与路径的转换；选区的收缩。

素材位置：素材 \ 第 6 章 \ 美女 .jpg、云彩 .jpg

效果文件：效果 \ 第 6 章 \ 翅膀美女 .psd

图6-31　为美女添加翅膀

其具体操作步骤如下。

STEP 01 打开“美女.jpg”图像文件，使用钢笔工具绘制美女轮廓路径，如图6-32所示。

STEP 02 按【Ctrl+Enter】组合键将路径转换为选区，如图6-33所示。

STEP 03 选择【选择】/【修改】/【收缩】命令，打开“收缩选区”对话框，设置收缩量为“1像素”，单击 确定 按钮，如图6-34所示。

图6-32　为人物绘制路径

图6-33　路径转化为选区

图6-34　收缩选区

STEP 04 按【Shift+F6】组合键打开“羽化选区”对话框，设置羽化半径为“0.5像素”，单击 确定 按钮，如图6-35所示。

STEP 05 打开“云彩.jpg”图像文件，使用移动工具移动人物选区到“云彩”图像中，生成图层1，如图6-36所示。

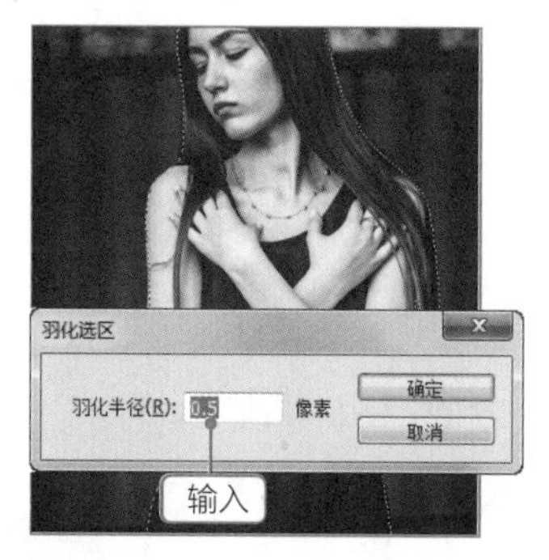

图6-35　羽化选区

图6-36　更换背景

STEP 06 新建图层2，使用钢笔工具绘制羽毛路径，按【Ctrl+Enter】组合键转换为选区，设置前景色为“#712839”，按【Alt+Delete】组合键填充前景色，如图6-37所示。

STEP 07 按【Shift+F6】组合键打开“羽化选区”对话框，设置羽化半径为“8像素”，单击 确定 按钮，如图6-38所示。

STEP 08 按【Delete】键删除选区中的颜色，效果如图6-39所示。按【Ctrl+D】组合键取消选区。

图6-37　绘制并填充翅膀选区

图6-38　羽化翅膀选区

图6-39　删除羽化后的选区颜色

STEP 09 按【Ctrl+J】组合键复制羽毛图层，选择复制的羽毛图层，按【Ctrl+T】组合键进行自由变换，使用移动工具将图像变换中心移动到右下角的羽毛尖上，向下旋转并缩小复制的羽毛图形，如图6-40所示。

提示 若没有将变换中心移动到右下角的羽毛尖上，将不能得到沿着羽毛尖旋转并缩小的变换效果。

STEP 10 按【Enter】键完成自由变换，按5次【Ctrl+Shift+Alt+T】组合键连续复制变换羽毛图层，效果如图6-41所示。

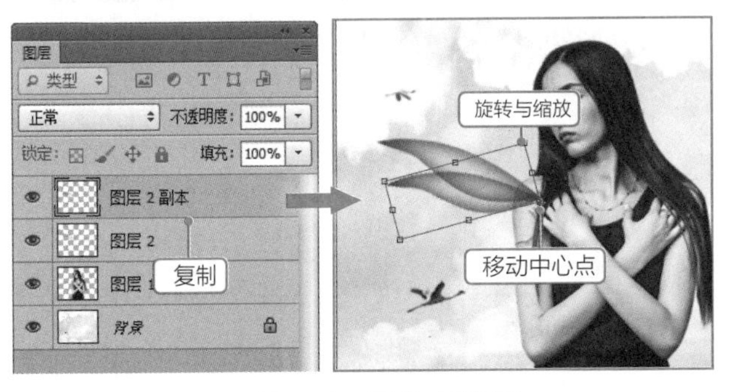

图6-40 复制与变换图形

图6-41 连续复制与变换

STEP 11 按【Ctrl+E】组合键合并所有羽毛图层，完成翅膀图形的制作，如图6-42所示。

STEP 12 选择【滤镜】/【模湖】/【动感模糊】命令，打开“动感模糊”对话框，设置角度为“-5度”，距离为“5像素”，单击 确定 按钮，效果如图6-43所示。

图6-42 合并图层

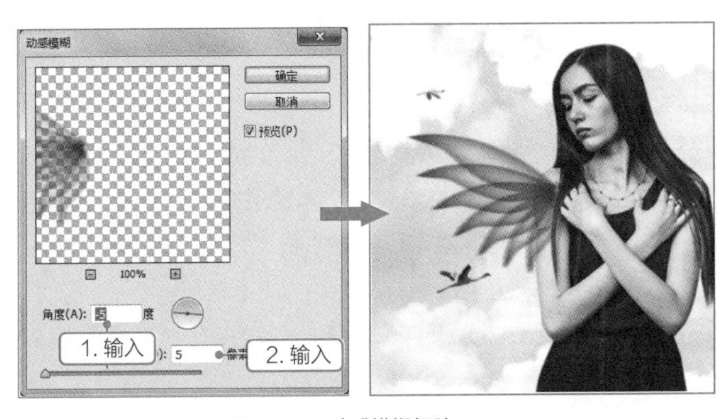

图6-43 动感模糊翅膀

STEP 13 按【Ctrl+J】组合键复制翅膀图层，按【Ctrl+T】组合键拖动放大翅膀，设置图层不透明度为“21%”，如图6-44所示。按【Ctrl+E】组合键合并所有翅膀图层与副本图层。

STEP 14 继续按【Ctrl+J】组合键复制合并后的翅膀图层，按【Ctrl+T】组合键在其上单击鼠标右键，在弹出的快捷菜单中选择“水平翻转”命令，移动翅膀到人物右侧，并置于人物图层下层，效果如图6-45所示。存储文件，完成本例的制作。

图6-44　复制翅膀

图6-45　水平翻转翅膀

6.2.2　选区的基本操作

创建选区后，可根据需要对选区进行编辑，如全选选区、取消选区、反选选区、增加选区、减去选区、变换选区等，下面对编辑选区的基本操作进行介绍。

- 全选选区：选择【选择】/【全部】命令，或按【Ctrl+A】组合键可以选择整个图像。
- 取消选区：在图像中创建选区后，选择【选择】/【取消选择】命令，或按【Ctrl+D】组合键可取消选择的选区。
- 反选选区：用于选取图像中除选区以外的其他图像区域。选择【选择】/【反选】命令或按【Ctrl+Shift+I】组合键即可反选选区。
- 增加选区：在图像中创建一个选区后，按住【Shift】键不放，此时可使用选区工具增加其他图像区域，同时在选区工具右下角会出现“+”号。
- 减去选区：按住【Alt】键不放，再使用选区工具在选区区域单击或拖动鼠标，同时在选区工具右下角会出现“-”号，可从原有选区中减去选区。
- 变换选区：变换选区是指对选区的边界进行调整，通过变换选区可以移动、缩放和旋转选区，从而修改选区的选择范围，而选区内的图像保持不变。选择【选择】/【变换选区】命令，此时，图像中选区周围会出现一个带有控制点的定界框，将鼠标指针移动至定界框内部或外部，拖动鼠标可实现移动、缩放、旋转等操作，从而改变选区的选择范围，最后按【Enter】键确定变换。图6-46所示为通过移动、旋转、缩放选区使星形选区与西瓜图形匹配。

图6-46　变换选区

6.2.3 羽化选区

羽化选区可以使选区向内呈曲线收敛状态，通过羽化选区可以使选区边缘变得柔和、模糊、半透明，使图像边缘柔和地过渡到图像背景颜色中，常用于抠图处理。在图像中创建选区后，选择【选择】/【修改】/【羽化】命令或按【Shift+F6】组合键，即可打开“羽化选区”对话框，在“羽化半径”数值框中设置羽化半径，单击确定按钮，即可得到羽化后的选区，将选区移动到新背景中，或填充选区外的区域，可查看羽化后的效果。图6-47所示为设置羽化前后的人物抠图效果。

图6-47 羽化选区

疑难解答 为什么羽化时会打开信息提示对话框？

当选区建立得太小，而羽化值设置得很大时，Photoshop 将打开提示对话框，提示无法进行羽化操作，此时用户应该将羽化值降低或将选区扩大。

6.2.4 边界选区

边界选区是在选区边界处向外增加一条边界，选择【选择】/【修改】/【边界】命令，在打开的“边界选区”对话框中的“宽度”数值框中输入相应的数值，单击确定按钮，返回图像窗口，即可看到增加边界选区后的效果。图6-48所示为创建边界选区并填充边界选区为白色的效果。

6.2.5 平滑选区

当使用魔棒、快速选择工具建立选区时，选区边缘往往很粗糙，不够柔和。此时，用户就可以使用“平滑”命令，来对选区进行编辑，消除选区边缘的锯齿，使选区边界变得连续而平滑。平滑选区的方法是：选择【选择】/【修改】/【平滑】命令，打开“平滑选区”对话框，在其中的“取样半径”数值框中输入平滑值，单击确定按钮，图6-49所示为平滑并填充选区的效果。取样半径越大，平滑选区的效果也就越明显。

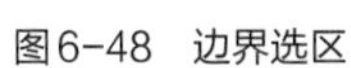

图6-48 边界选区

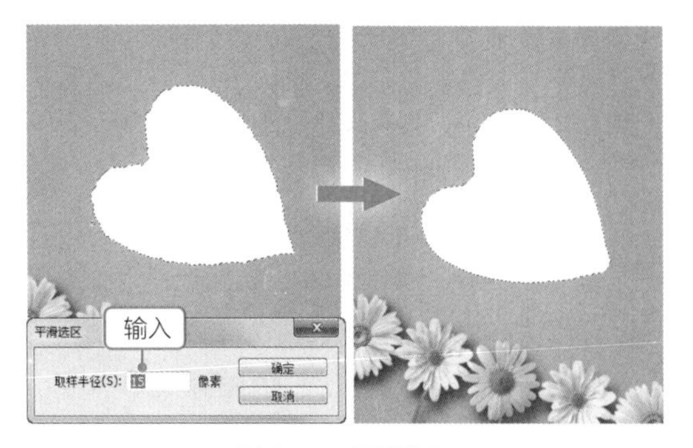

图6-49 平滑选区

6.2.6 扩展与收缩选区

使用扩展或收缩选区命令可以快速完成选区的扩大与缩小，常用于为图像制作叠加或重影等效果。创建选区后，选择【选择】/【修改】/【扩展】命令，在打开的“扩展选区”对话框中的“扩展量”数值框中输入相应的数值，单击确定按钮即可扩展选区，如图6-50所示；若创建选区后，选择【选择】/【修改】/【收缩】命令，打开“收缩选区”对话框，在“收缩量”数值框中输入相应的数值，单击确定按钮可收缩选区，如图6-51所示。

图6-50 扩展选区

图6-51 收缩选区

6.2.7 存储与载入选区

一般情况下，由于抠取较复杂的图像需花费大量的时间，又希望此选区能够多次使用，可将现有的选区进行存储，等到需使用时再通过载入选区的方式将其载入到图像中，以避免重复操作。

创建选区后，选择【选择】/【存储选区】命令，打开“存储选区”对话框，设置文档、通道、名称，单击确定按钮，即可以通道的形式存储选区，如图6-52所示；按【Alt】键单击新建的存储选区的通道缩略图可直接载入选区，也可选择【选择】/【载入选区】命令，打开“载入选区”对话框，如图6-53所示。选择设置的文档、通道、名称，单击确定按钮，载入存储的选区。

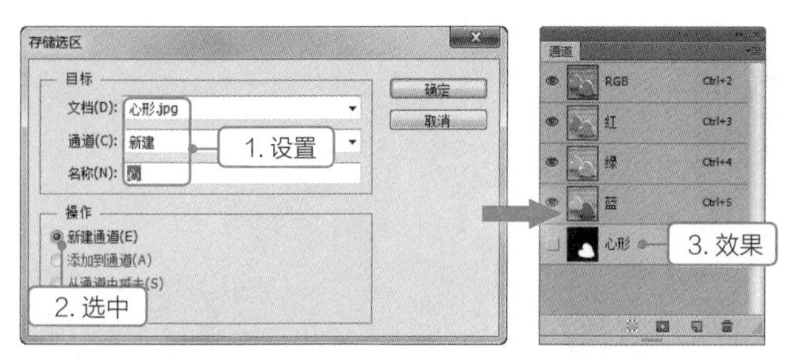

图6-52　存储选区

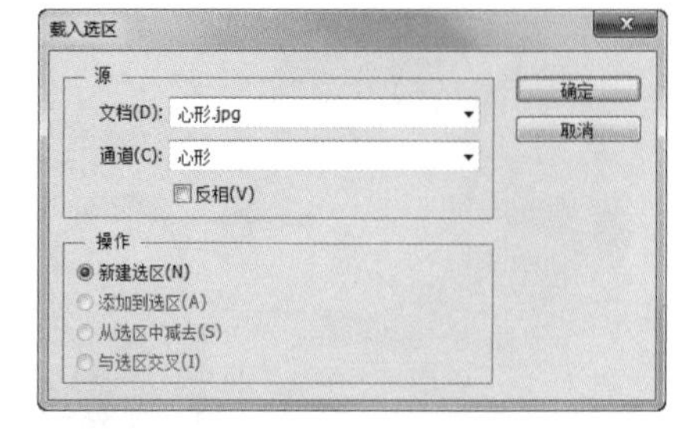

图6-53　载入选区

技巧　创建选区后，可按【Alt+Delete】组合键为选区填充前景色，按【Ctrl+Delete】组合键为选区填充背景色，也可使用油漆桶工具或渐变工具为选区填充图案或渐变色，还可使用填充与描边命令对选区进行填充和描边设置。

课堂练习——制作多重猫图标

本例将新建图像，绘制猫图标并建立选区，再使用“收缩”命令，将猫图标选区一步步缩小，并为其填充不同的颜色，制作后的效果如图6-54所示（效果\第6章\课堂练习\多重猫.psd）。

图6-54　多重猫效果

6.3 上机实训——制作CD海报

6.3.1 实训要求

本实训要求根据歌名“我最爱的人”制作CD海报，制作后的CD海报美观，色彩搭配合理。

6.3.2 实训分析

海报又称招贴画，其目的是以其醒目的画面吸引路人的注意。海报表现为：店内海报，常应用于营业店面内；招商海报，常以宣传某种商品或服务为目的；展览海报主要用于展览会的宣传。本例制作的CD海报属于招商海报的范畴，主要用于CD宣传，也可作为CD封面展示，根据歌名“我最爱的人”来选择温馨的图片作为背景，然后绘制清新格调的格子搭配文字，设计出吸引眼球的CD海报。

本例将首先打开“CD海报.jpg”图像文件，通过网格控制格子的大小与分布，然后设置图层不透明度，添加文字；最后载入、扩展与移动文字选区，完成本例的制作，参考效果如图6-55所示。

素材所在位置：素材\第6章\上机实训\CD海报.jpg

效果所在位置：效果\第6章\上机实训\CD海报.psd

图6-55　CD海报

6.3.3　操作思路

完成本实训主要包括格子绘制、文字输入、文字装饰3大步操作，其操作思路如图6-56所示。涉及的知识点主要包括网格的设置、选区的填充与不透明度设置、文字的输入、选区的载入、选区的扩展、选区的移动等。

图6-56　操作思路

【步骤提示】

STEP 01 打开“CD海报.jpg”图像文件，选择【编辑】/【首选项】/【参考线、网格和切片】命令，在打开的对话框中设置网格线间距为“89毫米”，子网格为“1”。

STEP 02 新建图层，使用矩形选框工具根据网格绘制矩形选区，填充颜色并设置图层不透明度为“30%”。

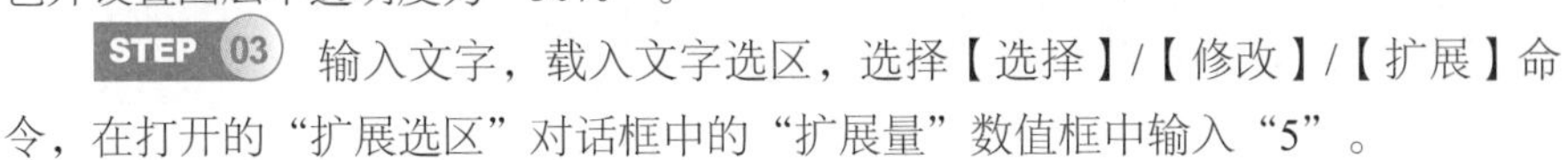

STEP 03 输入文字，载入文字选区，选择【选择】/【修改】/【扩展】命令，在打开的“扩展选区”对话框中的“扩展量”数值框中输入“5”。

STEP 04 新建图层，将扩展的选区填充为白色，并向右移动选区。在文字下方输入一段英文装饰文字，设置字体为“Arial”，字号为“30点”，存储文件完成本例的制作。

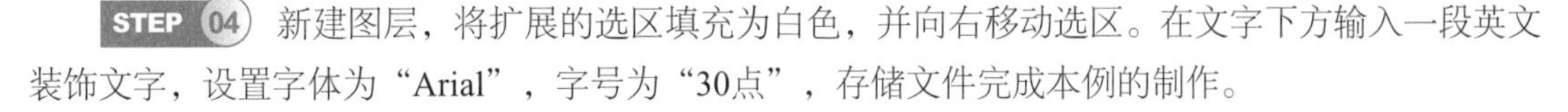

6.4　课后练习

1. 练习1——*为沙发换背景*

在网上销售沙发家具时，往往需要搭配背景与文字来美化家具的效果。本例将打开“沙发.jpg”图像文件，如图6-57所示，抠取沙发图像到新的背景中，凸显沙发的简洁、美观，效果如图6-58所示。

素材所在位置：素材\第6章\课后练习\练习1\沙发.jpg、沙发背景 .jpg

效果所在位置：效果\第6章\课后练习\练习1\沙发.psd

图6-57 “沙发 .jpg”图像文件

图6-58 为沙发换背景效果

2. 练习 2——制作单色调图像

本例将打开“人物.jpg”图像文件和“气球.jpg”图像文件，如图6-59所示，使用快速选择工具，为人物图像的背景建立选区并将其删除。然后将抠取出来的人物移动到“气球.jpg”图像文件中，将除气球以外的所有图像选中并去色，完成后的参考效果如图6-60所示。

提示：将背景图层转换为普通图层后，即可建立选区，并将选区中的图像删除，以便更加直观地看到抠取出来的效果。按【Ctrl+Shift+U】组合键，可以为选区中的图像去色。

素材所在位置：素材\第6章\课后练习\练习2\人物.jpg、气球.jpg

效果所在位置：效果\第6章\课后练习\练习2\单色调图像.psd

图6-59 人物与气球图像

图6-60 单色调图像效果

Chapter 7

第7章 图像色彩与色调的调整

在拍摄照片时，经常由于天气、灯光、拍摄角度、背景等原因，导致拍摄的照片昏暗、亮度不够，或者色彩不够亮丽、画面模糊，通过Photoshop的调色功能可以对照片的亮度、对比度、色彩颜色进行相应的调整，使照片更加清晰亮丽、鲜艳夺目。本章将详细讲解各种调色命令的使用，让读者通过本章的学习能够熟练使用相关的调色命令进行调色。

课堂学习目标

- 掌握快速调整图像色彩与色调的方法
- 掌握精细调整图像色彩与色调的方法
- 掌握特殊色调的调整方法

课堂案例展示

风景照处理

调出日系漂白色调

调出欧美色调

7.1 快速调整图像色彩与色调

在Photoshop中有几个简单的快速调色命令，如自动色调/自动对比度/自动颜色、亮度/对比度、曝光度调整、饱和度/色相调整等。它们非常适合刚刚接触Photoshop并需要使用Photoshop调整图像颜色的初学者使用。本节将对这些快速调色命令进行详细介绍。

7.1.1 课堂案例——风景照处理

案例目标：打开素材图像，发现图像偏暗，颜色不够靓丽，因此利用“亮度/对比度”命令提高亮度与对比度，然后通过“色相/饱和度”命令增加色彩的鲜艳程度，最后为照片添加“深蓝”照片滤镜，使天空更蓝，照片更加清新自然，完成后的参考效果如图 7-1 所示。

知识要点：“亮度/对比度”命令；“色相\饱和度”命令；照片滤镜。

素材位置：素材\第 7 章\风景照.jpg

效果文件：效果\第 7 章\风景照.jpg

图7-1　风景照处理前后的对比效果

其具体操作步骤如下。

视频教学
风景照处理

STEP 01 打开“风景照.jpg”图像文件，选择【图像】/【调整】/【亮度/对比度】命令，打开“亮度/对比度”对话框，设置亮度、对比度为“15”“8”，单击确定按钮，查看提高亮度与对比度的效果，如图7-2所示。

STEP 02 选择【图像】/【调整】/【色相/饱和度】命令，打开“色相\饱和度”对话框，设置色相、饱和度、明度为“5”“22”“0”，单击确定按钮，如图7-3所示。

图7-2　调整亮度/对比度

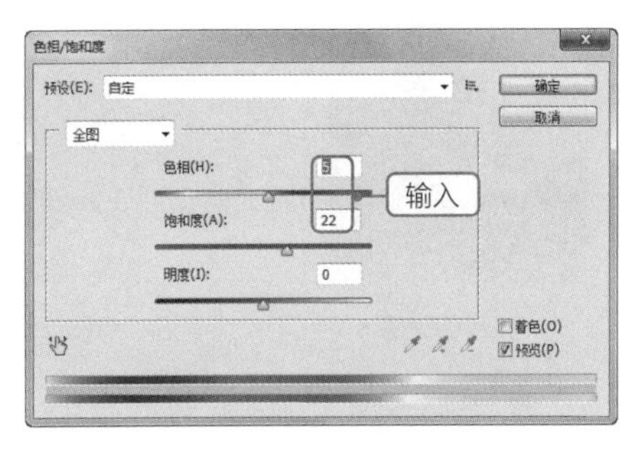

图7-3　调整色相/饱和度

技巧 在“亮度/对比度”对话框中单击 自动(A) 按钮可根据图像自动调整亮度/对比度的值，其作用与“自动对比度”命令相似。

STEP 03 返回工作界面查看调整色相/饱和度的效果，如图7-4所示。

STEP 04 选择【图像】/【调整】/【照片滤镜】命令，打开“照片滤镜”对话框，设置滤镜为“深蓝”，设置浓度为“25%”，单击 确定 按钮，查看应用照片滤镜的效果，如图7-5所示。

图7-4 调整色相/饱和度效果

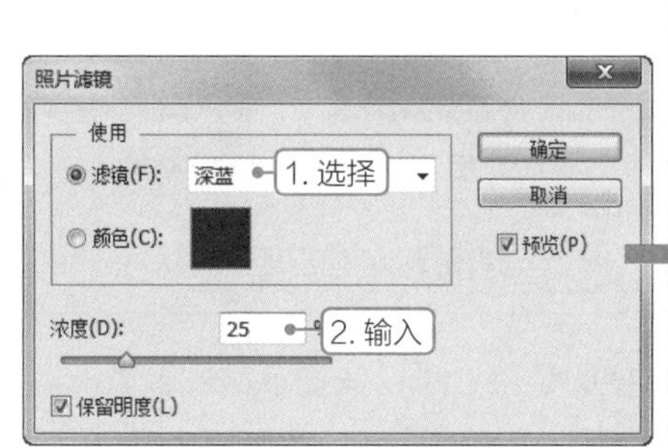

图7-5 添加照片滤镜

7.1.2 自动调整色调/对比度/颜色

使用“自动色调”“自动对比度”“自动颜色”命令可以校正数码相片中出现的明显偏色、对比度过低、颜色暗淡等问题。执行这些命令时，Photoshop并不会打开对应的对话框，而是会自动进行设置。

- 自动色调：该命令可自动调整图像中的黑场和白场，将每个颜色通道中最亮和最暗的像素映射到纯白（色阶为255）和纯黑（色阶为0），中间像素值按比例重新分布，从而增强图像的对比度。图7-6所示为应用该命令后的图像对比。
- 自动对比度：该命令可自动调整图像的对比度，使高光看上去更亮、阴影看上去更暗，图7-7所示为应用该命令后的图像对比。

图7-6 自动色调对比效果

图7-7 自动对比度对比效果

- 自动颜色：该命令可通过搜索图像来标识阴影、中间调、高光，从而调整图像的对比度和颜色，还可以校正偏色的图像。图7-8所示为校正偏蓝的图像。

图7-8　自动颜色对比效果

7.1.3　亮度/对比度和曝光度调整

通过亮度/对比度和曝光度的调整，可以快速解决图像发灰、发暗、曝光不足或曝光过度的问题。下面分别进行介绍。

1. 使用“亮度/对比度”命令

亮度是指图像整体的亮度，为了避免整体偏灰或发白，亮度调整往往需要配合对比度进行调整。对比度是指一幅图像中明暗区域中最亮的白色和最暗的黑色之间的差异程度。明暗区域的差异范围越大，也就代表图像对比度越高，反之，明暗区域的差异范围越小，就代表图像对比度越低。拥有适当对比度的图像，可以形成一定的空间感、视觉冲击力、清晰的画面效果。调整图片亮度与对比度的方法为：打开图像，选择【图像】/【调整】/【亮度/对比度】命令，打开“亮度/对比度”对话框，在其中可对图像的亮度、对比度进行调整，单击 确定 按钮，效果如图7-9所示。

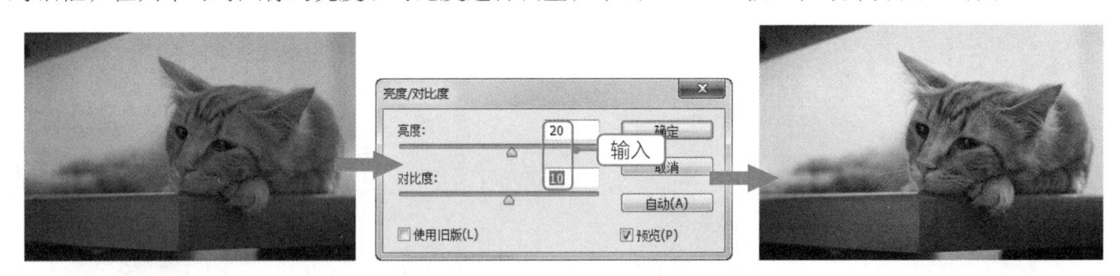

图7-9　调整亮度/对比度

2. 使用“曝光度”命令

在进行拍摄时，可能会因为光线、快门速度等原因造成曝光过度或是曝光不足的情况。若是曝光过度图像整体颜色偏白；若是曝光不足则图像整体颜色偏黑。当需要解决图像曝光度问题时，可选择【图像】/【调整】/【曝光度】命令，打开图7-10所示的“曝光度”对话框，在该对话框中即可设置并修复图像曝光度。

知识链接
“曝光度”参数详解

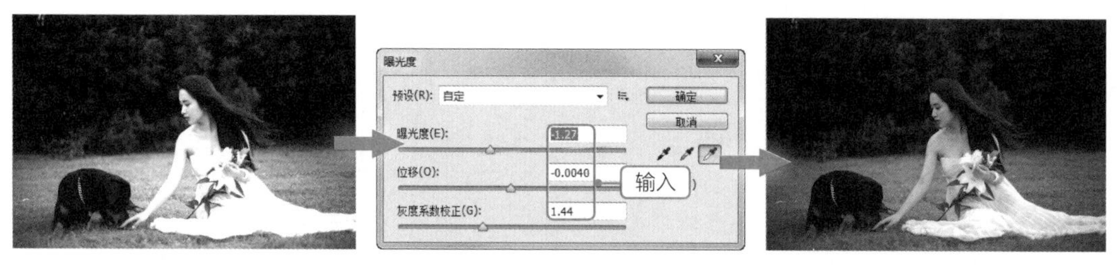

图7-10 调整曝光度

3. 使用“阴影/高光”命令

使用“阴影/高光”命令可以修复图像中过亮或过暗的区域，从而使图像尽量显示更多的细节。打开图像，选择【图像】/【调整】/【阴影/高光】命令，打开“阴影/高光”对话框，对图像的阴影数量、高光数量进行设置，单击确定按钮即可，如图7-11所示。

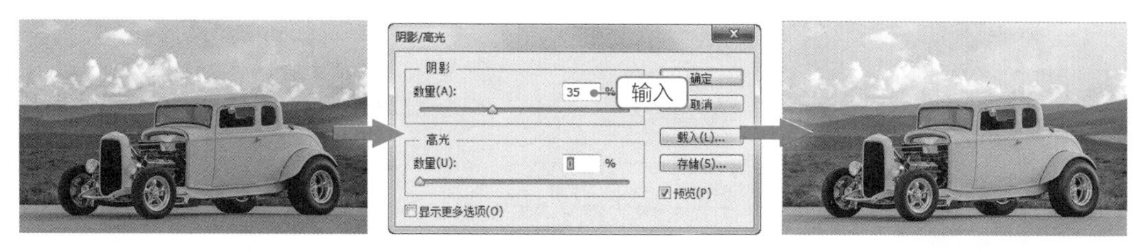

图7-11 调整阴影/高光

7.1.4 饱和度/色相调整

通过调整饱和度/色相，可以更改图像颜色的鲜艳程度，以及图像的整体色调，如调整为偏蓝色调，或制作黑白照片等。

1. 使用“自然饱和度”命令

“自然饱和度”用于调整图像色彩的饱和度，使用该命令调整图像时，用户不需要担心颜色过于饱和而出现溢色的问题。打开图像，选择【图像】/【调整】/【自然饱和度】命令，打开“自然饱和度”对话框，在该对话框中进行设置即可调整图像的饱和度，如图7-12所示。

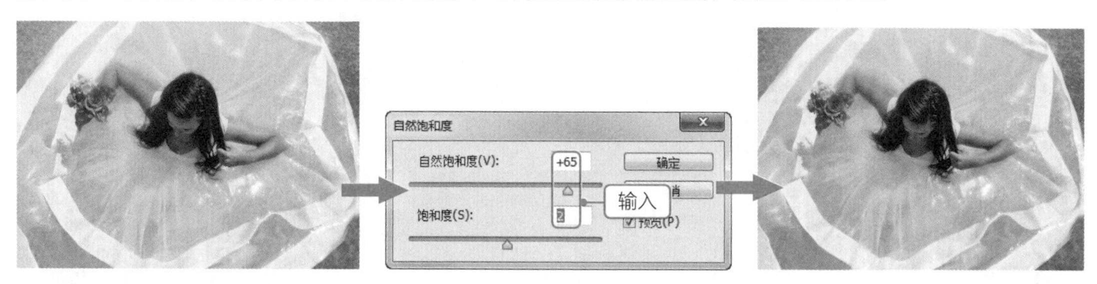

图7-12 调整自然饱和度

2. 使用“去色”命令

“去色”实质是指将饱和度降到最低，当一张黑白老照片泛黄时，可以通过“去色”命令去掉图像中泛黄的颜色，将图像快速转化为灰色的图像。打开图像，选择【图像】/【调整】/【去色】

命令或按【Shift+Ctrl+U】组合键，图像立刻被转换为灰色，如图7-13所示。

3．使用“黑白”命令

“黑白”命令除可以轻松将图像从彩色转换为富有层次感的黑白色外，还可以将图像转换为带颜色的单色图像。这使“黑白”命令与“去色”命令有了本质上的区别。选择【图像】/【调整】/【黑白】命令，打开“黑白”对话框，通过调整颜色值可调整图像的黑白层次，当数值低时图像中对应的颜色将变暗，数值高时图像中对应的颜色将变亮；若单击选中“色调”复选框，设置色相和饱和度，可将图像转换为带颜色的单色图像，如图7-14所示。

图7-13　去色

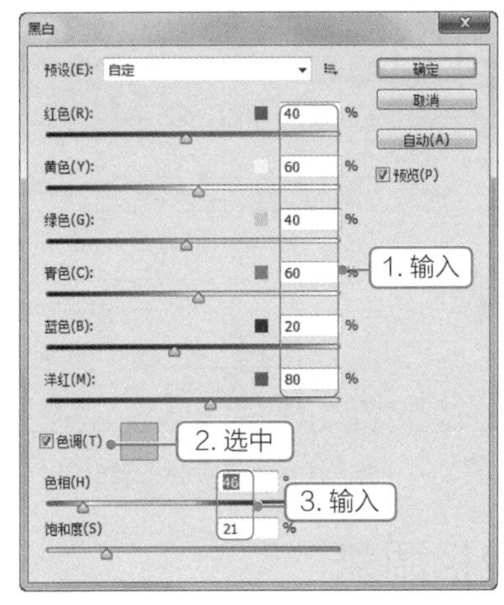

图7-14　黑白

4．使用“色相/饱和度”命令

知识链接
“色相/饱和度”
参数详解

用户可统一对图像中的色相、饱和度、明度等进行调整。打开图像，选择【图像】/【调整】/【色相/饱和度】命令，打开“色相/饱和度”对话框，选择预设的调整选项，或需要调整的颜色通道，然后设置色相、饱和度和明度即可，图7-15所示为调整蓝色通道的色相、饱和度、明度的效果。

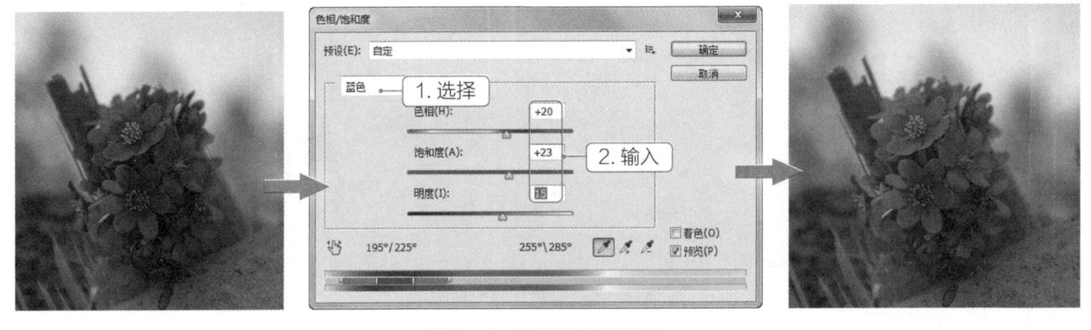

图7-15　调整色相/饱和度

5．使用“照片滤镜”命令

“照片滤镜”可模拟出拍摄时为相机镜头添加滤镜的效果。通过“照片滤镜”命令可以控制图像的色温和胶片曝光的效果。选择【图像】/【调整】/【照片滤镜】命令，打开“照片滤镜”对话框，选择预设的滤镜或颜色，设置浓度值即可，如图7-16所示。

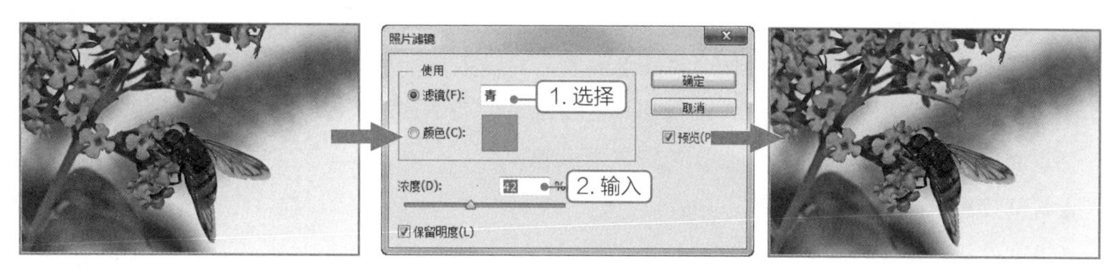

图7-16　应用照片滤镜

6.　使用“变化”命令

使用“变化”命令可对原图像中的中间色调、高光、阴影或饱和度中的一种叠加另一种颜色，从而快速更改整个图像的色彩。使用“变化”命令的方法是：打开图像，选择【图像】/【调整】/【变化】命令，打开图7-17所示的对话框。单击选中对应的单选项，对图像的阴影、中间调、高光和饱和度进行调节，然后单击相应的缩略图进行相应的调整，如选择“加深黄色”缩略图，将应用加深黄色的效果。

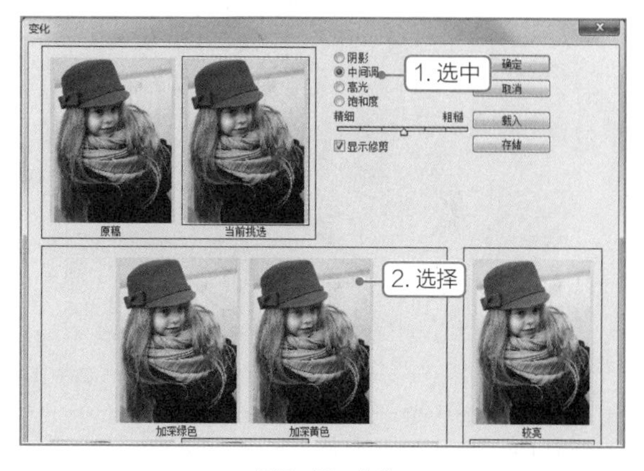

图7-17　变化

课堂练习——制作秋天变春天效果

本例将打开“孩子.jpg”图像文件（素材\第7章\课堂练习\孩子.jpg），使用“色相/饱和度”命令将图像中的黄色调整为绿色，制作秋天变春天的效果。再为图像添加文字以及半透明的圆点，处理前后的效果如图7-18所示（效果\第7章\课堂练习\孩子.psd）。

图7-18　秋天变春天前后对比效果

7.2 精细调整图像色彩与色调

除可使用前面讲解的图像色彩调整方法初步调整图像颜色外，在实际操作中用户还可以使用曲线、色阶、替换颜色等功能对图像的色彩和色调进行精细化的调整，如调整图像部分颜色，调整图像整体的颜色与明暗关系等。下面对一些高级的调色方法进行介绍。

7.2.1 课堂案例——调出日系漂白色调

案例目标：照片漂白效果可以让照片中的人物显得更加清纯，是日系风格的一种常见处理方法。本例将使用色阶、曲线、色彩平衡命令将图像调整为漂白效果，然后添加唇色和腮红，使照片中的人物更加白嫩可人，调整前后的效果如图 7-19 所示。

知识要点：色阶调整；曲线调整；色彩平衡调整。

素材位置：素材 \ 第 7 章 \ 漂白 .jpg

效果文件：效果 \ 第 7 章 \ 漂白 .psd

图7-19　调整漂白色调前后的效果

其具体操作步骤如下。

STEP 01 打开“漂白.jpg”图像文件，在“图层”面板中单击“创建新的填充或调整图层”按钮，在打开的下拉列表中选择“色阶”选项，新建色阶1图层，在打开的色阶“属性”面板拖动左侧的滑块到“23”，调整图片阴影，效果如图7-20所示。

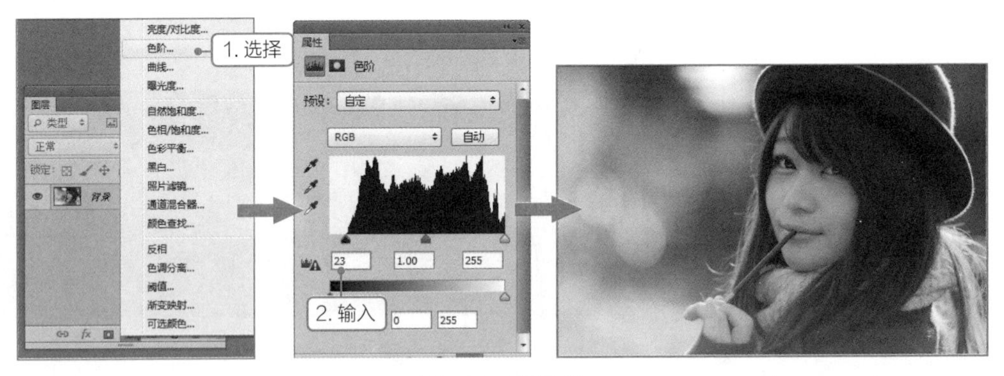

图7-20　调整色阶

STEP 02 在“图层”面板中单击“创建新的填充或调整图层”按钮，在打开的下拉列表中选择“曲线”选项，新建曲线1图层，在打开的曲线“属性”面板拖动RGB曲线，调整图片整体亮度与对比度，如图7-21所示。

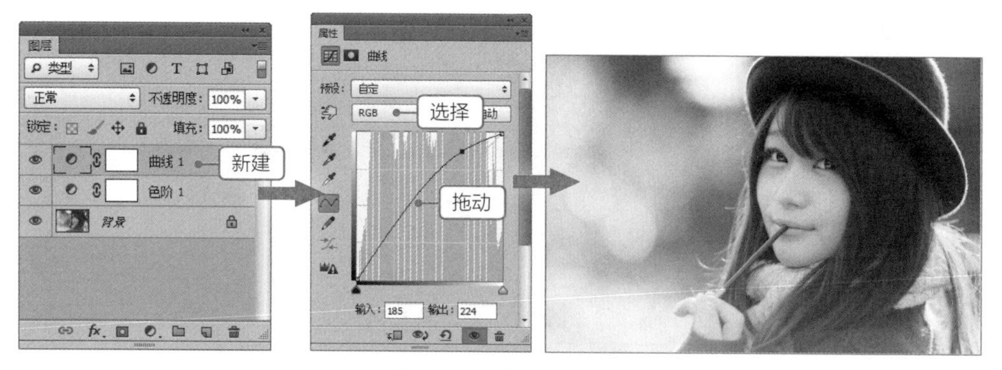

图7-21 调整RGB曲线

STEP 03 分别选择红、绿、蓝通道，拖动曲线，分别增加各通道亮度，效果如图7-22所示。

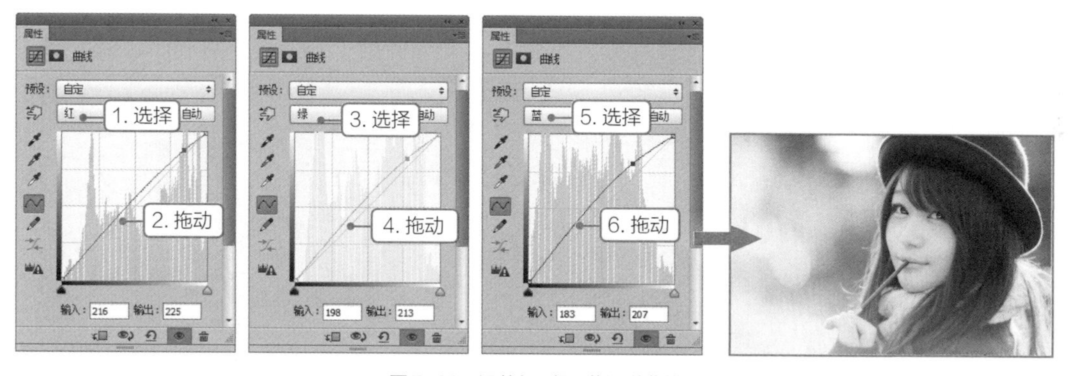

图7-22 调整红、绿、蓝通道曲线

STEP 04 在“图层”面板中单击“创建新的填充或调整图层”按钮，在打开的下拉列表中选择“色彩平衡”选项，新建色彩平衡1图层，在打开的色彩平衡“属性”面板中设置色调为“中间调”，在“青色”“洋红”“黄色”文本框中分别输入“15”“-21”“+14”，如图7-23所示。

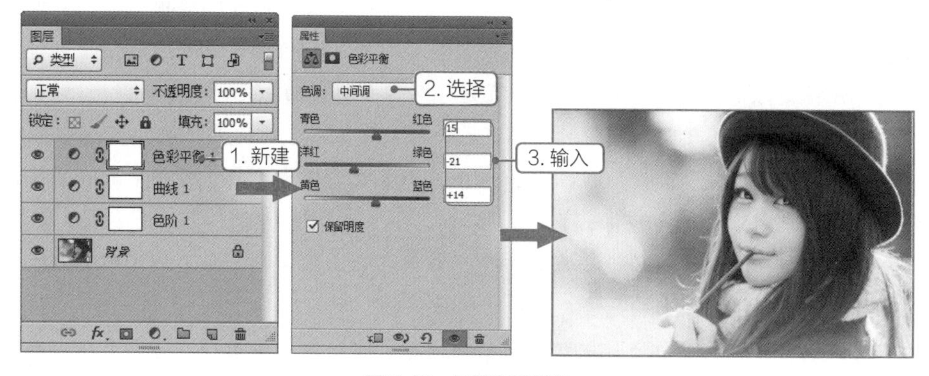

图7-23 调整色彩平衡

STEP 05 将前景色设置为“#f95790”，新建图层1，使用画笔工具涂抹嘴唇，设置图层混合模式为“柔光”，为嘴唇上色，如图7-24所示。

STEP 06 新建图层2，使用画笔工具涂抹嘴脸颊，设置图层混合模式为“柔光”，添加腮红，修饰人物脸部，如图7-25所示。存储文件为“漂白.psd”，完成本例的制作。

图7-24　为嘴唇上色

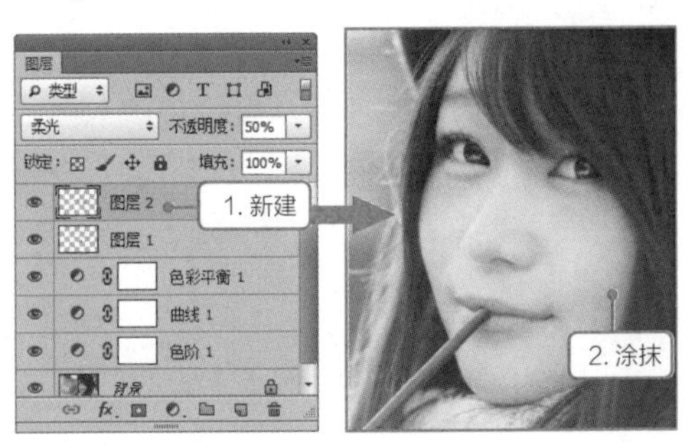

图7-25　添加腮红

7.2.2　色阶调整

使用“色阶”命令可以调整图像的高光、中间调、暗调的强度级别，不仅可以调整色调，还可以调整色彩平衡。使用“色阶”命令可以对整个图像进行操作，也可以对图像的某一范围、某一图层图像、某一颜色通道进行调整。选择【图像】/【调整】/【色阶】命令或按【Ctrl+L】组合键打开“色阶”对话框，如图7-26所示，相关选项介绍如下。

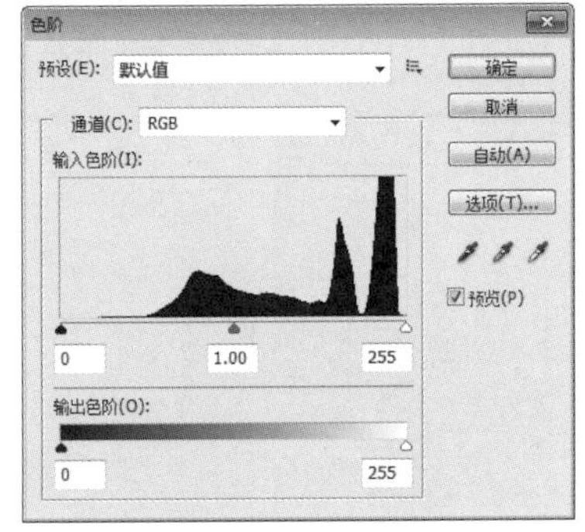

图7-26　“色阶”对话框

- 预设”下拉列表框：单击“预设”选项右侧的按钮，在打开的下拉列表中选择“存储预设”选项，可将当前的调整参数存储为一个预设文件。在使用相同的方式处理其他图像时，可以用预设的文件自动完成调整。
- “通道”下拉列表框：在其下拉列表中可以选择要调整的颜色通道。调整通道会改变图像颜色。
- “输入色阶”栏：左侧滑块用于调整图像的暗部，中间滑块用于调整中间调，右侧滑块用于调整亮部。可通过拖动滑块或在滑块下的数值框中输入数值进行调整。调整暗部时，低于该值的像素将变为黑色；调整亮部时，高于该值的像素将变为白色。
- “输出色阶”栏：用于限制图像的亮度范围，从而降低图像对比度，使其呈现褪色效果。
- “在图像中取样以设置黑场”按钮：使用该工具在图像中单击，可将单击点的像素调整为黑色，原图中比该点暗的像素也变为黑色。
- “在图像中取样以设置灰场”按钮：使用该工具在图像中单击，可根据单击点像素的亮度来调整其他中间色调的平均亮度，常用于校正偏色。
- “在图像中取样以设置白场”按钮：使用该工具在图像中单击，可将单击点的像素调整为白色，比该点亮度值高的像素都将变为白色。
- 自动(A)按钮：单击该按钮，Photoshop会以0.5%的比例自动调整色阶，使图像的亮度分布更加均匀。
- 选项(T)...按钮：单击该按钮，将打开“自动颜色校正选项”对话框，在其中可设置黑色像素和白色像素的比例。

7.2.3 曲线调整

使用“曲线”命令也可以调整图像的亮度、对比度、纠正偏色等，与“色阶”命令相比，该命令的调整更为精确，是选项最丰富、功能最强大的颜色调整工具。它允许调整图像色调曲线上的任意一点，对调整图像色彩的应用非常广泛。选择【图像】/【调整】/【曲线】命令，即可打开“曲线”对话框，如图7-27所示，拖动各个通道的曲线即可快速完成对比度与亮度的调整，调整过程中可单击曲线添加控制点，拖动控制点可控制曲线的弧度，其中主要选项的含义如下。

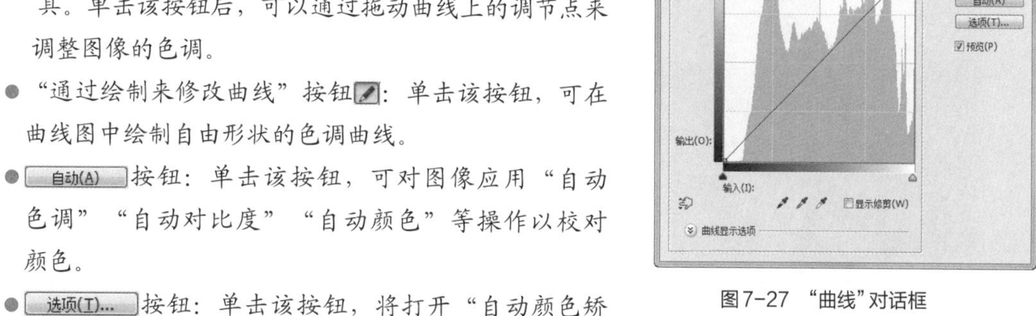

图7-27 “曲线”对话框

- “通道”下拉列表框：显示当前图像文件的色彩模式，可从中选择单色通道对单一的色彩进行调整。
- “编辑点以修改曲线”按钮：是系统默认的曲线工具。单击该按钮后，可以通过拖动曲线上的调节点来调整图像的色调。
- “通过绘制来修改曲线”按钮：单击该按钮，可在曲线图中绘制自由形状的色调曲线。
- 自动(A)按钮：单击该按钮，可对图像应用“自动色调”“自动对比度”“自动颜色”等操作以校对颜色。
- 选项(T)...按钮：单击该按钮，将打开“自动颜色矫正选项”对话框，在该对话框中可设置单色、深色、浅色等算法。
- 平滑(M)按钮：单击“通过绘制来修改曲线”按钮后，再单击该按钮，可对绘制的曲线进行平滑操作。
- “曲线显示选项”栏：单击名称前的按钮，可以展开隐藏的选项。展开项中有两个田字型按钮，用于控制曲线调节区域的网格数量。

7.2.4 色彩平衡调整

使用“色彩平衡”命令可以在图像原色的基础上根据需要来添加其他颜色，或通过增加某种颜色的补色以减少该颜色的数量，从而改变图像的原色彩，多用于调整明显偏色的图像。选择【图像】/【调整】/【色彩平衡】命令，或按【Ctrl+B】组合键打开“色彩平衡”对话框，在“色调平衡”栏中设置高光、阴影与中间调，在“色彩平衡”栏中设置无须补充与减少的颜色，单击确定按钮即可，图7-28所示为增加阴影中的红色得到的图像效果。

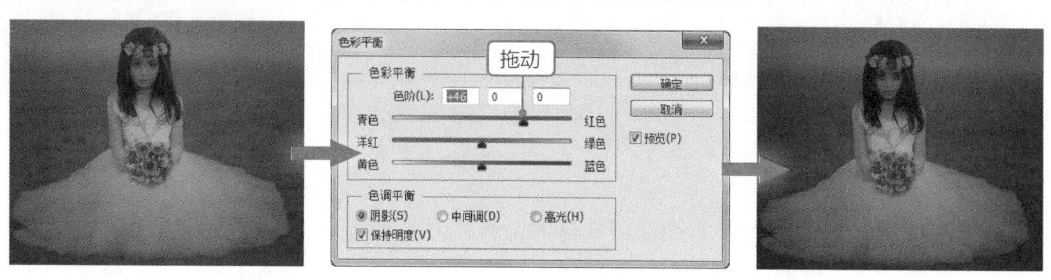

图7-28 增加阴影中的红色

7.2.5 单色的调整与替换

有时并不需要调整整个图像的色调，只需要调整其中一个颜色，或将其中一个颜色替换为其他颜色，此时使用“可选颜色”“通道混合器”“替换颜色”命令可快速达到局部调色的目的。

1. 使用“可选颜色”命令

“可选颜色”命令可以对图像中的颜色进行针对性修改，而不影响图像中的其他颜色。它主要是针对印刷油墨的含量来进行控制的，包括青色、洋红、黄色和黑色。选择【图像】/【调整】/【可选颜色】命令，打开“可选颜色”对话框，设置需要调整的颜色，拖动下方的颜色滑块，单击 确定 按钮即可，图7-29所示为减少红色值后的前后效果。

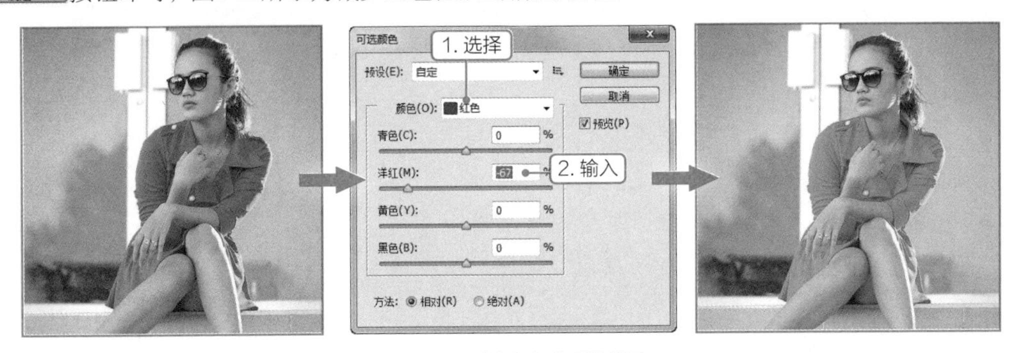

图7-29 减少红色前后的效果

2. 使用“通道混合器”命令

“通道混合器”命令可以单独对图像的某个颜色通道进行调整，使用该调色命令可以创建出各种不同色调的图像。选择【图像】/【调整】/【通道混合器】命令，打开“通道混合器”对话框，选择输出通道，调整通道颜色的参数值，单击 确定 按钮即可，图7-30所示为增加“绿”通道中的绿色效果。

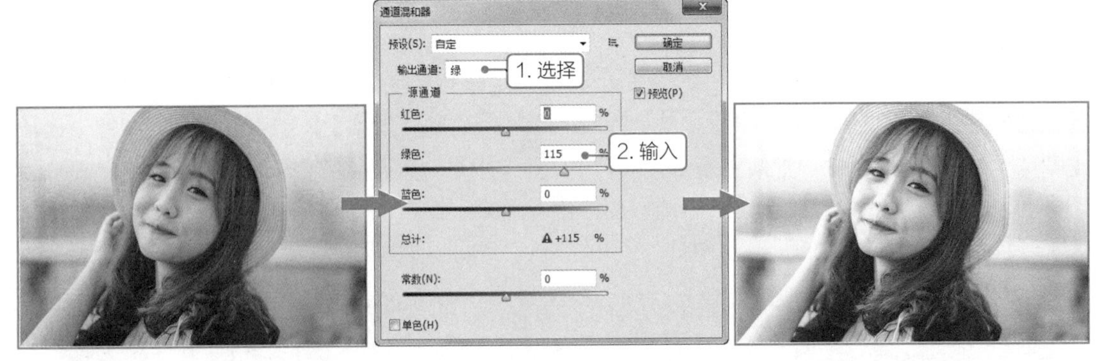

图7-30 增加“绿色”通道中的绿色

3. 使用“替换颜色”命令

使用“替换颜色”命令可以将图像中选择的颜色用其他颜色替换。并且可以对选中颜色的色相、饱和度和亮度进行调整。选择【图像】/【调整】/【替换颜色】命令，打开“替换颜色”对话框，使用吸管在图像中单击需要替换的颜色，设置颜色容差值，控制颜色的选择范围，在“替换”栏中设置目标颜色的色相、饱和度和明度，单击确定按钮即可，图7-31所示为将红色替换为绿色后的效果。

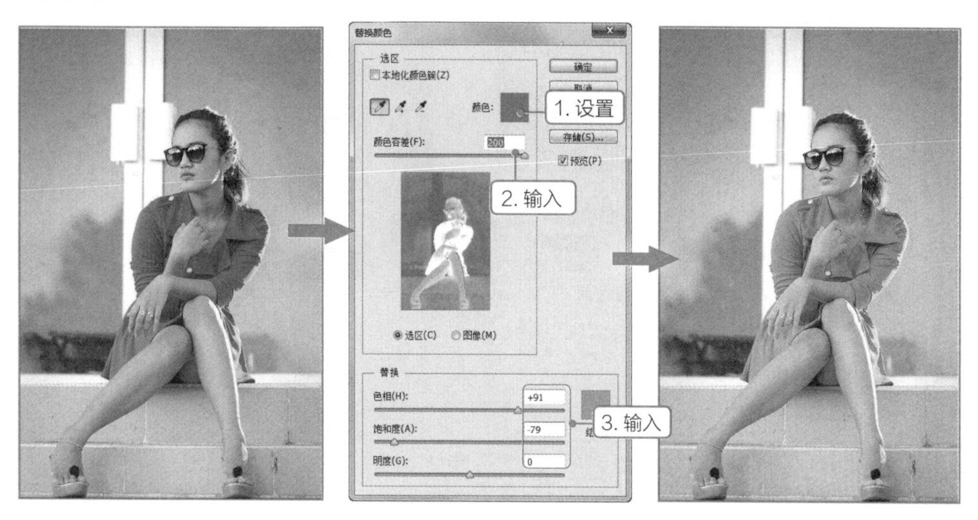

图7-31　替换红色为绿色前后的效果

7.2.6 匹配颜色

使用“匹配颜色”命令可将源图像的色调应用到目标图像中。打开目标图像，选择【图像】/【调整】/【匹配颜色】命令，打开“匹配颜色”对话框，在“源”下拉列表框中选择需要匹配色彩的图像，设置明亮度、颜色强度、渐隐，单击确定按钮即可将源图像的色调应用到目标图像中，如图7-32所示。

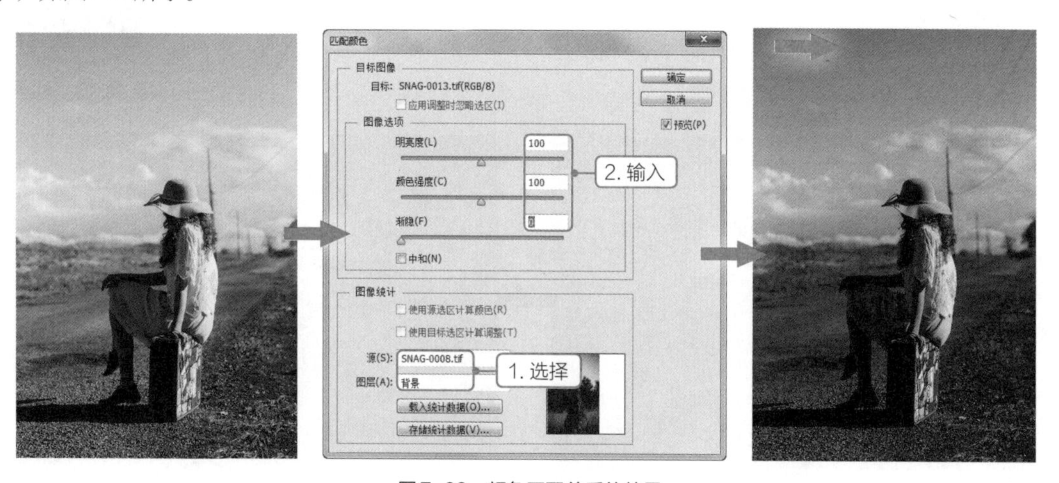

图7-32　颜色匹配前后的效果

提示　在匹配颜色前需要将进行颜色匹配的两个图像都在Photoshop中打开，否则“源”下拉列表框中将不会显示用户想要匹配颜色的源文件名称。

课堂练习——为衣服换色

知识链接
“替换颜色”吸管详解

本例将打开“女大衣.jpg”图像文件（素材\第7章\课堂练习\女大衣.jpg），通过“替换颜色”命令将“女大衣.jpg”图像中的红色大衣替换为玫红色大衣，然后调整曲线，增加图像整体的亮度与对比度，最后调整色彩平衡，为高光区域添加黄色，使图像色彩更加浓郁，效果如图7-33所示（效果\第7章\课堂练习\女大衣.jpg）。

图7-33　换色前后对比

7.3 特殊色彩与色调调整

在Photoshop中，有一些调色命令主要用于图像色彩与色调的特殊调整，如HDR色调、渐变映射、反相、阈值等，本节将详细进行介绍。

7.3.1　课堂案例——调出欧美色调

视频教学
调出欧美色调

案例目标：本例将一幅海边图像调整成浓郁的欧美暖色调效果，调整后的图像画面更加清晰、细腻，更具有立体感和空间感，调整前后的效果如图 7-34 所示。

知识要点：阴影 / 高光调整；渐变映射调整；油画滤镜。

素材位置：素材 \ 第 7 章 \ 汽车 .jpg

效果文件：效果 \ 第 7 章 \ 汽车 .psd

图7-34　调色前后的对比效果

其具体操作步骤如下。

STEP 01 打开“汽车.jpg”图像文件，选择背景图层，按【Ctrl+J】组合键新建背景图层的副本，得到图层1。选择【图像】/【调整】/【阴影/高光】命令，打开“阴影/高光”对话框，在“阴影”栏中设置数量、色调宽度、半径为“35%”“50%”“30像素”，在“高光”栏中设置“数量”“色调宽度”“半径”为“0”“50%”“30像素”；在“调整”栏中设置颜色矫正、修剪黑色、修剪白色为“+20”“1%”“1%”，单击确定按钮，图像对比度增强，变得更清晰，如图7-35所示。

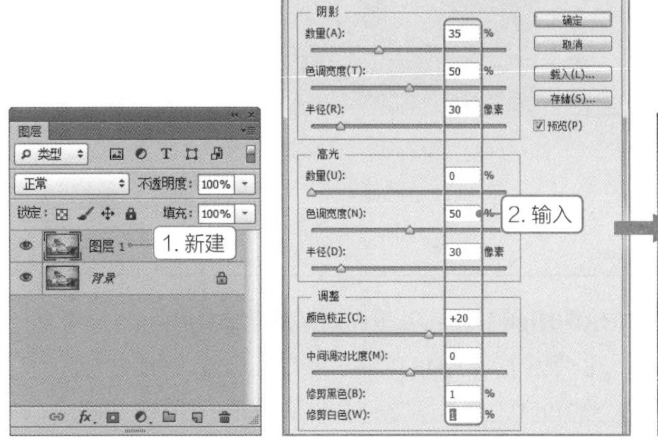

图7-35 调整阴影/高光

STEP 02 在“图层”面板中单击“创建新的填充或调整图层”按钮，在打开的下拉列表中选择“渐变映射”选项，新建渐变映射1图层，在打开的渐变映射“属性”面板中单击选中“仿色”复选框，单击渐变条，在打开的“渐变编辑器”对话框中选择“预设”栏的“蓝-红-黄”渐变样式，单击确定按钮，如图7-36所示。

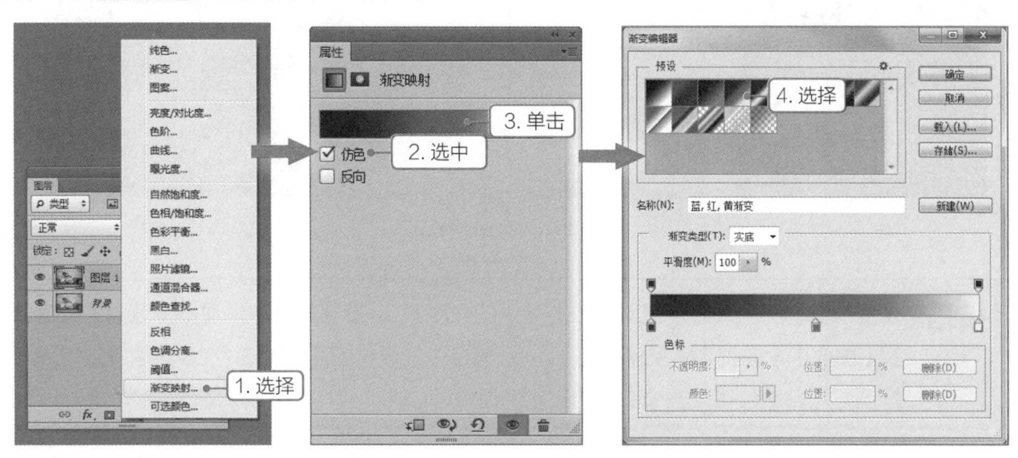

图7-36 创建“渐变映射”调整图层

STEP 03 在“图层”面板中选择渐变映射1图层，设置图层混合模式为“叠加”，设置图层不透明度为“20%”，如图7-37所示。

STEP 04 选择图层1，选择【滤镜】/【油画】命令，打开“油画”对话框，在右侧的“画笔”栏和“光照”栏中调整参数，此处将滑块全部移动至最左侧，即最低值，单击确定按钮，返回图像窗口，可发现画面更加细腻，噪点降低，效果如图7-38所示。存储文件完成本例的制作。

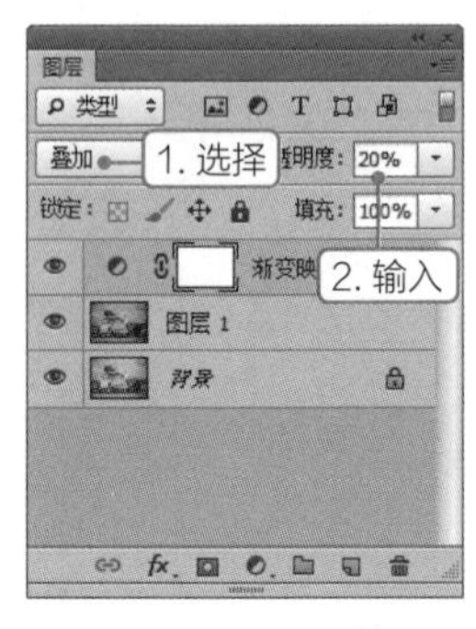

图7-37　设置图层混合模式和不透明度

图7-38　添加油画滤镜

7.3.2　HDR色调

“HDR色调”命令用于制作HDR照片，HDR即High Dynamic Range（高动态范围），该命令可以快速修补太亮或太暗的图像。选择【图像】/【调整】/【HDR色调】命令，打开“HDR色调”对话框，设置边缘光、色调和细节、阴影、高光、饱和度，单击确定按钮即可，如图7-39所示。

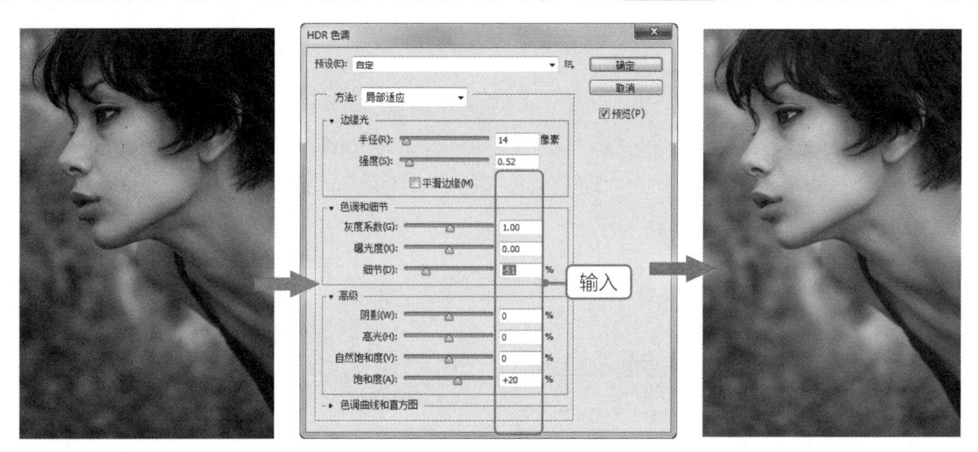

图7-39　应用HDR色调

技巧　使用“色调均化”命令能重新分布图像中的亮度值，以便更均匀地呈现所有范围的亮度值。选择【图像】/【调整】/【色调均化】命令，图像中的最亮值呈现为白色，最暗值呈现为黑色，中间值则均匀地分布在整个图像的灰度色调中。

7.3.3　使用“色调分离”命令

“色调分离”命令可以将图像中的颜色按指定的色阶数进行减少。打开图像，选择【图像】/【调整】/【色调分离】命令，在打开的“色调分离”对话框中设置“色阶”，单击确定按钮，Photoshop会根据设置的色阶数简化图像颜色，值越低，颜色简化越明显，图7-40所示为色阶为“2”的色调分离效果。

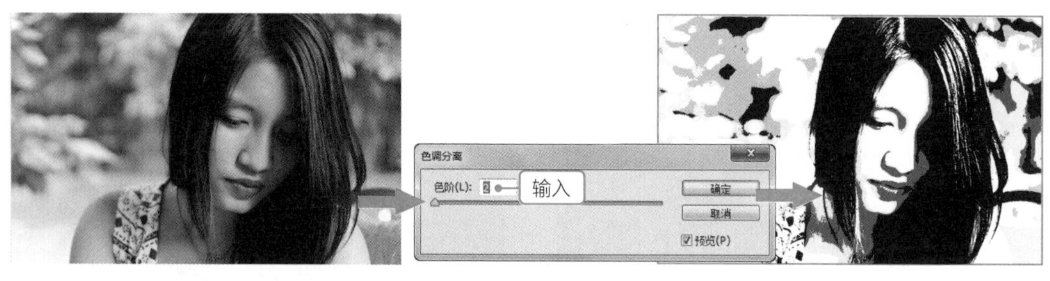

图7-40 色调分离

7.3.4 使用“渐变映射”命令

“渐变映射”命令可使图像颜色根据指定的渐变颜色进行改变。选择【图像】/【调整】/【渐变映射】命令，打开“渐变映射”对话框，设置“灰度映射所用的渐变”，单击确定按钮即可，如图7-41所示。

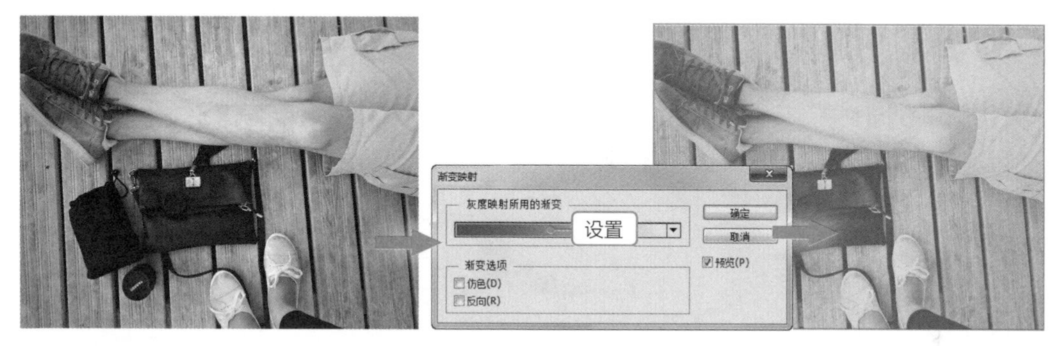

图7-41 渐变映射

疑难解答 怎样实现同时调整多张图片的色彩？

当需要随时修改调色效果，或需要调整多张图片的色彩时，可使用调整图层进行调色。调整图层将图像调整命令以图层的方式作用于图像中，双击图层可随时修改调整命令，同时调整图层的效果作用于下层的多张图像。创建颜色调整图层的方法是在“图层”面板下方单击“创建新的填充或调整图层”按钮，在打开的下拉列表中选择需要添加的颜色调整图层选项，即可打开对应的“属性”面板，在“属性”面板中即可进行图像的调整。

7.3.5 使用“反相”命令

在一些特殊场合，用户可能需要查看图像的负片效果，此时即可通过“反向”命令来实现。选择【图像】/【调整】/【反相】命令，或按【Ctrl+I】组合键，图像中每个通道的像素亮度值将转换为256级颜色值上相反的值，图7-42所示为反转前后的效果。再次执行该命令可将图像恢复原样。

图7-42 反相

7.3.6 使用“阈值”命令

“阈值”命令可以将图像转换为黑白两色，很适合制作涂鸦类的艺术图像。此外，阈值也可模拟手绘效果。选择【图像】/【调整】/【阈值】命令，打开“阈值”对话框，设置“阈值色阶”，控制图像中变为黑色图像的色阶范围，单击 确定 按钮即可，如图7-43所示。

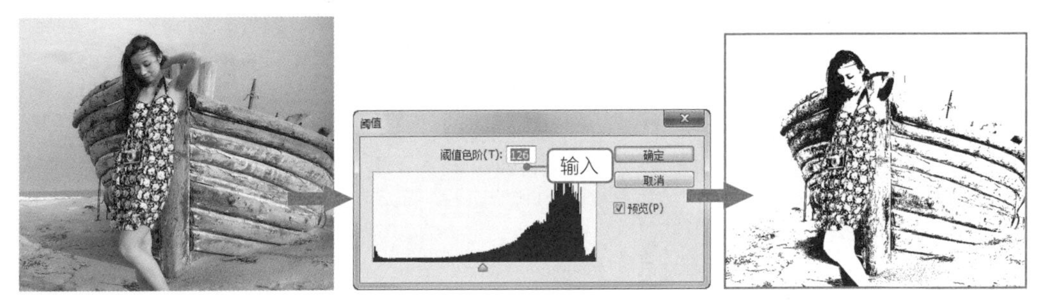

图7-43 调整阈值

课堂练习——调出小清新色调

本例将打开“野外.jpg”图像文件（素材\第7章\课堂练习\野外.jpg），首先使用“HDR色调”命令快速修补太亮或太暗的区域，然后新建“渐变映射”调整图层，设置渐变色为“#0cf2fa”“#05a7f3”，设置图层混合模式为“颜色减淡”，设置图层不透明度为“29%”，最后新建“曲线”调整图层提高图像对比度与亮度，调整前后的效果如图7-44所示（效果\第7章\课堂练习\野外.psd）。

图7-44 调色的前后效果

7.4 上机实训——调出惊艳冷色调照片

7.4.1 实训要求

冷色调是给人凉爽唯美的感觉，一般以青、蓝、紫色以及由它们构成的色调为主。本例将橙黄为主的暖色调照片调成偏蓝紫色的冷色调照片，要求调出的冷色调舒适自然，图像层次丰富饱满。

7.4.2 实训分析

冷色调照片更能体现照片的唯美感，本例将使用“通道”面板、“色彩平衡”命令、“色相/饱和度”命令、“曲线”命令将照片调出惊艳的冷色调效果，使照片中的人物显得更加冷艳、美丽，调整前后的效果如图7-45所示。

素材所在位置：素材\第7章\上机实训\暖色调.jpg

效果所在位置：效果\第7章\上机实训\冷色调.psd

图7-45　调出惊艳冷色调照片

7.4.3 操作思路

完成本实训主要包括复制通道、冷色调的初步调整、冷色调的精细调整、标签的添加4大步操作，其操作思路如图7-46所示。其中，涉及的调色功能主要包括色彩平衡、选取颜色、色相/饱和度、曲线等。

图7-46　操作思路

【步骤提示】

STEP 01 打开“暖色调.jpg”图像文件，打开“通道”面板，选择“红”通道，按【Ctrl+A】组合键选择所有图像，再按【Ctrl+C】组合键，新建图层按【Ctrl+V】组合键粘贴复制的图像，设置图层不透明度为“35%”。

STEP 02 新建一个“色彩平衡”调整图层，设置中间调的青色、洋红、黄色分别为“-40”“-35”“+27”；设置高光的青色、洋红、黄色分别为“-6”“-4”“+17”；设置阴影的青色、洋红、黄色分别为“-37”“+18”“+21”。

STEP 03 新建一个“选取颜色”调整图层，设置白色的青色、洋红、黄色、黑色分别为“-1%”“-11%”“+3%”“0”；设置洋红的青色、洋红、黄色、黑色分别为“-91%”“-15%”“-55%”“-27%”。

STEP 04 新建一个“色相/饱和度”调整图层，调整颜色的参数值。全图：饱和度“+22”；红色：色相“+42”、饱和度“+8”；蓝色：色相“+9”、饱和度“-17”、明度“+7”；洋红：色相“+28”、饱和度“+15”、明度“+7”。

STEP 05 新建一个“曲线”图层，拖动曲线调整图像的亮度，增强图像颜色对比度。

STEP 06 使用自定形状工具在图像左下角绘制形状，填充为白色，设置不透明度并输入黄色文字，完成本例的制作。

7.5 课后练习

1. 练习1——调出阳光暖色系照片

本例将打开“沙发.jpg”图像文件，通过调整可选颜色、色相、饱和度等参数制作阳光暖色系照片，调整后的效果如图7-47所示。

素材所在位置： 素材\第7章\课后练习\练习1\暖色系.jpg

效果所在位置： 效果\第7章\课后练习\练习1\暖色系.psd

2. 练习2——调出哥特式风格照片

本例将打开“哥特风格.jpg”图像文件，通过通道和应用图层命令，调整出哥特式清冷色调的图像，并突出图像中的红色和黄色系区域，借此让人物的轮廓显示更加明显，最后添加文字，调整后的效果如图7-48所示。

素材所在位置： 素材\第7章\课后练习\练习2\哥特风格.jpg

效果所在位置： 效果\第7章\课后练习\练习2\哥特风格.psd

图7-47 阳光暖色系照片效果

图7-48 哥特式风格照片效果

Chapter 8

第8章 图像修复与修饰处理

通过Photoshop绘制或使用数码相机拍摄获得的图像往往存在质量问题，如具有明显的人工处理痕迹、没有景深感、色彩不平衡、明暗关系不明显、存在曝光或杂点等，这时就需要利用Photoshop CS6提供的图像修复与修饰工具对图像进行修饰美化。本章将详细介绍污点修复画笔工具、图章工具、模糊工具、减淡工具、橡皮擦工具等常用的图像修补与修饰工具的操作方法。

课堂学习目标

- 掌握使用图章工具、修复工具等修复与修补图像的方法
- 掌握模糊、锐化、涂抹、加深与减淡图像的方法
- 掌握使用橡皮擦工具组擦除图像的方法

课堂案例展示

修复人像

精修戒指

快速换背景

8.1 修复与修补图像

使用污点修复画笔工具和图章工具中的工具可以快速修复与修补图像，其作用是将取样点的像素信息非常自然地复制到图像其他区域，并保持图像的色相、饱和度、高度、纹理等属性，是两组快捷高效的图像修复与修补工具。

8.1.1 课堂案例——修复人像

案例目标：拍摄的人像通常由于脸上的斑点、痘印、皱纹等缺陷而使照片不太美观。本例将在“花环 .jpg”图像文件中修复脸部的斑点，使人物肌肤变得细腻干净，再使用“高斯模糊”功能柔滑肌肤，修复人像前后的对比效果如图 8-1 所示。

视频教学
修复人像

知识要点：污点修复画笔工具的使用；修补工具的使用；“高斯模糊”滤镜的使用。

素材位置：素材 \ 第 8 章 \ 花环 .jpg

效果文件：效果 \ 第 8 章 \ 花环 .psd

图8-1 修复人像前后的效果

其具体操作步骤如下。

STEP 01 打开“人像.jpg”图像文件，选择污点修复画笔工具，在工具属性栏中设置污点修复画笔的大小为“5像素”，硬度为“0”，单击选中“内容识别”单选项，如图8-2所示。

STEP 02 放大显示图像脸部，使用鼠标在脸部左侧的斑点处按下鼠标左键不放，可发现笔尖呈灰色显示，释放鼠标即可完成该斑点的修复操作，使用该方法修复脸上明显的斑点，在修复过程中需要根据斑点的大小调整画笔大小，效果如图8-3所示。

提示 若要修复一片区域的斑点，可按住鼠标左键不放拖动，可发现修复画笔将显示一条灰色区域，释放鼠标即可看见拖动区域的斑点已经消失。

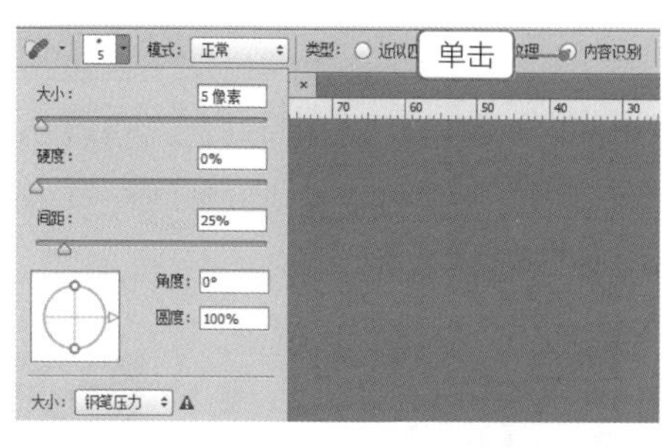

图8-2 设置污点修复画笔工具属性

图8-3 明显的斑点修复

STEP 03 选择修补工具，在其工具属性栏中单击“新选区”按钮，再单击选中“源”单选项，使用鼠标为需要修复的斑点区域建立选区，如左脸，向下拖动选区到周围干净的皮肤位置，使用干净的肌肤来修补斑点区域，使用相同的方法修补脸上其他地方的斑点，效果如图8-4所示。

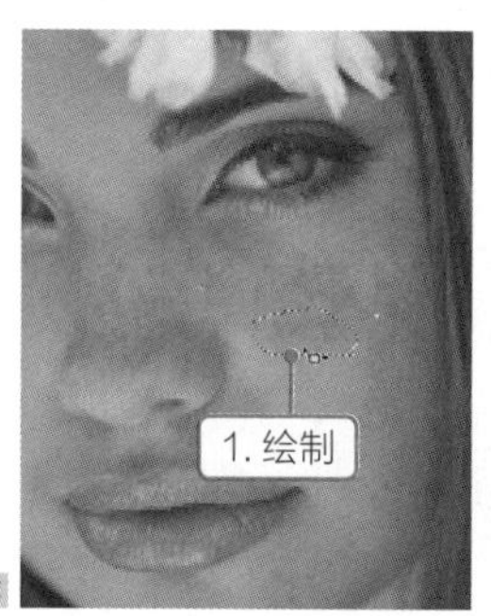

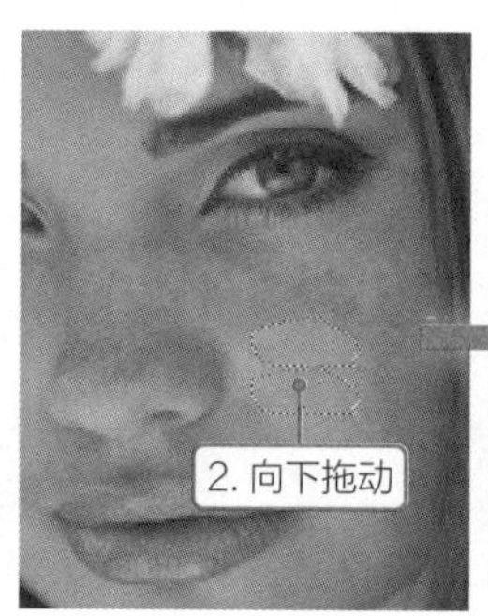

图8-4 修补斑点区域

提示 在使用修补工具修补面部时，可依次创建选区并拖动，创建的选区不宜过大，且创建的选区应符合肌肤的走向，尽量避开鼻翼、眼睛、嘴巴等部位，以保证处理后的脸部质感。

STEP 04 使用套索工具为脸部肌肤创建选区，避开鼻翼、眼睛、嘴巴等部位，按【Shift】键可加选多个肌肤选区，选择【滤镜】/【模糊】/【高斯模糊】命令，打开“高斯模糊”对话框，设置半径为“0.5像素”，单击 确定 按钮，使肌肤更加细腻，效果如图8-5所示。存储文件，完成本例的制作。

图8-5 模糊肌肤

8.1.2 污点修复画笔工具

污点修复画笔工具主要用于快速修复图像中的斑点或小块杂物等。选择污点修复画笔工具，在工具属性栏中设置画笔的大小和样式，以及其他参数，单击或涂抹需要修复的污点区域即可。图8-6所示为使用污点修复画笔工具拖动白鞋上的污渍，从而达到去除白鞋上污渍的效果。

图8-6　污点修复画笔工具

8.1.3 修复画笔工具

使用修复画笔工具可以利用图像或图案中的样本像素来绘画，不同之处在于其可以从被修饰区域的周围取样，并将样本的纹理、光照、透明度、阴影等与所修复的像素匹配，从而去除照片中的污点和划痕。选择修复画笔工具，在工具属性栏中的“源”栏中单击选中“取样”单选项，则使用当前图像中定义的像素进行修复；若单击选中“图案”单选项，则可从后面的下拉列表中选择预定义的图案对图像进行修复。图8-7所示为使用修复画笔工具“取样”额头肌肤修复额头花瓣的效果。

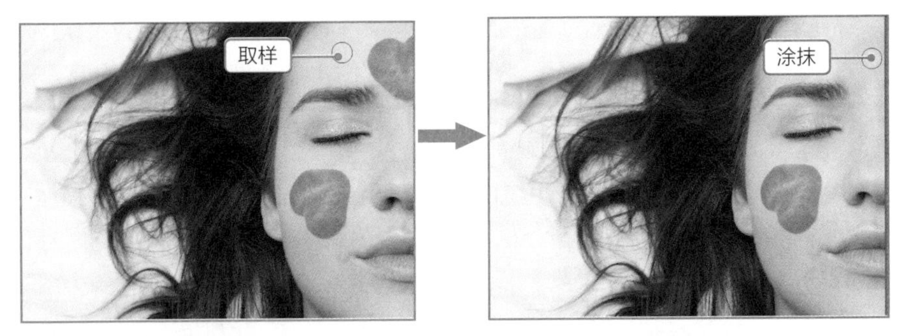

图8-7　修复画笔工具

8.1.4 修补工具

修补工具是一种使用最频繁的修复工具。其工作原理与修复工具一样，一般与套索工具一样绘制一个自由选区，然后通过将该区域内的图像拖动到目标位置，从而完成对目标区域图像的修复。图8-8所示为使用修补工具为字母“I”创建选区，并向下拖动去除字母“I”的效果。

提示　修补工具与自由套索工具绘制选区的方法一样。为了绘制精确的选区，可以使用选区工具，然后切换到修补工具进行修补。

图8-8 去除字母“I”

8.1.5 内容感知移动工具

内容感知移动工具是Photoshop CS6新增的修复工具，使用该工具将图像移至其他区域后，可以重组图像，并且自动使图像与背景融合，其操作和效果与修补工具相似。选择内容感知移动工具后，将鼠标指针移到图像目标位置，拖动鼠标创建选区，然后移动选区内的图像到新的位置，空缺的部分将自动进行填补，如图8-9所示。若在工具属性栏中的“模式”下拉列表框中选择“扩展”选项，将同时在原位置和目标位置保留选区中的图像。

图8-9 移动人物位置

8.1.6 红眼工具

利用红眼工具可以快速去掉照片中人物眼睛由于闪光灯引发的红色、白色、绿色反光斑点。选择该工具后，在工具属性栏中设置瞳孔（眼睛暗色的中心）大小和变暗量，单击需修复的位置即可，图8-10所示为去除美女左眼红眼前后的效果。

图8-10 修复红眼

8.1.7 图章工具

图章工具组由仿制图章工具和图案图章工具组成，可以使用颜色或图案填充图像或选区，实现图像的复制或替换。

知识链接
仿制图章工具参数详解

1. 仿制图章工具

利用仿制图章工具可以将图像窗口中的局部图像或全部图像复制到其他的图像中。选择仿制图章工具，在工具属性栏中设置画笔大小，按【Alt】键取样图像，然后在需要应用取样填充的位置单击即可完成图像的修复。图8-11所示为使用仿制图章工具取样树枝，覆盖照片中的木牌和玩具的修复效果。

图8-11 使用仿制图章工具修复照片背景

2. 图案图章工具

使用图案图章工具可以将Photoshop CS6自带的图案或自定义的图案填充到图像中，其方法是：为需要应用图案填充的区域创建选区，在工具箱中的仿制图章工具上单击鼠标右键，在打开的工具组中选择图案图章工具，在工具属性栏中单击“图案”列表框右侧的按钮，在打开的下拉列表框中选择所需的图案样式，设置图案叠加模式和不透明度，在选区内拖动鼠标即可将图案填充到选区中，图8-12所示为使用图案图章工具为裙子填充图案的效果。

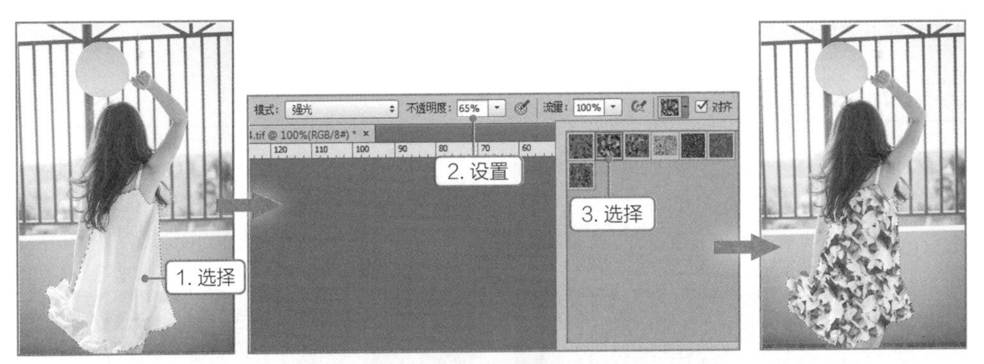

图8-12 使用图案图章工具填充图案

提示 若在图案图章工具属性栏中单击选中“对齐”复选框，可保持图案与原始起点的连续性；撤销选中“对齐”复选框，则每次单击鼠标都会重新应用图案，若单击选中“印象派效果”复选框，绘制的图案将具有印象派绘画的艺术效果。

课堂练习——去除嘴角细纹

本例将打开“嘴型.jpg”图像文件（素材\第8章\课堂练习\嘴型.jpg），为嘴角的细纹绘制选区，再使用修补工具或仿制图章工具等修复工具，取样细纹周围的像素，修复嘴角的细纹，处理前后的效果如图8-13所示（效果\第8章\课堂练习\嘴型.psd）。

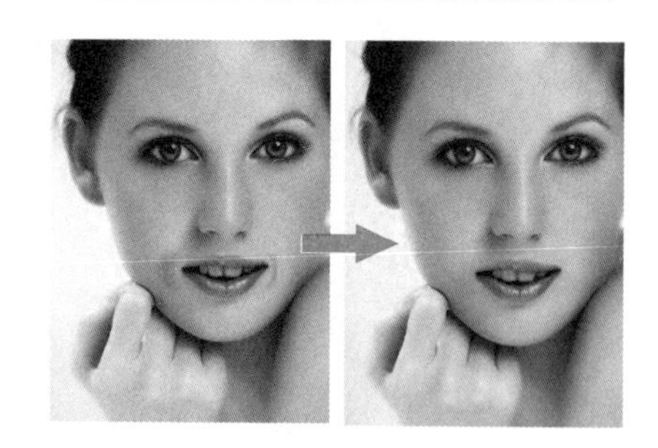

图8-13 去除嘴角细纹

8.2 修饰图像

在Photoshop中除了可以使用修复工具对图像进行修复外，还可以为图像的局部添加特殊效果，达到修饰图像的目的，如加深与减淡局部图像、锐化与模糊局部图像、涂抹局部图像等。本节将详细进行介绍。

8.2.1 课堂案例——精修戒指

案例目标：利用加深、减淡、涂抹和锐化等功能对拍摄的戒指图像进行修饰，修饰后的戒指高光阴影更加立体有序，轮廓更加清晰，更具有吸引力，完成后的参考效果如图 8-14 所示。

知识要点：钢笔工具的使用；选区与路径的转换；加深与减淡工具、锐化工具、涂抹工具的使用。

素材位置：素材 \ 第 8 章 \ 戒指 .jpg

效果文件：效果 \ 第 8 章 \ 戒指 .psd

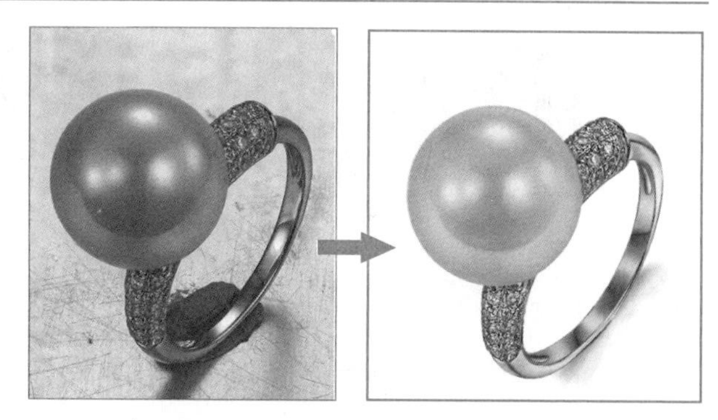

图8-14 精修戒指前后的对比效果

其具体操作步骤如下。

STEP 01 打开“戒指.jpg”图像文件，使用钢笔工具为戒指创建路径，按【Ctrl+Enter】组合键将路径转换为选区，如图8-15所示。

STEP 02 新建800像素×800像素、名为“戒指.psd”的白色空白图像文件，将戒指选区拖动到新建的图像文件中，按【Ctrl+J】组合键复制，按【Ctrl+Shift+U】组合键进行去色处理，如图8-16所示。

视频教学
精修戒指

STEP 03 使用钢笔工具为最外围圆环创建路径，按【Ctrl+Enter】组合键将路径转换为选区，如图8-17所示。

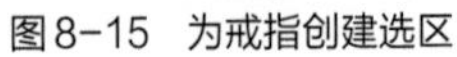
图8-15　为戒指创建选区

图8-16　为戒指去色

图8-17　为最外围圆环创建选区

STEP 04 选择加深工具，涂抹暗部；选择减淡工具，涂抹高光部分，使得外围圆环有金属质感，如图8-18所示。

STEP 05 选择涂抹工具，涂抹高光与暗部，均匀化高光与阴影的颜色，进行暗部线条的修饰，如图8-19所示。

STEP 06 使用钢笔工具为内侧圆环创建路径，按【Ctrl+Enter】组合键将路径转换为选区，将前景色设置为“#bbbdc1”，按【Alt+Delete】组合键填充为灰色，如图8-20所示。

图8-18　涂抹高光与暗部

图8-19　暗部线条修饰

图8-20　为内侧圆环填充灰色

提示 在修饰物体表面时，除了通过填充选区来均匀化颜色外，使用涂抹工具涂抹选区也是均匀化颜色，去除杂质的常用方法。

STEP 07 选择减淡工具，涂抹添加高光部分；选择加深工具，涂抹添加暗部，使得内侧圆环有金属质感，如图8-21所示。

STEP 08 按【D】键恢复前景色与背景色。选择画笔工具，在工具属性栏中设置画笔大小为“5像素”，设置画笔硬度为“0”，设置画笔不透明度为“50%”，在内侧圆环中绘制两条暗影线条，增加立体感，如图8-22所示。

STEP 09 选择【编辑】/【描边】命令，打开“描边”对话框，设置描边宽度为“1像素”，描边颜色为“#afb1b7”，混合模式为“变暗”，单击确定按钮，如图8-23所示。

图8-21　涂抹高光与暗部

图8-22　绘制暗影线条

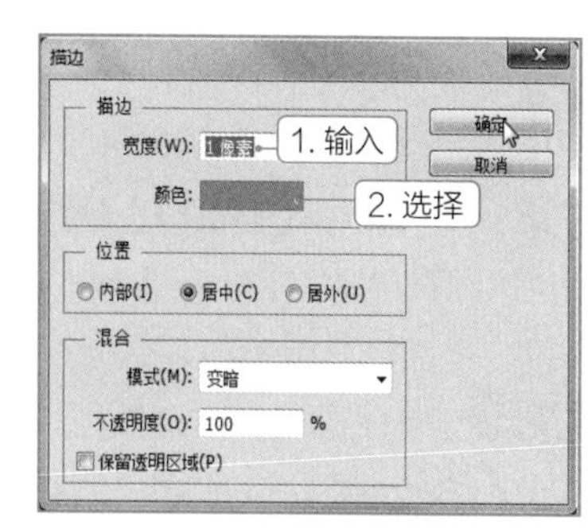

图8-23　设置描边

STEP 10 使用钢笔工具 为内侧圆环创建装饰路径，按【Ctrl+Enter】组合键将路径转换为选区。按【D】键恢复前景色与背景色，按【Alt+Delete】组合键填充为黑色，如图8-24所示。

STEP 11 选择减淡工具 ，涂抹减淡装饰图形，设置选区描边色为“#6f737c”，粗细为“1像素”，使得内侧装饰图形有金属质感，如图8-25所示。

STEP 12 使用相同方法绘制并减淡内侧下部的装饰图形，效果如图8-26所示。

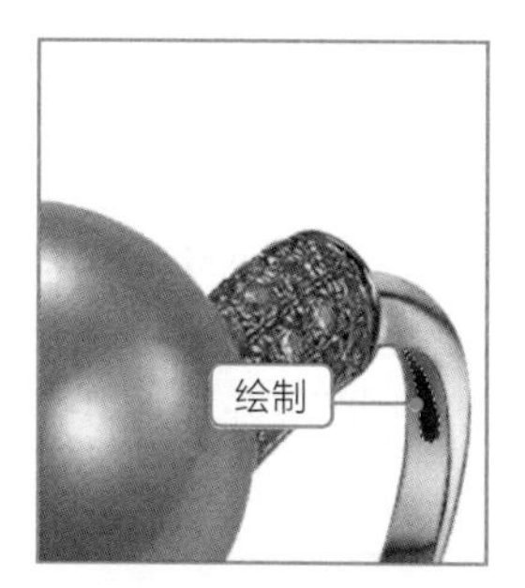

图8-24　绘制与填充装饰图形

图8-25　减淡图像

图8-26　制作其他装饰图形

STEP 13 为珍珠两边的纹理创建选区，选择减淡工具 ，在工具属性栏中设置画笔大小，涂抹提亮纹理，如图8-27所示。

STEP 14 选择锐化工具 ，在工具属性栏中设置画笔大小，涂抹纹理，提高纹理的清晰度，效果如图8-28所示。

STEP 15 为珍珠创建选区，选择减淡工具 ，在工具属性栏中设置画笔大小，使其画笔半径包围珍珠，多次单击提高珍珠整体亮度，效果如图8-29所示。

图8-27　提高纹理亮度

图8-28　锐化纹理

图8-29　提高珍珠亮度

STEP 16 为珍珠上的暗部圆创建圆形选区，选择加深工具，按【[】键缩小画笔半径至珍珠上的暗部圆，涂抹需要加深的暗部，效果如图8-30所示。

STEP 17 按【Ctrl+D】组合键取消选区，选择【图像】/【调整】/【照片滤镜】命令，打开“照片滤镜”对话框，设置滤镜为“蓝”，设置浓度为“10%”，单击 确定 按钮，如图8-31所示。

STEP 18 在戒指下方新建图层，按【D】键恢复前景色与背景色。选择画笔工具，在工具属性栏中设置画笔大小，设置画笔硬度为“0”，设置画笔不透明度为“50%”，在戒指右下角绘制投影增加立体感，效果如图8-32所示。存储文件，完成戒指的修饰。

图8-30　加深珍珠暗部

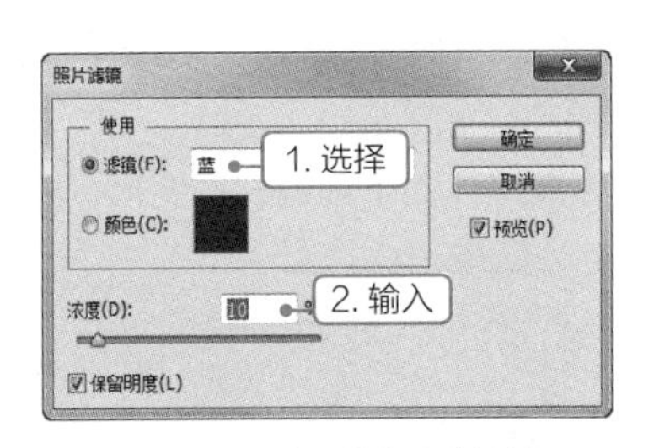

图8-31　应用蓝色照片滤镜

图8-32　绘制投影

提示　在涂抹暗部时，需要注意暗部圆的边缘尽量避免过度加深，否则将衔接不自然，并且加深区域应避免相互重叠，从而导致加深各区域颜色不均匀。

8.2.2　模糊工具

使用模糊工具可以降低图像中相邻像素之间的对比度，从而使图像产生模糊的效果。选择工具箱中的模糊工具，在工具属性栏中输入“强度”值，设置运用模糊工具时着色的力度，值越大，模糊的效果越明显，取值范围为1%～100%，然后在图像需要模糊的区域单击并拖动鼠标，即可进行模糊处理。图8-33所示为模糊背景前后的效果。

8.2.3　锐化工具

锐化工具可以增强图像与相邻像素之间的对比度，其效果与“模糊工具”相反。选择锐化工具，在锐化工具属性栏中设置锐化强度，强度值越大，锐化的效果越明显，取值范围为1%～100%，然后在图像需要锐化的区域单击并拖动鼠标，即可进行锐化处理。图8-34所示为锐化花朵前后的效果。

提示　在锐化图像时，若单击选中“保护细节”复选框，在进行锐化操作时，可对图像的细节进行保护。

图8-33 模糊背景

图8-34 锐化花朵图像

8.2.4 涂抹工具

涂抹工具可以模拟手指划过湿画布的效果，常用于制作融化、流淌、火焰等图像。选择涂抹工具，在工具属性栏中输入“强度”值，设置运用涂抹工具时的涂抹力度，值越大，涂抹的效果越明显，然后调整画笔大小，在图像需要涂抹的区域按住鼠标拖动，即可进行涂抹处理。图8-35所示为复制草莓图像，并涂抹底层草莓得到的融化效果。

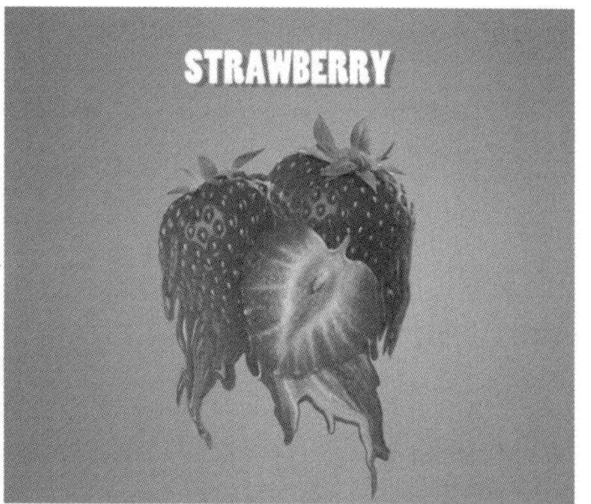

图8-35 融化的草莓

8.2.5 减淡工具

减淡工具用于为图像的局部颜色降低颜色对比度、中性调、暗调等。选择减淡工具，在工具属性栏中设置减淡的范围和曝光度，曝光度越大，减淡效果越明显；然后使用该工具在某一区域涂抹，涂抹次数越多，图像颜色也就越淡。图8-36所示为减淡向日葵前后的效果。

8.2.6 加深工具

加深工具可以对图像的局部颜色进行加深。选择加深工具，在工具属性栏中设置加深的范围和曝光度，曝光度越大，加深效果越明显，然后使用该工具在某一区域涂抹，涂抹的次数越多，图像颜色也就越深。图8-37所示为加深向日葵前后的效果。

图8-36 减淡向日葵

图8-37 加深向日葵

8.2.7 海绵工具

海绵工具用于增强或减少指定图像区域的饱和度，能快速为图像去色或增加饱和度。选择海绵工具，在工具属性栏中设置模式为“降低饱和度”或“饱和”，设置流量，流量越大，去色或增加饱和度的效果越明显；然后使用该工具在某一区域涂抹，涂抹的次数越多，去色或增加饱和度的效果越明显，图8-38所示为使用海绵工具降低向日葵饱和度的效果。

图8-38 降低向日葵饱和度前后的效果

课堂练习——制作燃烧的魔法书

本例将打开“魔法书.jpg”图像文件（素材\第8章\课堂练习\魔法书\），为书建立选区，使用涂抹工具对书进行涂抹，制作书本正在燃烧的效果。并添加“烟.jpg”图像文件，设置图层混合模式，更改烟雾颜色，制作火焰效果，制作前后的效果如图8-39所示（效果\第8章\课堂练习\魔法书.psd）。

图8-39 燃烧的魔法书效果

8.3 擦除图像

Photoshop CS6提供的图像擦除工具有橡皮擦工具、背景橡皮擦工具、魔术橡皮擦工具，分别用于实现不同的擦除功能，本节将详细进行介绍。

8.3.1 课堂案例——快速换背景

案例目标：结合使用橡皮擦工具组中的工具对图像的背景进行擦除，然后添加其他背景，要求擦除后的图像边缘过渡自然，换背景前后的对比效果如图 8-40 所示。

知识要点：橡皮擦工具的使用；背景橡皮擦工具的使用；魔术橡皮擦工具的使用。

素材位置：素材 \ 第 8 章 \ 美女 .jpg、背景 .jpg

效果文件：效果 \ 第 8 章 \ 美女 .psd

图8-40　换背景前后的对比效果

其具体操作步骤如下。

STEP 01 打开“美女.jpg”图像文件，按【Ctrl+J】组合键复制图层，隐藏原始图层，选择魔术橡皮擦工具，在工具属性栏中设置容差为“15”，设置擦除图像的不透明度为“100%”，分别单击背景左上角、左下角和右上角等背景区域，擦除背景，使用套索工具框选右侧魔术橡皮擦未处理的背景区域，按【Delete】键将其删除，效果如图8-41所示。

图8-41　使用魔术橡皮擦工具擦除背景

STEP 02 选择背景橡皮擦工具，在工具属性栏中单击“取样:背景色板”按钮，将前景色设置为头发的颜色“#5d3a36”，将背景色设置为图片背景的颜色“#f1cee2”，设置限制为“连续”，容差为“50%”，单击选中“保护前景色”复选框，如图8-42所示。

STEP 03 调整画笔大小，放大图像，在人物头发等边缘涂抹，去除边缘的背景色，如图8-43所示。

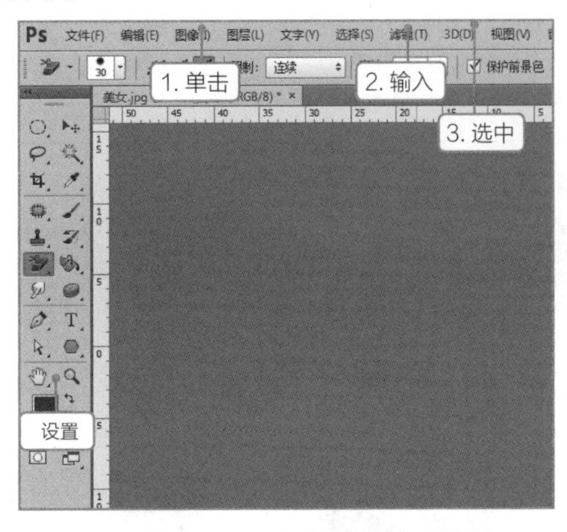

图8-42 设置背景橡皮擦工具属性

图8-43 去除头发边缘的背景色

STEP 04 选择橡皮擦工具，在工具属性栏中设置画笔硬度为“50%”，不透明度为“100%”，流量为“50%”，调整画笔大小，擦除人物边缘未处理干净的背景色，同时柔化人物边缘，使人物边缘的线条更加自然流畅，效果如图8-44所示。

STEP 05 打开“背景.jpg”图像文件，框选左侧背景，拖动框选的背景到“美女”图像中，置于美女图像下层，调整背景大小与位置，效果如图8-45所示。存储文件完成本例的制作。

图8-44 使用橡皮擦工具擦除边缘

图8-45 添加新背景

8.3.2 橡皮擦工具

橡皮擦工具主要用来擦除当前图像中的颜色。选择橡皮擦工具后，在工具属性栏中设置擦除图像的不透明度和流量，流量越大，擦除速度越快；然后在图像中拖动鼠标，即可根据画笔形状对图像进行擦除，擦除后图像将不可恢复。在背景图层中擦除图像后，将以背景色填充擦除的区域，若擦除普通图层，则擦除的区域为透明色，如图8-46所示。

图8-46　使用橡皮擦工具擦除图像

知识链接
橡皮擦工具参数详解

提示　若在工具属性栏中单击选中“抹到历史记录”复选框，在“历史记录”面板中选择一个状态或快照，在擦除时可将图像恢复为指定状态。此外，在图像中按住鼠标左键，然后在按住【Alt】键的同时拖动鼠标，可实现单击选中“抹到历史记录”复选框时同样的效果。

8.3.3 背景橡皮擦工具

与橡皮擦工具相比，背景橡皮擦工具有别于橡皮擦工具，在擦除时会不断吸取涂抹经过地方的颜色作为背景色，达到擦除背景色的目的。选择背景橡皮擦工具，在工具属性栏中设置颜色取样的方式、限制与容差等参数，使用背景橡皮擦单击或拖动需要处理的图像区域，即可擦除图像。图8-47所示为设置取样方式为“一次”，取样纸张颜色并擦除纸张前后的效果。

图8-47　擦除纸张

知识链接
背景橡皮擦工具参数详解

8.3.4 魔术橡皮擦工具

魔术橡皮擦工具是一种根据像素颜色擦除图像的工具。选择魔术橡皮擦工具，设置颜色容差等参数，用魔术橡皮擦工具在图层中需要擦除的颜色上单击，所有相似的颜色区域将被擦除且变成透明的区域。图8-48所示为使用魔术橡皮擦工具多次单击蓝色木板的擦除效果。

知识链接
魔术橡皮擦工具参数详解

图8-48　擦除蓝色木板前后的效果

课堂练习——抠取蝴蝶

本例将打开“蝴蝶.jpg”图像文件（素材\第8章\课堂练习\蝴蝶.jpg），结合使用橡皮擦工具、背景橡皮擦工具、魔术橡皮擦工具抠取蝴蝶，并为蝴蝶添加“蝴蝶背景.jpg”图像文件（素材\第8章\课堂练习\蝴蝶背景.jpg）作为背景，制作前后的效果如图8-49所示（效果\第8章\课堂练习\蝴蝶.psd）。

图8-49　抠取蝴蝶素材与效果

8.4 上机实训——人物面部精修

8.4.1 实训要求

本实训要求对人物的面部进行修饰，要求处理后的皮肤白皙细腻、干净清爽，在处理时尽量不要丢失一些应用的细节，使面部失去立体感。

8.4.2 实训分析

在人像拍摄过程中，往往发现很多人物肌肤黯淡无光、多痘多斑，通过Photoshop CS6提供的图像修复与修饰工具可以化腐朽为神奇，将肌肤处理得清纯亮丽，达到“零瑕疵”的目的。在修整肌肤时，设计师处理的内容包括：统一面部和身体以及肢体肤色、减少颈部及其他因为拍摄原因导致的暗部噪点、去除皮肤因为化妆或者其他原因导致出现的杂黄、祛斑、祛痘、点痣、淡化眼纹、淡化法令纹、淡化或去除颈纹等；去除皮肤表面因为光影或其他原因导致的不平整现象；加强光影过度。

肌肤的处理会根据图像作出调整，观察本例处理的“人物.jpg”图像文件，发现人物脸部有痘印、斑点、坑点、皱纹等，因此首先需要利用污点修复工具、修复画笔工具进行处理；继续观察发现肌肤表面粗糙，因此使用模糊工具模糊面部增加皮肤细腻度；最后观察发现肤色暗淡无光，因此使用加深与减淡工具提高面部亮度与立体感，人物面部精修前后的效果对比如图8-50所示。

素材所在位置： 素材\第8章\上机实训\人物.jpg

效果所在位置： 效果\第8章\人物.jpg

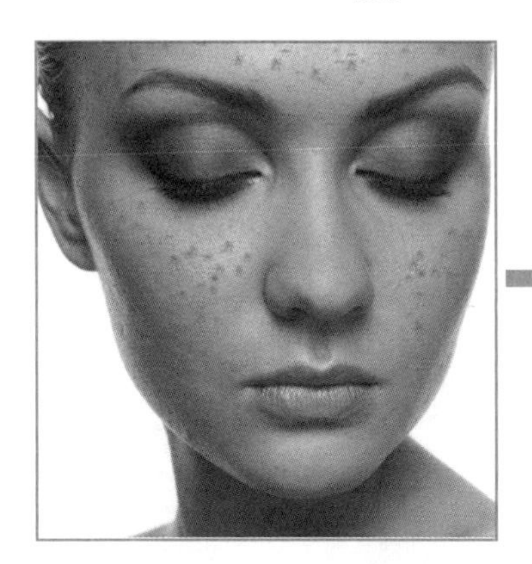

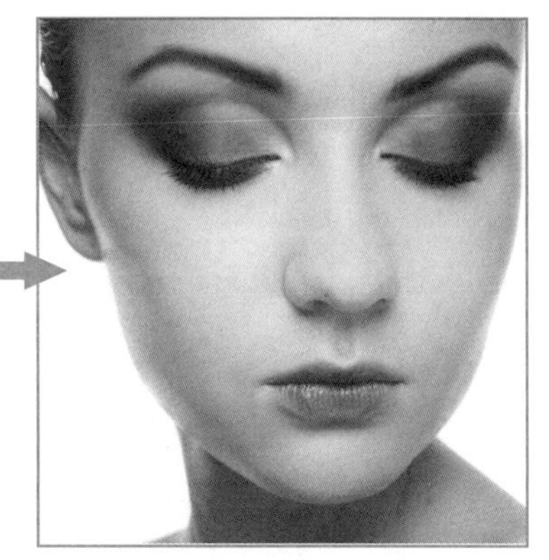

图8-50 人物面部精修前后效果对比

8.4.3 操作思路

完成本实训主要包括去除斑点和瑕疵、模糊面部、处理眼皮与眼角皱纹、减淡与加深图像4大步操作，其操作思路如图8-51所示。涉及的知识点主要包括污点修复画笔工具、模糊工具、修复画笔工具、减淡工具、加深工具的使用等。

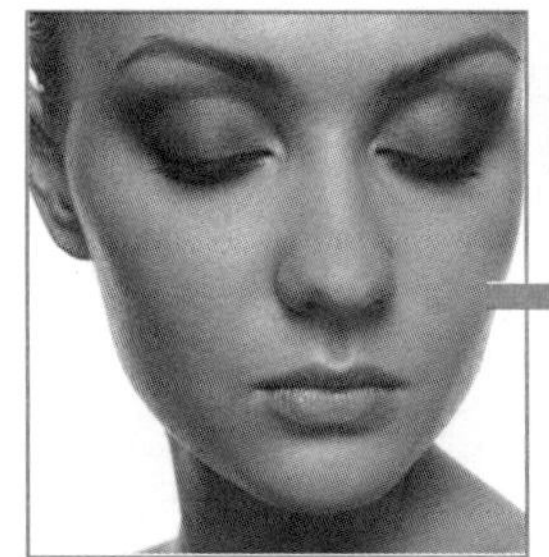

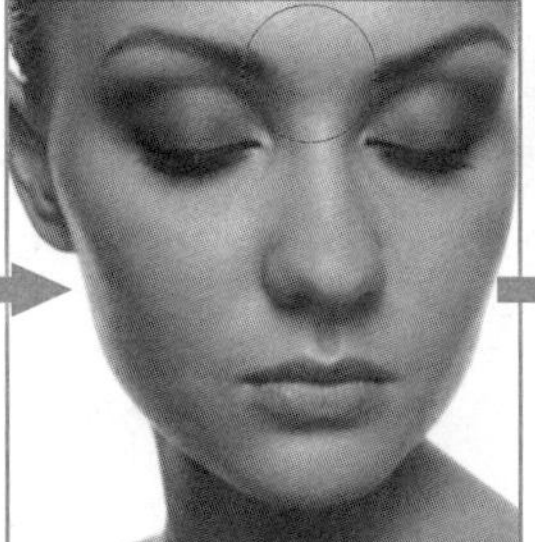

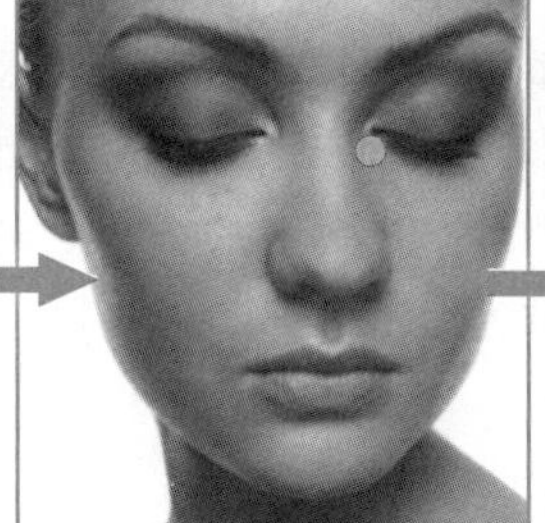

图8-51 操作思路

【步骤提示】

视频教学
人物面部精修

STEP 01 打开“人物.jpg”图像文件，在工具箱中选择污点修复画笔工具，修复图像中较小的斑点和痘痘。

STEP 02 在工具箱中选择模糊工具，然后在图像中拖动鼠标模糊皮肤。

STEP 03 在工具箱中选择修复画笔工具，在人物眼影光滑处取样，处理眼皮皱纹；在脸颊处取样，处理人物眼角皱纹。

STEP 04 在工具箱中选择减淡工具，统一减淡脸部色调；在工具箱中选择加深工具，加深人物眼影、眉毛、嘴唇部分的色调。存储图像完成制作。

8.5 课后练习

1. 练习 1——*制作唯美人像效果*

本例将打开“唯美人像.jpg”图像文件，使用调色命令对图像进行调色，再使用模糊工具对人物图像中的背景进行虚化，然后使用锐化工具加强人物五官的立体度，最后使用画笔工具绘制雪点效果，制作前后的对比效果如图8-52所示。

素材所在位置： 素材\第8章\课后练习\练习1\唯美人像 .jpg

效果所在位置： 效果\第8章\课后练习\练习1\唯美人像.psd

图8-52 唯美人像效果前后对比

2. 练习 2——*为汽车添加纹理*

本例将打开“汽车.jpg”图像文件，使用快速选择工具为汽车图像的黄色喷漆部分建立选区，再使用图案图章工具对选区进行涂抹，为汽车添加纹理，添加纹理前后的对比效果如图8-53所示。

素材所在位置： 素材\第8章\课后练习\练习2\汽车.jpg

效果所在位置： 效果\第8章\课后练习\练习2\汽车.psd

图8-53 添加纹理前后对比效果

Chapter 9

第9章 使用蒙版与通道处理图像

蒙版和通道是Photoshop中非常重要的功能。使用蒙版可以隐藏部分图像，方便图像的合成，并且不会对图像造成损坏，使用通道可以对图像的色彩进行更改，或者利用通道抠取一些复杂图像。本章将对通道与蒙版的相关知识进行讲解。

课堂学习目标

- 掌握创建矢量蒙版、剪贴蒙版和图层蒙版的方法
- 掌握创建快速蒙版的方法
- 掌握创建通道、复制通道、删除通道、分离通道和合并通道的方法

课堂案例展示

合成创意自行车　为照片添加相框　合成红枣图片　制作婚纱海报

9.1 使用图层蒙版

图层蒙版其实是一个拥有256级色阶的灰度图像，图层蒙版的作用很强大，常被应用于控制调色或滤镜范围，以及合成图像。图层蒙版覆于图层上方，起到不同程度的遮盖作用，其中白色区域为未遮盖区域，灰色区域为半遮盖区域，黑色区域为完全遮盖区域。本节将对图层蒙版的创建以及常见操作进行介绍。

9.1.1 课堂案例——合成创意自行车

视频教学
合成创意自行车

案例目标： 利用图层蒙版可以将任意多个元素通过创意的方式合成到一幅图像中，本例将利用图层蒙版将自行车的轮胎换为橘子轮胎，增加自行车的创意表现，合成前后的对比效果如图 9-1 所示。

知识要点： 图层蒙版的使用；画笔工具的使用；图层的复制、隐藏与显示。

素材位置： 素材 \ 第 9 章 \ 自行车 .jpg、橘子 .jpg

效果文件： 效果 \ 第 9 章 \ 自行车 .psd

图9-1　合成创意自行车

其具体操作步骤如下。

STEP 01 打开“自行车.jpg”图像文件和“橘子.jpg”图像文件，为橘肉创建选区，如图9-2所示。

STEP 02 拖动选区到“自行车”图像中，按【Ctrl+T】组合键调整大小和位置，移动到左胎上，按【Enter】键完成变换。按【Alt】键移动并复制橘肉到右胎上，调整大小和位置，效果如图9-3所示。

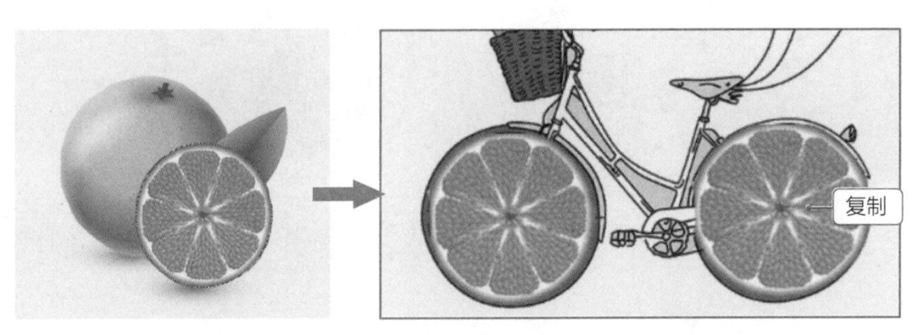

图9-2　为橘肉创建选区　　图9-3　添加橘子到轮胎上

STEP 03 选择背景图层，按【Ctrl+J】组合键复制背景，移动图层到顶层，分别选择橘肉图层，在“图层”面板中单击“添加图层蒙版”按钮，设置前景色为“黑色”，选择画笔工具，在“图层”面板中单击选择左胎添加的图层蒙版缩略图，在工具属性栏中设置画笔硬度为“0”，流量为“50%”，使用画笔涂抹需要显示的自行车部件，隐藏部件处的橘肉，隐藏顶层的背景副本图层，效果如图9-4所示。

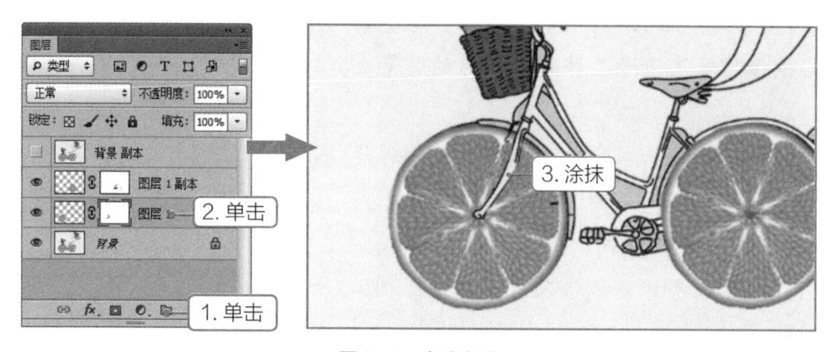

图9-4 合成左胎

提示 复制背景图层置于顶层是为了更好观察需要显示的自行车部件。对于需要隐藏的区域，也可通过绘制选区，并填充选区为黑色的方法进行隐藏，填充选区为白色表示需要显示的区域。

STEP 04 显示背景副本图层，在“图层”面板中单击选择右胎添加的图层蒙版缩略图，使用画笔涂抹需要显示的自行车部件，隐藏部件处的橘肉，隐藏顶层的背景副本图层，效果如图9-5所示。存储文件，完成本例的制作。

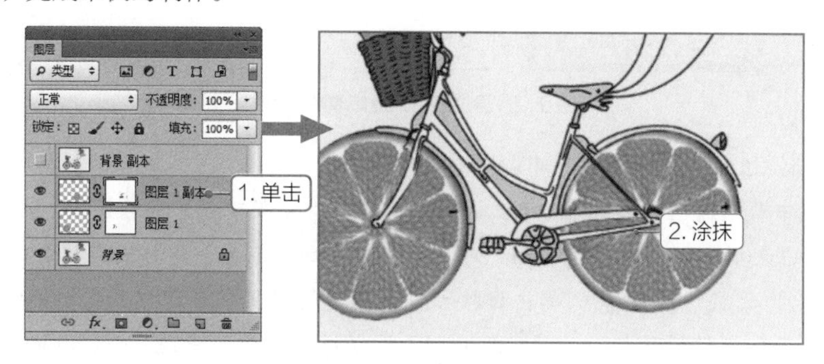

图9-5 合成右胎

9.1.2 认识“蒙版”面板

通过“蒙版”面板可完成蒙版的应用、启用、停用、删除等操作。选择【窗口】/【属性】命令，即可打开“蒙版”面板。为图层添加蒙版后，在其中可设置与该蒙版相关的属性，如图9-6所示。

“蒙版”面板中相关参数的含义介绍如下。

- 当前选择的蒙版：显示了在“图层”面板中选择的蒙版类型。
- “选择图层蒙版”按钮：当处于矢量蒙版选择状态时，单击该按钮可切换选择图层蒙版。

● “添加矢量蒙版”按钮：单击该按钮可添加矢量蒙版。

● “浓度”数值框：拖动滑块可控制蒙版的不透明度，即蒙版的遮盖强度。

● “羽化”数值框：拖动滑块可柔化蒙版边缘。

● 蒙版边缘... 按钮：单击该按钮可打开“调整蒙版”对话框修改蒙版边缘，并针对不同的背景查看蒙版。

● 颜色范围... 按钮：单击该按钮，可打开“色彩范围”对话框，此时可在图像中取样颜色，按【Shift】键可添加取样样式，按【Alt】键可减少取样颜色，调整颜色容差来修改蒙版范围。图9-7所示为取样红色，设置颜色容差为“56”的蒙版效果。

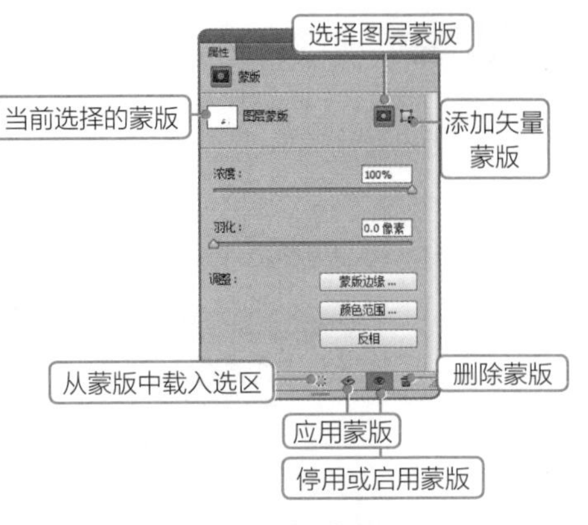

图9-6 “蒙版”面板

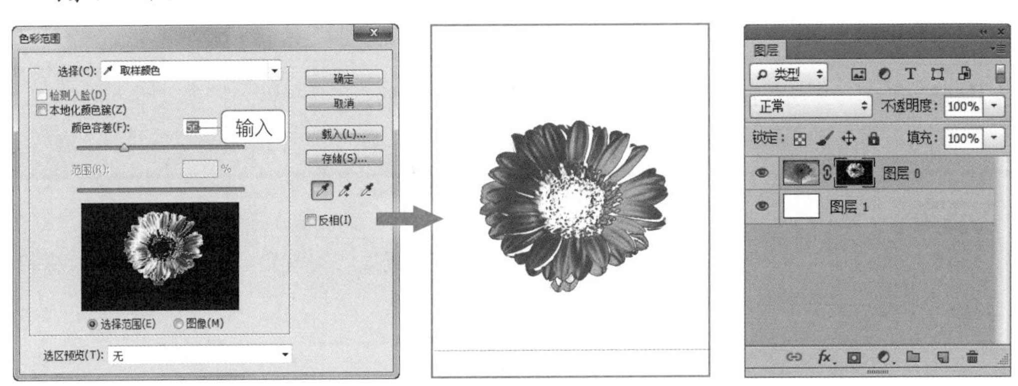

图9-7 通过颜色范围修改蒙版范围

● 反相 按钮：单击该按钮，可翻转蒙版的遮盖区域。

● “从蒙版中载入选区”按钮：单击该按钮，可载入蒙版中包含的选区。

● “应用蒙版”按钮：单击该按钮，可将蒙版应用到图像中，同时删除被蒙版遮盖的图像。

● “停用/启用蒙版”按钮：单击该按钮或按住【Shift】键不放单击蒙版缩略图，可停用或重新启用蒙版。停用蒙版时，蒙版缩略图或图层缩略图后会出现一个红色的“×”标记，如图9-8所示。

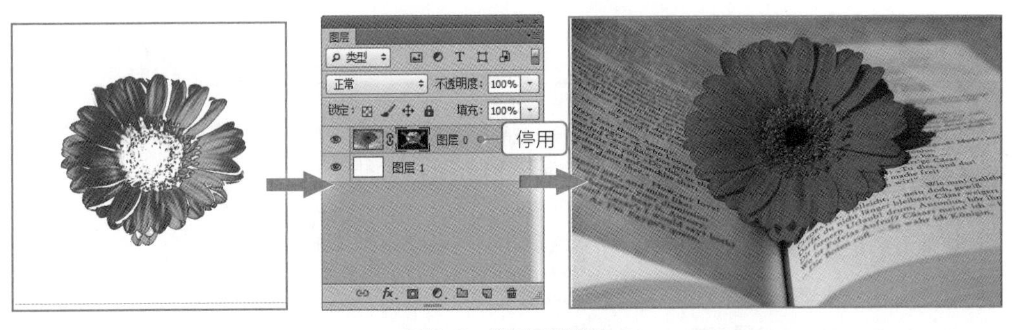

图9-8 停用图层蒙版

- “删除蒙版”按钮🗑：单击该按钮，可删除当前蒙版。将蒙版缩览图拖动到“图层”面板底部的🗑按钮上，也可将其删除。

疑难解答 怎样看懂图层蒙版缩略图?

在图层蒙版缩略图中，黑色区域为完全隐藏区域，白色区域为完全显示区域，灰色区域为半透明区域，灰色越接近黑色，透明度越高。

课堂练习 ——合成创意西红柿

本例将打开“西红柿.jpg”和“鸡蛋.jpg”图像文件（素材\第9章\课堂练习\西红柿.jpg、鸡蛋.jpg），利用图层蒙版将鸡蛋壳替换为西红柿壳，合成创意西红柿，合成前后的对比效如图9-9所示（效果\第9章\课堂练习\西红柿.psd）。

图9-9 创意西红柿

9.2 使用剪贴蒙版

剪贴蒙版由基底图层和内容图层组成，其中内容图层位于基底图层上方，基底图层用于限制图层的最终形式，而内容图层则用于限制最终图像显示的图案。

9.2.1 课堂案例——为婚纱照添加相框

案例目标：利用剪贴蒙版将婚纱照片裁剪到墙壁中的相框中，要求裁剪后相框与照片能够完美的融合在一起，裁剪前后的对比效果如图 9-10 所示。

知识要点：图形的绘制；剪贴蒙版的创建；内阴影的添加；照片滤镜的添加。

素材位置：素材 \ 第 9 章 \ 相框 .jpg、婚纱照 .jpg

效果文件：效果 \ 第 9 章 \ 相框 .psd

图9-10 为婚纱照添加相框

其具体操作步骤如下。

STEP 01 打开“相框.jpg”图像文件，选择作为基底的图层，选择钢笔工具，在工具属性栏中设置绘图模式为“形状”，设置填充色为“#f9f000”，然后沿着相框内侧绘制黄色图形，如图9-11所示。

STEP 02 打开“婚纱照.jpg”图像文件，按【Ctrl+A】组合键创建图像选区，拖动选区内容到“相框”图像的相框上，按【Ctrl+T】组合键调整大小和位置，按【Enter】键完成变换，如图9-12所示。

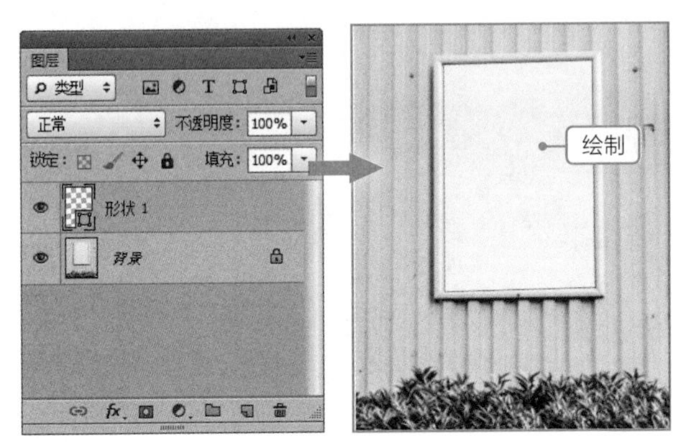

图9-11 绘制相框图形

图9-12 添加照片

STEP 03 选择作为内容图层的图层，这里选择图层1，选择【图层】/【创建剪贴蒙版】命令或在图层1上单击鼠标右键，在弹出的快捷菜单中红选择“创建剪贴蒙版”命令，将该图层与下面的图层创建为一个剪贴蒙版组，效果如图9-13所示。

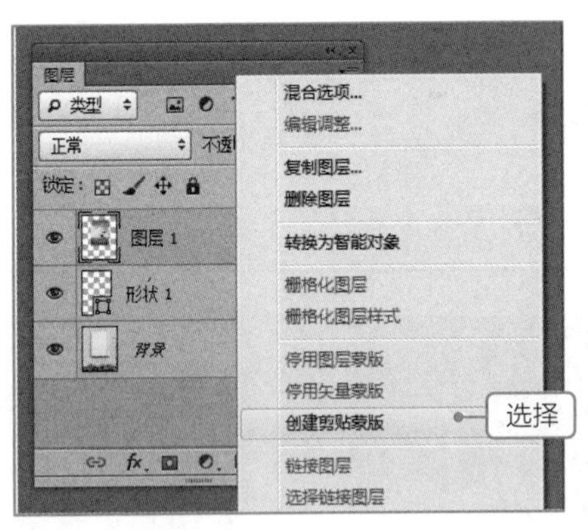

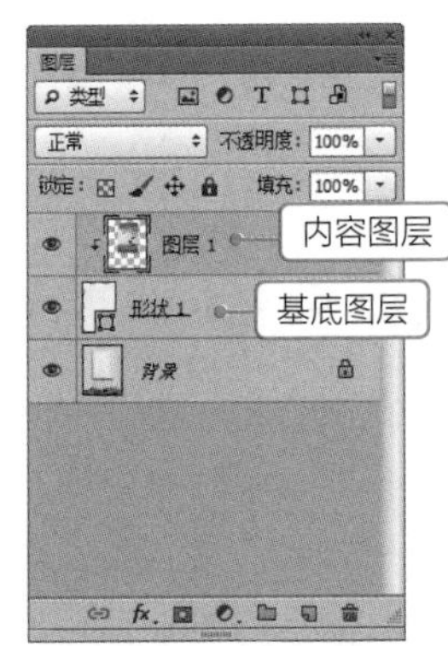

图9-13 为图层创建剪贴蒙版

STEP 04 双击婚纱照所在图层，打开“图层样式”对话框，单击选中“内阴影”复选框，设置不透明度为“85%”，设置角度、距离、阻塞、大小为“30度”“6像素”“10%”“10像素”，单击 确定 按钮，查看为照片添加的内阴影效果，如图9-14所示。

STEP 05 选择婚纱照图层，选择【图像】/【调整】/【照片滤镜】命令，打开“照片滤镜”对话框，单击选中“颜色”单选项，单击颜色色块，设置滤镜颜色为“#f9f000”，设置浓度为“25%”，单击 确定 按钮，如图9-15所示。查看图像调整效果，存储文件，完成本例的制作。

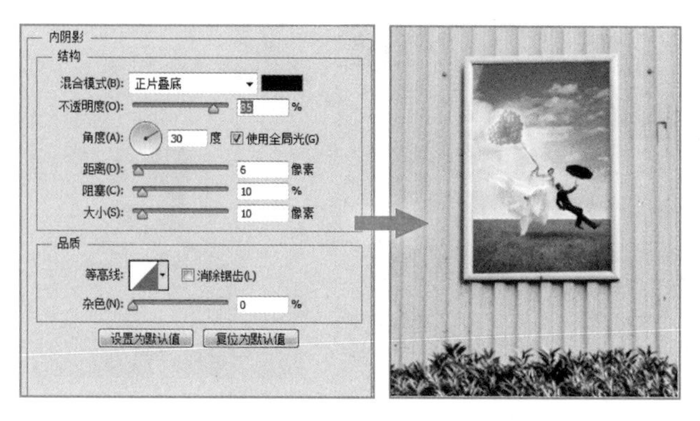

图9-14　为照片添加内阴影

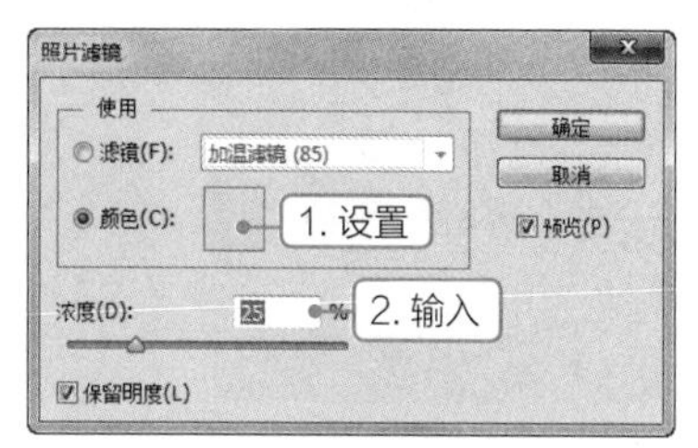

图9-15　添加黄色滤镜

提示　添加内阴影是为了凸出照片在相框中的光影效果，增加逼真感，而添加黄色滤镜是为了使照片的色彩与相框的背景色更加和谐统一。

9.2.2　释放剪贴蒙版

为图层创建剪贴蒙版后，若觉得效果不佳可取消剪贴蒙版，即释放剪贴蒙版。释放剪贴蒙版最常用的方法有如下3种。

- 选择需要释放的剪贴蒙版，选择【图层】/【释放剪贴蒙版】命令。
- 选择需要释放的剪贴蒙版，按【Ctrl+Alt+G】组合键。
- 选择需要释放的剪贴蒙版，在内容图层上单击鼠标右键，在弹出的快捷菜单中选择“释放剪贴蒙版”命令，如图9-16所示。

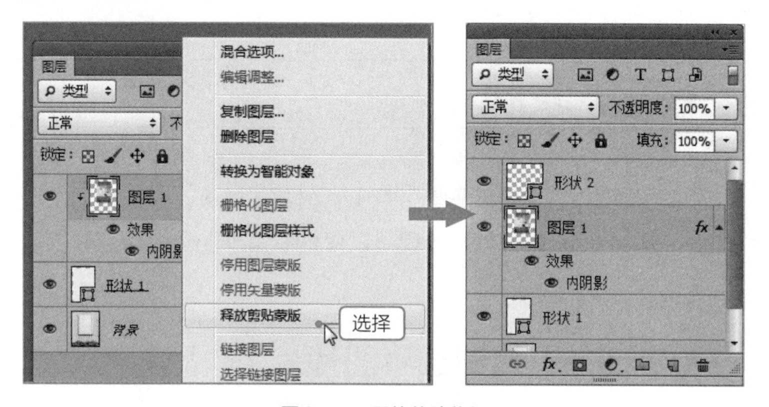

图9-16　释放剪贴蒙版

9.2.3　加入剪贴蒙版

在建立剪贴蒙版的基础上，将一个普通图层移动到基底图层上方，该普通图层将会被转换为内容图层，隐藏原内容图层，可查看创建的剪贴蒙版效果，如图9-17所示。

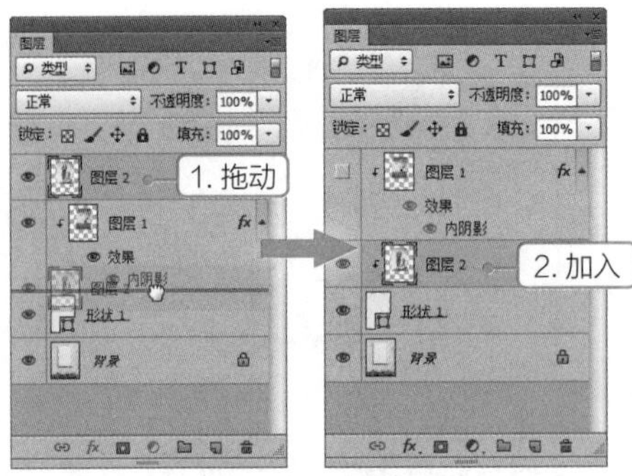

图9-17　加入剪贴蒙版

课堂练习——制作端午节海报

本例将打开“端午背景.jpg”图像文件（素材\第9章\课堂练习\端午背景.jpg），利用直排文字工具输入文字“端午”，字体为“中山行书百年纪念版”，设置文字字间距和大小，复制背景中的花纹图样，利用剪贴蒙版将其裁剪到文字中，最后模糊花纹，完成端午节海报的制作，制作前后的效果如图9-18所示（效果\第9章\课堂练习\端午节海报.psd）。

图9-18　端午节海报效果

9.3 使用矢量蒙版

矢量蒙版是由钢笔工具和自定形状工具等矢量工具创建的蒙版，它与分辨率无关，无限放大也能保持图像的清晰度。使用矢量蒙版抠图，不仅可以保证原图不受损，而且可以随时用钢笔工具修改形状。

9.3.1 课堂案例——合成红枣图片

案例目标：使用钢笔工具为红枣与碟子绘制路径，然后根据路径创建矢量蒙版，完成红枣与碟子的抠取，然后更换背景，为红枣与碟子添加投影，最终效果如图 9-19 所示。

知识要点：路径的绘制与存储；创建矢量蒙版；设置投影。

素材位置：素材 \ 第 9 章 \ 红枣 .jpg、红枣背景 .jpg

效果文件：效果 \ 第 9 章 \ 红枣合成 .psd

视频教学
合成红枣图片

图9-19 合成红枣图片

其具体操作步骤如下。

STEP 01 打开"红枣.jpg"图像文件，选择钢笔工具，在工具属性栏中设置绘制图模式为"路径"，为红枣与碟子绘制路径，绘制过程中可按【Ctrl】键编辑路径，效果如图9-20所示。

STEP 02 在"路径"面板的"工作路径"路径上双击，打开"存储路径"对话框，在"名称"文本框中输入"红枣"，然后单击 确定 按钮，存储路径，如图9-21所示。

STEP 03 按【Ctrl+J】组合键复制背景图层，如图9-22所示。

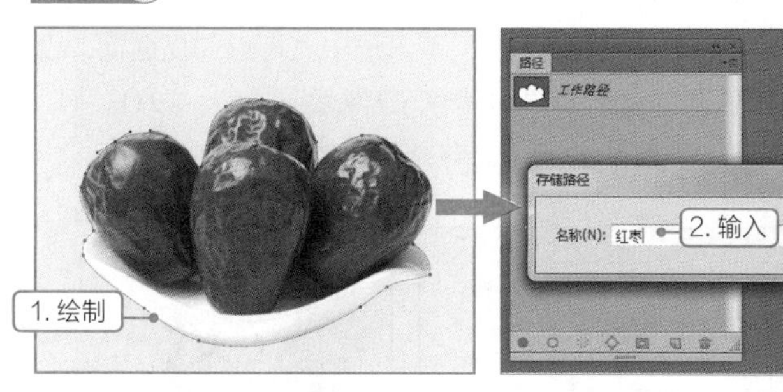

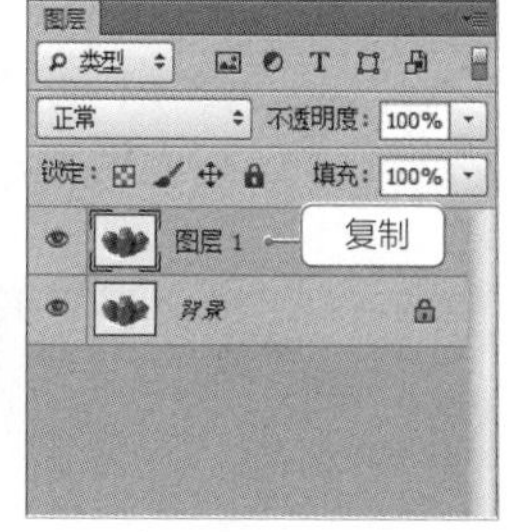

图9-20 绘制路径　　图9-21 存储路径　　图9-22 复制图层

STEP 04 选择【图层】/【矢量蒙版】/【当前路径】命令，即可在复制的图层中创建一个矢量蒙版。隐藏背景图层，查看创建的矢量蒙版效果，如图9-23所示。

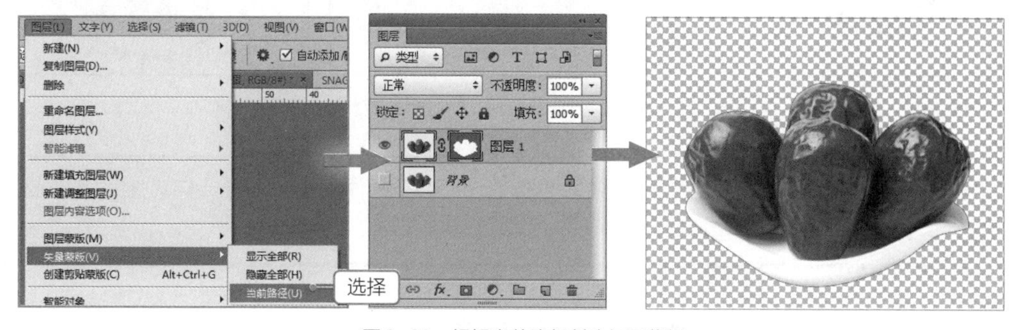

图9-23 根据当前路径创建矢量蒙版

提示 单击矢量蒙版缩略图，使用路径选择工具还可对其中的路径进行复制、删除和变换等操作。

STEP 05 打开“红枣背景.jpg”图像文件，选择钢笔工具，在工具属性栏中设置绘制图模式为“形状”，设置填充颜色为“#f9f0e7”，在背景下方绘制形状，如图9-24所示。

STEP 06 在形状距离上边缘一定的距离继续绘制线条，在工具属性栏中取消填充颜色，设置描边颜色为“#6a3906”，设置描边宽度为“1.5点”，设置线条样式为“虚线”，如图9-25所示。

图9-24 绘制形状

图9-25 绘制曲线

STEP 07 切换到“红枣.jpg”图像窗口，使用移动工具拖动带有矢量蒙版的红枣图层到“红枣背景.jpg”图像窗口中，调整大小与位置，效果如图9-26所示。

STEP 08 双击红枣所在图层，打开“图层样式”对话框，单击选中“投影”复选框，设置投影颜色为“#4d2905”，设置角度、距离、阻塞、大小为“84度”“7像素”“0”“21像素”，单击确定按钮，查看为红枣添加投影的效果，如图9-27所示。存储文件完成本例的制作。

图9-26 添加红枣

图9-27 添加投影

提示 对于添加矢量蒙版的图层来说，也可像普通图层一样添加需要的图层样式，但添加的图层样式只针对矢量蒙版中的内容起作用。

9.3.2 将矢量蒙版转换为图层蒙版

在蒙版缩略图上单击鼠标右键，在弹出的快捷菜单中选择“栅格化矢量蒙版”命令。栅格化后的矢量蒙版将会变为图层蒙版，不会再有矢量形状存在，如图9-28所示。

9.3.3 删除矢量蒙版

对于不需要的矢量图蒙版，可将其删除。其方法是在矢量图蒙版缩略图上单击鼠标右键，在弹出的快捷菜单中选择“删除矢量蒙版”命令，即可将矢量蒙版删除，如图9-29所示。

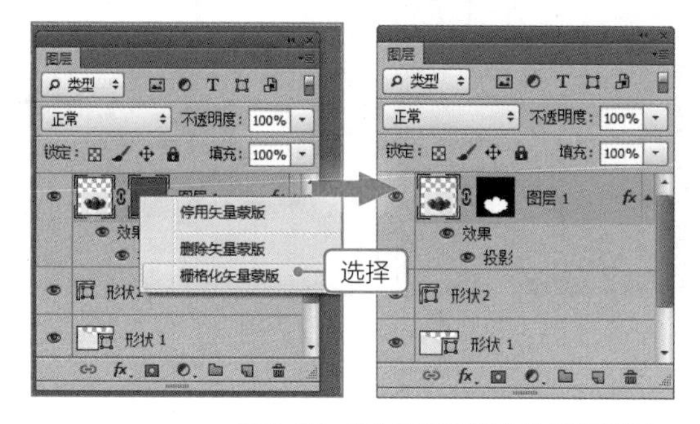

图9-28 将矢量蒙版转换为图层蒙版

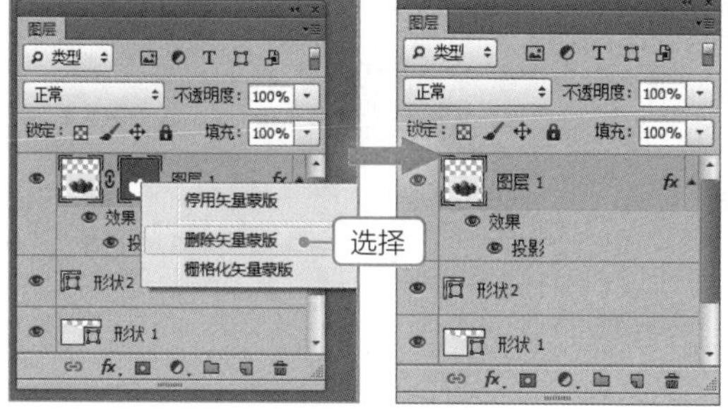

图9-29 删除矢量蒙版

9.3.4 链接/取消链接矢量蒙版

在默认情况下，图层和矢量蒙版之间有个图标，表示图层与矢量蒙版相互链接。当移动或交换图层时，矢量蒙版将会跟着发生变化。若不想变换图层或矢量蒙版时影响到与之链接的图层或矢量蒙版，可单击图标，将它们之间的链接取消，如图9-30所示。若想恢复链接，可直接单击取消链接的位置。需要注意的是，链接/取消链接矢量蒙版的操作同样适用于图层蒙版。

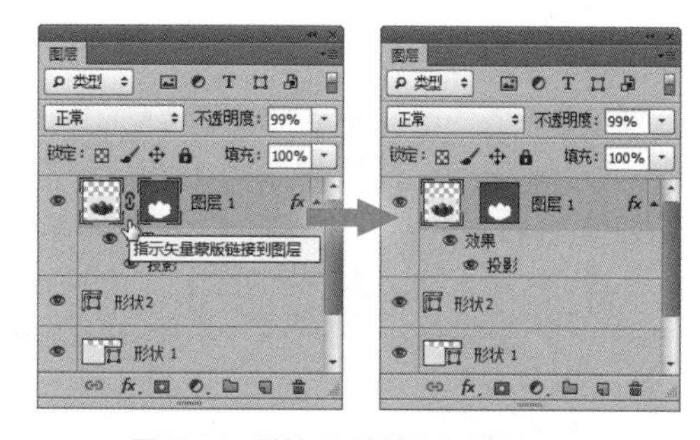

图9-30 链接/取消链接矢量蒙版

课堂练习——合成婴儿图像

本例将“baby.jpg”图像文件移动到“相框（2）.jpg”图像文件（效果\第9章\课堂练习\baby.jpg、相框（2）.jpg）中，再通过创建的矢量蒙版将“baby”图像嵌入到相框中，制作前后的效果如图9-31所示（效果\第9章\课堂练习\baby.psd）。

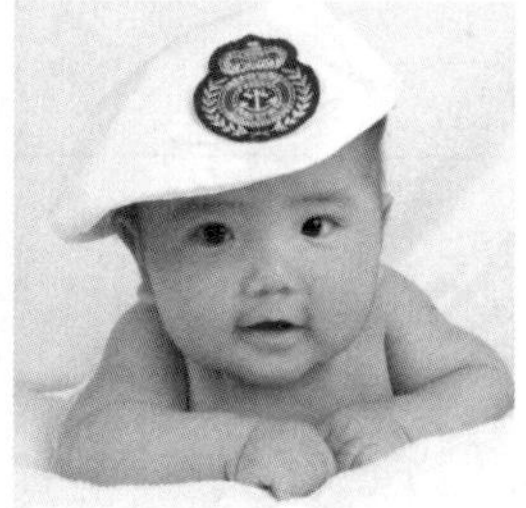

图9-31 素材与合成效果

疑难解答 怎样使用快速蒙版?

快速蒙版可以在编辑的图像上暂时产生蒙版效果，常用于进行选区的创建。创建快速蒙版的方法是：打开图像文件，在工具箱底部单击“以快速蒙版模式编辑”按钮，使用灰色或黑色画笔工具涂抹需要隐藏的部分（粉红色显示），使用白色画笔涂抹需要编辑的部分，再次单击按钮即可将可编辑区域转换为选区，如图 9-32 所示。

图9-32 使用快速蒙版创建选区

9.4 使用通道

通道用于存放颜色和选区信息，一个图像最多可以有56个通道。在实际应用中，通道是选取图层中某部分图像的重要工具。用户可以分别对每个颜色通道进行明暗度、对比度等调整，从而产生各种图像特效。本节将详细讲解通道的作用、“通道”面板的组成、通道的选择与创建、复制与删除、分离与合并、通道的计算等操作，以帮助用户掌握通道的使用方法。

9.4.1 课堂案例——制作婚纱海报

案例目标：一些特殊的商品，如水杯、酒杯、婚纱、冰块、矿泉水等，使用一般的抠图工具得不到想要的透明效果，本例将通过通道进行婚纱的抠图，然后制作婚纱海报，制作后的效果如图 9-33 所示。

知识要点：通道的创建；通道的复制；选区存储为通道；通道载入选区；通道的计算。

素材位置：素材 \ 第 9 章 \ 婚纱 .jpg、婚纱背景 .psd

效果文件：效果 \ 第 9 章 \ 婚纱 .psd

视频教学
制作婚纱海报

图9-33 婚纱海报

其具体操作步骤如下。

STEP 01 打开“婚纱.jpg”图像文件；按【Ctrl+J】组合键复制背景图层，得到图层1，效果如图9-34所示。

STEP 02 选择钢笔工具，沿着人物轮廓绘制路径，注意绘制的路径应不包括半透明的婚纱部分，打开“路径”面板，将路径存储为“路径1”，如图9-35所示。

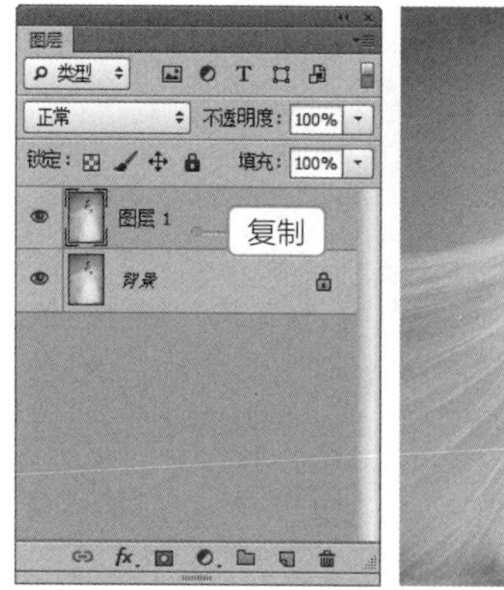

图9-34　复制背景图层

图9-35　绘制并存储路径

STEP 03　按【Ctrl+Enter】组合键将绘制的路径转换为选区，选择【窗口】/【通道】命令，打开“通道”面板，单击“通道”面板中的“将选区存储为通道”按钮，创建“Alpha 1”通道，如图9-36所示。

STEP 04　复制“蓝”通道，得到“蓝副本”通道，为背景创建选区，填充为黑色，取消选区，如图9-37所示。

图9-36　创建“Alpha 1”通道

图9-37　编辑“蓝 副本”通道

疑难解答　怎样看懂Alpha通道缩略图?

在Alpha通道中，白色代表可被选择的区域，黑色代表不可被选择的区域，灰色代表可被部分选择的区域，即羽化区域。因此使用白色画笔涂抹Alpha通道可扩大选区范围，使用黑色画笔涂抹Alpha通道可收缩选区范围，使用灰色可增加羽化范围。

STEP 05　选择【图像】/【计算】命令，打开“计算”对话框，设置源2通道为“Alpha1”，设置混合为“相加”，单击 确定 按钮，如图9-38所示。

STEP 06　查看计算得到的“Alpha2”通道效果，再在“通道”面板底部单击“将通道作为选区载入”按钮，载入通道的人物选区，如图9-39所示。

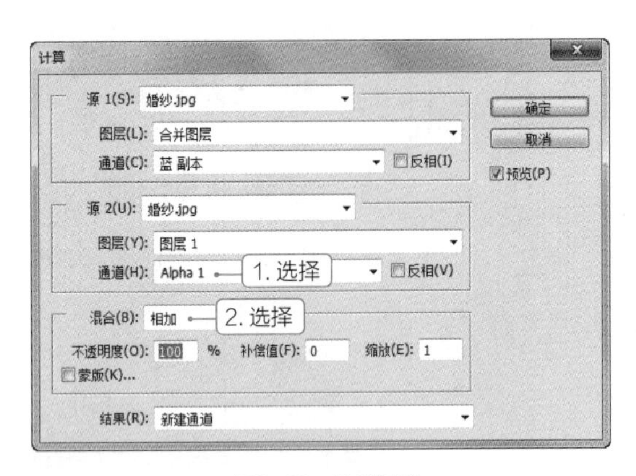

图9-38 计算通道

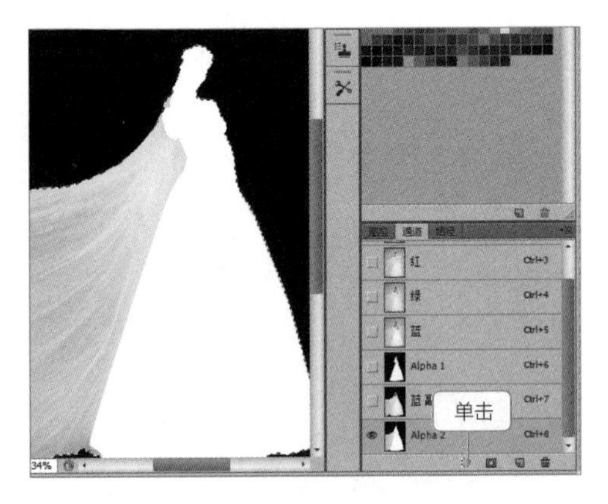

图9-39 载入通道的人物选区

STEP 07 打开“图层”面板，选择图层1，按【Ctrl+J】组合键复制选区到图层2上；隐藏其他图层，查看抠取的婚纱效果，如图9-40所示。

STEP 08 打开“婚纱背景.psd”图像文件，将人物拖动到“婚纱背景.psd”图像文件中，调整大小、位置与图层叠放顺序，存储文件查看完成后的效果，如图9-41所示。

图9-40 查看通道抠图效果

图9-41 添加婚纱背景

9.4.2 认识“通道”面板

和通道相关的操作都可在“通道”面板中完成，选择【窗口】/【通道】命令，即可打开“通道”面板，如图9-42所示。

“通道”面板中各选项的作用如下。

- 颜色通道：用于记录图像颜色信息的通道。不同的颜色模式产生的通道数量和名称都有所不同。如RGB图像包括混合、红、绿、蓝通道，CMYK图像包括混合、青色、洋红、黄色、黑色通道，Lab图像包括混合、明度、a、b通道。
- 混合通道：用于预览编辑所有颜色的通道，所有颜色模式的图像都会包括一个混合通道。
- 专色通道：用于存储专色油墨的通道。

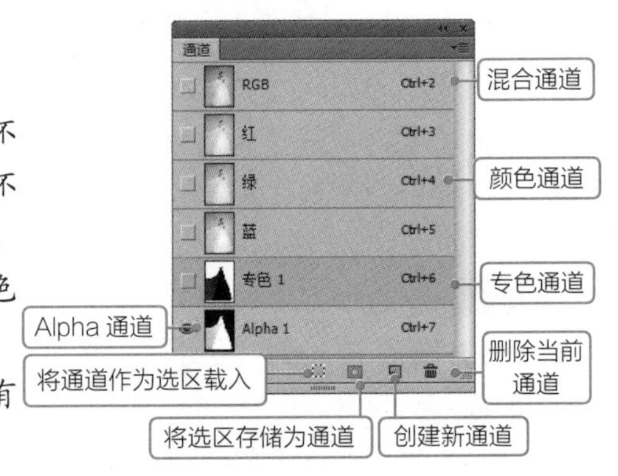

图9-42 “通道”面板

- Alpha通道：用于存储选区的通道。
- "将通道作为选区载入"按钮：在"通道"面板中选择需要作为选区的通道，单击该按钮，此时通道将作为选区载入，图9-43所示为将红色通道作为选区的载入效果。
- "将选区存储为通道"：在图像中创建需要存储的选区，单击该按钮，可以将图像中的选区存储在通道中，如图9-44所示。

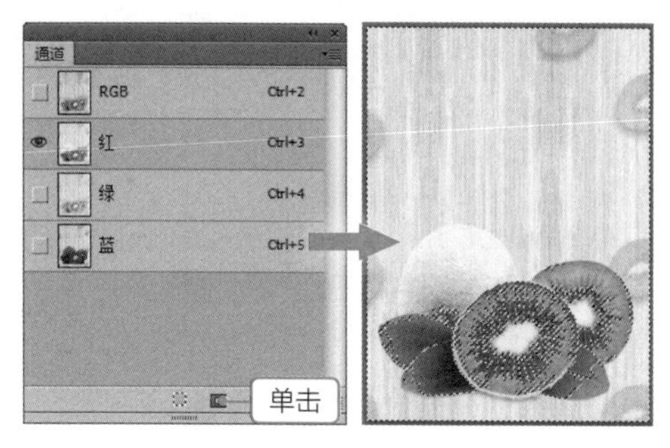

图9-43 将通道作为选区载入

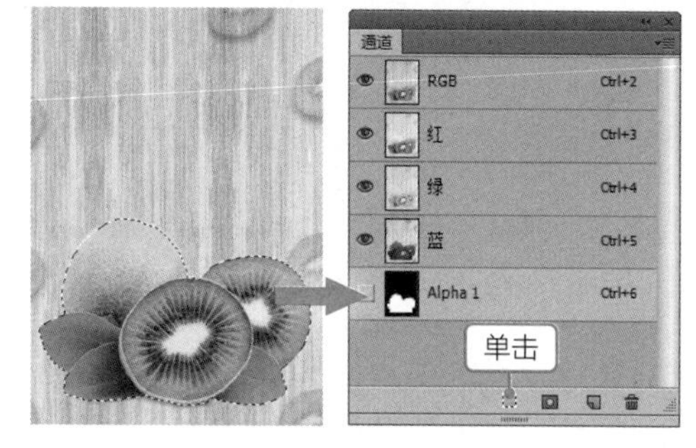

图9-44 将选区存储为通道

- "创建新通道"按钮：单击该按钮，可新建一个Alpha通道。选择需要复制的通道，按住鼠标不放，将其拖动到该按钮上，释放鼠标，即可复制选择的通道。
- "删除当前通道"按钮：当图像中的通道过多时，会影响图像的大小。此时可将通道删除，选择需要删除的通道，再单击"删除通道"按钮即可删除通道，也可拖动需要删除的通道到该按钮上删除通道。

技巧 在需要删除或复制的通道上单击鼠标右键，在弹出的快捷菜单中选择"删除通道"或"复制通道"命令，也可完成通道的删除与复制操作。

9.4.3 新建Alpha通道与专色通道

在Photoshop中可以新建两种类型的通道，它们的作用和特征都有所不同。在使用通道前需认识其作用，以便用户通过它们处理图像。

1. 新建Alpha通道

Alpha通道的作用和选区相关，用户可通过Alpha通道存储选区，也可将选区存储为灰度图像，便于通过画笔、滤镜等修改选区，还可从Alpha通道载入选区。在Alpha通道中，白色为可编辑区域，黑色为不可编辑区域，灰色为部分可编辑区域（羽化区域），用户在选择Alpha通道后，可通过填充颜色来控制编辑区域，如图9-45所示，白色的圆形区域为可编辑区域。在"通道"面板中单击"创建新通道"按钮，或在创建选区后，单击"将选区存储为通道"按钮都可得到Alpha通道。

2. 新建专色通道

专色通道用于存储印刷时使用的专色，专色是为印刷出特殊效果而预先混合的油墨，可用于替代普通的印刷色油墨。一般情况下，专色通道都是以专色的颜色命名。创建专色通道的方法是：打开图像文件，单击"通道"面板右上角的按钮，在打开的下拉列表中选择"新建专色通道"选项，打开"新建专色通道"对话框，输入通道名称后，单击"颜色"色块，在打开的对话框中设置专色的油墨颜色，在“密度”数值框中设置油墨的密度，单击 确定 按钮，即可得到新建的专色通道，如图9-46所示。

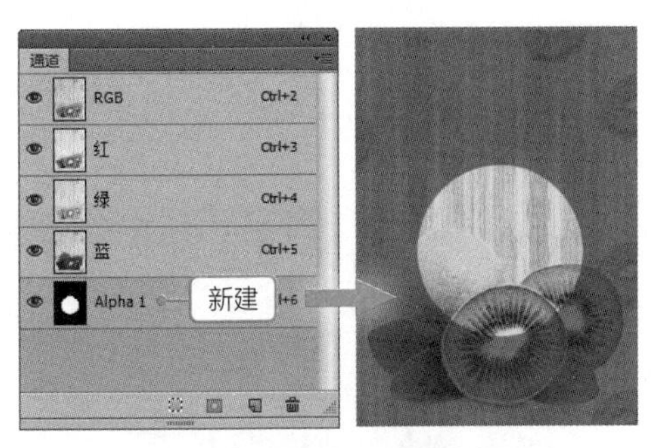

图9-45　新建Alpha通道

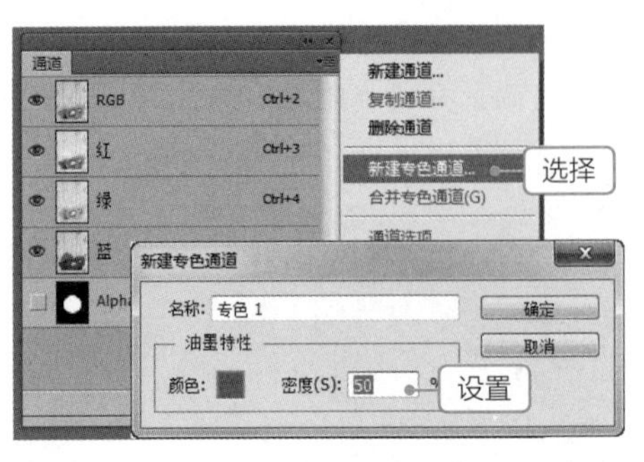

图9-46　新建专色通道

9.4.4　分离与合并通道

在使用Photoshop CS6编辑图像时，有时需要将图像文件中的各通道分开单独进行编辑，编辑完成后又需将分离的通道进行合并，以制作出特殊的效果。下面讲解分离与合并通道的方法。

1. 分离通道

图像文件的颜色模式直接影响通道分离出的文件个数，如RGB颜色模式的图像文件会分离成3个独立的灰度文件，CMYK会分离出4个独立的文件。被分离出的文件分别存储了原文件各颜色通道的信息，其方法是：打开需要分离通道的图像文件，在“通道”面板右上角单击按钮，在打开的下拉列表中选择“分离通道”选项，此时Photoshop将立刻对通道进行分离操作，图9-47所示为RGB模式图像文件分离的红、绿、蓝3个独立的图像文件。

2. 合并通道

分离的通道以灰度模式显示，无法正常使用，当需使用时，可将分离的通道进行合并。其方法是：打开当前图像窗口中的“通道”面板，在右上角单击按钮，在打开的下拉列表中选择“合并通道”选项，此时将打开“合并通道”对话框，在“模式”下拉列表框中选择颜色选项，单击 确定 按钮，在打开的对话框中保持指定通道的默认设置，单击 确定 按钮，图9-48所示为合并拆分的RGB通道。

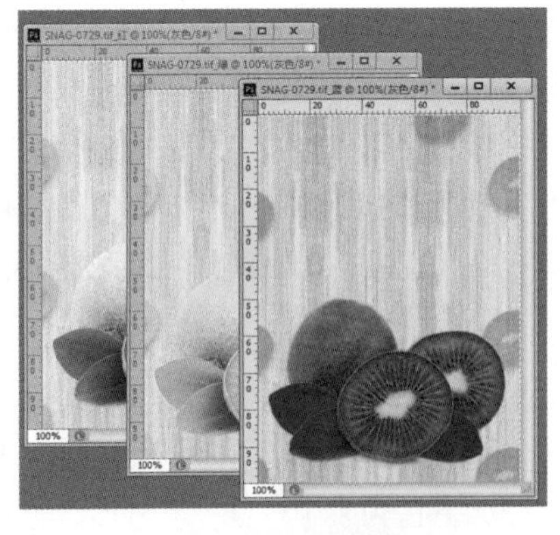

图9-47　分离通道

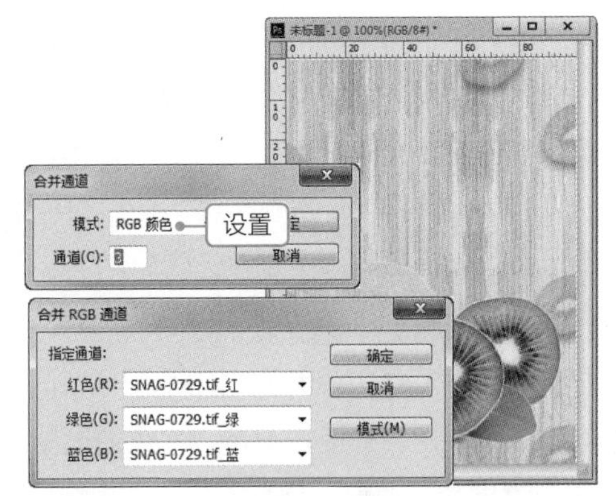

图9-48　合并通道

9.4.5 混合通道

通道的作用并不仅限于存储选区、抠图等操作，它还经常被用作混合图像。下面讲解在图像处理时，通过使用“应用图像”和“计算”命令混合通道的方法。

1. 使用“应用图像”命令

为了得到更加丰富的图像效果，可通过使用Photoshop CS6中的“应用图像”命令对两个通道图像进行运算。将需要混合通道的两个图像放置到一个图像文件的不同图层中，选择目标图层，选择【图像】/【应用图像】命令，打开“应用图像”对话框，设置源图层与通道，设置混合的模式与不透明度，单击 确定 按钮即可。图9-49所示为“背景”图层混合“图层1”中“红色”通道的效果。

提示 混合两个图层的复合通道效果与混合图层的效果差不多，不同的是应用“应用图像”命令可单独选择混合的颜色通道、Alpha通道和专色通道。

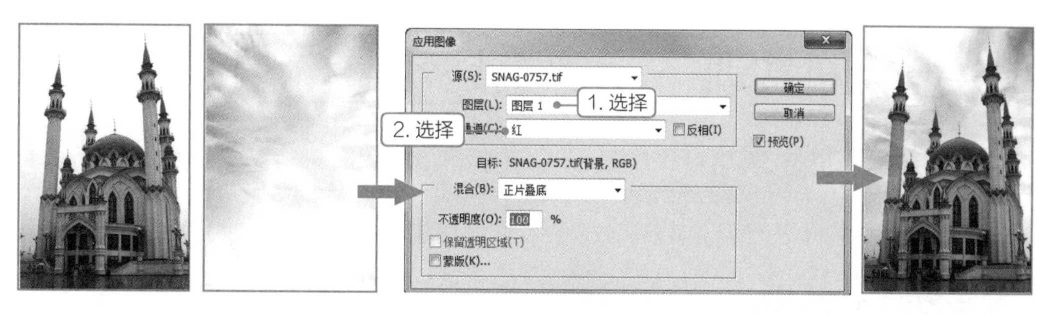

图9-49 使用“应用图像”命令

2. 使用“计算”命令

使用“计算”命令可以将一个图像文件或多个图像文件中的单个通道混合起来。选择【图像】/【计算】命令，打开“计算”对话框，设置源1通道、源2通道、混合模式，单击 确定 按钮，即可生成新的Alpha通道。图9-50所示为计算“红”“蓝”两个通道得到的Alpha1通道效果。

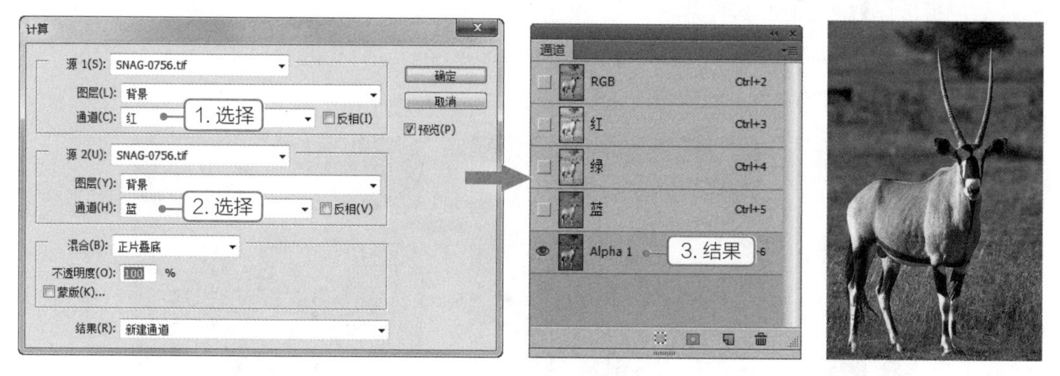

图9-50 使用“计算”命令

课堂练习——制作儿童相册

本例将打开“小女孩.jpg”图像文件（素材\第9章\课堂练习\小女孩.jpg），复制一个颜色对比度高的通道，调整各通道色阶并涂抹通道，增强背景和人物的对比度，将通道中的人物载入选区，使用移动工具将人物图像移动到“儿童背景.jpg”图像中（素材\第9章\课堂练习\儿童背景.jpg），调整颜色并添加阴影，制作前后的效果如图9-51所示（效果\第9章\课堂练习\小女孩.psd）。

图9-51　儿童相册素材与最终效果

9.5 上机实训——合成菠萝屋

9.5.1 实训要求

本实训要求利用素材图像合成菠萝屋效果，要求合成的图像整体自然、各元素大小适中。

9.5.2 实训分析

图像合成是Photoshop的一个重要领域，我们日常生活看到的电影、电视、网页、广告中的海报基本上是在Photoshop中通过平面合成特效制作出来的。在图像合成过程中经常会涉及到抠图、图像部分的隐藏与显示，而通过蒙版、通道和选区等功能的结合应用可以快速完成图像的合成。本例将通过通道抠图与图层蒙版的结合使用，快速将摇篮、门窗、菠萝素材图像合成菠萝屋效果，素材以及合成后的菠萝屋效果如图9-52所示。

素材所在位置：素材\第9章\上机实训\菠萝.jpg、门窗.jpg、摇篮.jpg

效果所在位置：效果\第9章\上机实训\菠萝屋.psd

图9-52　菠萝屋素材以及合成效果

9.5.3 操作思路

完成本实训主要包括抠取菠萝、合成菠萝与摇篮、合成门窗与菠萝3大步操作，其操作思路如图9-53所示。涉及的知识点主要包括通道的复制、将通道载入选区、色阶的调整、图像反相、素材的变换、图层蒙版的应用等。

图9-53 操作思路

【步骤提示】

STEP 01 打开提供的图像文件“摇篮.jpg”“门窗.jpg”“菠萝.jpg”。

STEP 02 切换到“菠萝”图像，选择并复制“蓝”通道，调整色阶，增加菠萝与背景的对比度，使菠萝为黑色，背景为白色，按【Ctrl+I】组合键反相副本“蓝”通道中的菠萝为白色，将通道载入选区。

STEP 03 选择背景图层，将菠萝选区拖动到“摇篮.jpg”图像文件中，对素材进行变换操作，通过图层蒙版隐藏不需要的部分，合成菠萝与摇篮。

STEP 04 将“门窗.jpg”图像文件拖动到“摇篮.jpg”图像文件中，对素材进行变换操作，通过图层蒙版隐藏不需要的部分，合成菠萝与门窗，存储图像完成制作。

9.6 课后练习

1. 练习 1——*通过通道美白皮肤*

本例将打开“美白.psd”图像文件，复制通道中的图像，再新建图层粘贴通道中的图像，最后设置图层的混合模式，美白人物的皮肤，通过通道美白皮肤前后的对比效果如图9-54所示。

素材所在位置： 素材\第9章\课后练习\练习1\美白 .psd

效果所在位置： 效果\第9章\课后练习\练习1\美白.psd

图9-54　美白素材与效果

2. 练习2——合成人物特效

本例将打开“人物.jpg”“特效背景.jpg”“翅膀.png”图像文件，结合通道抠图与图层蒙版，进行人物特效合成，合成后的效果如图9-55所示。

素材所在位置：素材\第9章\课后练习\练习2\人物.jpg、特效背景.jpg、翅膀.png

效果所在位置：效果\第9章\课后练习\练习2\人物特效.psd

图9-55　合成人物特效

Chapter 10

第10章 应用滤镜处理图像

滤镜是Photoshop CS6中使用非常频繁的功能之一，通过不同功能滤镜的使用，可以进行人物瘦身处理，以及制作油画效果、扭曲效果、马赛克效果和浮雕等艺术性很强的专业图像效果。本章将对滤镜的常用操作进行介绍，读者通过本章的学习能够熟练掌握各种滤镜的使用方法，并能熟练结合多个滤镜制作特效图像。

课堂学习目标

- 认识滤镜库与智能滤镜
- 掌握设置和使用独立滤镜的方法
- 掌握设置和使用滤镜组的方法

课堂案例展示

打造黑白个性插画

人物魔法瘦身

制作燃烧的星球

10.1 认识滤镜库与智能滤镜

Photoshop CS6中的滤镜库整合了“扭曲”“画笔描边”“素描”“纹理”“艺术效果”“风格化”6种滤镜功能。通过该滤镜库，可将一个或多个滤镜应用于图像；而智能滤镜则是非破坏性的滤镜，即应用智能滤镜后，可在不破坏原图层的情况下隐藏或显示应用的其他滤镜效果。

10.1.1 课堂案例——打造黑白个性插画

案例目标：打开素材图像，抠取人物，利用去色、滤镜库中的艺术滤镜，以及调整阈值与色阶等操作打造黑白个性插画，最后添加下雨的背景与笔刷，渲染气氛，完成后的参考效果如图 10-1 所示。

知识要点：“海报边缘”滤镜；“木刻”滤镜；“色阶”调整。

素材位置：素材 \ 第 10 章 \ 插画 .jpg、雨 .jpg、雨 .abr

效果文件：效果 \ 第 10 章 \ 黑白个性插画 psd

图 10-1　黑白个性插画素材与效果

其具体操作步骤如下。

视频教学
打造黑白个性插画

STEP 01 打开“插画.jpg”图像文件，使用快速选择工具为人物创建选区，如图10-2所示。

STEP 02 在工具属性栏中单击 调整边缘... 按钮，打开“调整边缘”对话框，设置羽化、对比度、移动边缘为“2像素”“5%”“35%”，在图像窗口中涂抹头发边缘，调整选区，单击 确定 按钮，如图10-3所示。

图 10-2　为人物创建选区

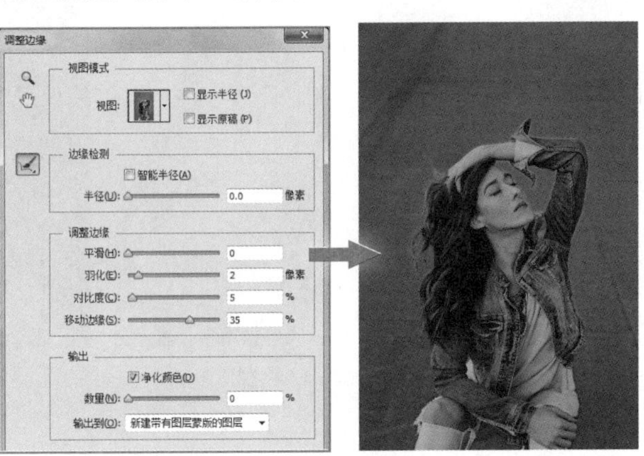

图 10-3　调整选区边缘

STEP 03 生成带有蒙版的新图层，隐藏背景图层，查看人物抠图效果，命名为“女人”，按【Ctrl+J】组合键复制“女人”图层，重命名为“轮廓”，如图10-4所示。

STEP 04 选择“轮廓”图层，按【Ctrl+Shift+U】组合键去色，选择【图像】/【调整】/【亮度/对比度】命令，打开“亮度/对比度”对话框，设置亮度、对比度都为“26”，单击确定按钮，效果如图10-5所示。

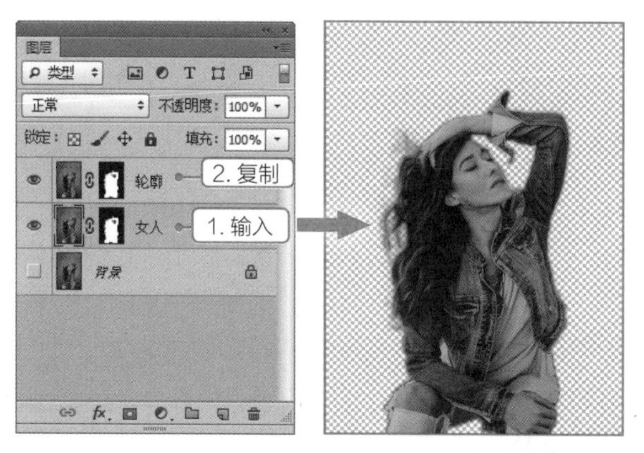

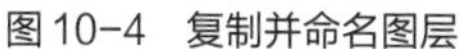

图10-4　复制并命名图层

图10-5　去色并调整亮度/对比度

STEP 05 选择“轮廓”图层，选择【滤镜】/【滤镜库】命令，打开“滤镜库”对话框，展开“艺术效果”滤镜组，选择“海报边缘”滤镜，设置边缘厚度、边缘强度、海报化为“10”“6”“6”，单击确定按钮，查看应用滤镜的效果，如图10-6所示。

STEP 06 选择【图像】/【调整】/【阈值】命令，打开“阈值”对话框，设置阈值色阶为“1”，单击确定按钮，如图10-7所示。

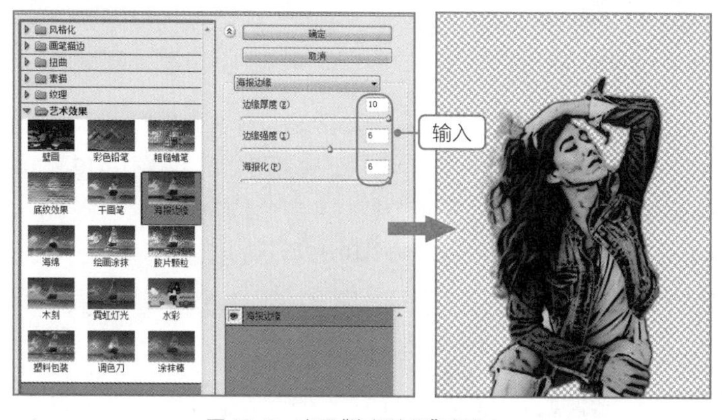

图10-6　应用“海报边缘”滤镜

图10-7　调整阈值

STEP 07 选择“轮廓”图层，选择【滤镜】/【滤镜库】命令，打开“滤镜库”对话框，展开“艺术效果”滤镜组，选择“木刻”滤镜，设置色阶数、边缘简化度、边缘逼真度为“2”“6”“1”，单击确定按钮，查看应用滤镜的效果，如图10-8所示。

STEP 08 按【Ctrl+L】组合键打开“色阶”对话框，使用白色吸管吸取较浅的灰色，使用黑色吸管吸取最深的灰色，加强图像对比，单击确定按钮，效果如图10-9所示。

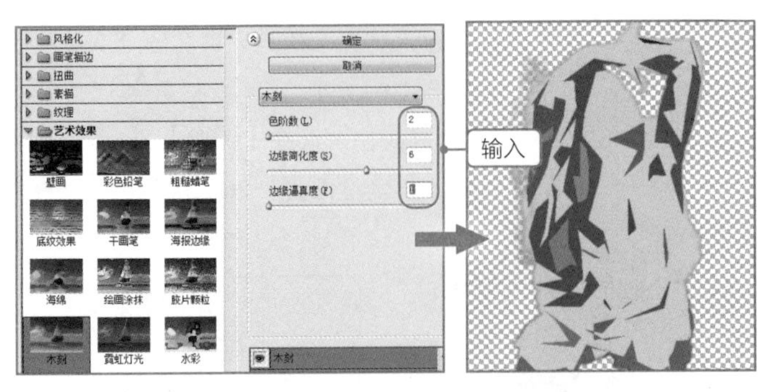

图 10-8 应用“木刻”滤镜　　图 10-9 设置色阶

STEP 09 将“轮廓”图层的图层混合模式设置为“正片叠底”，如图10-10所示。

STEP 10 选择“女人”图层，选择【滤镜】/【滤镜库】命令，打开“滤镜库”对话框，展开“艺术效果”滤镜组，选择“木刻”滤镜，设置色阶数、边缘简化度、边缘逼真度为“8”“4”“2”，单击 确定 按钮，如图10-11所示。

图 10-10 设置图层混合模式

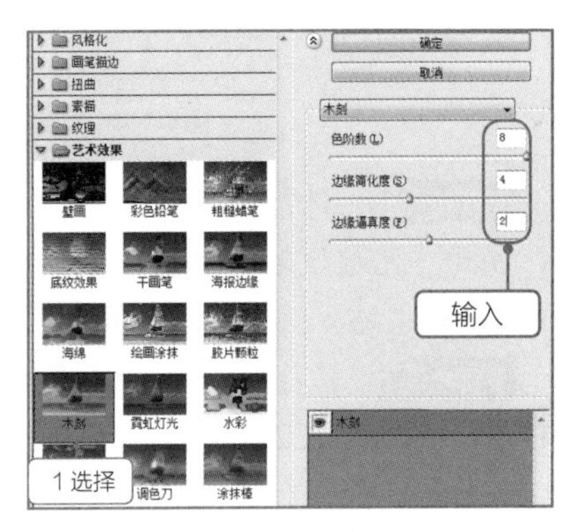

图 10-11 应用“木刻”滤镜

STEP 11 按【Ctrl+L】组合键打开“色阶”对话框，拖动两端的滑块到中间显示线条的区域，使用白色吸管吸取脸部较浅的灰色将其转变为白色，单击 确定 按钮，如图10-12所示。

STEP 12 打开“雨.jpg”图像文件，按【Ctrl+L】组合键打开“色阶”对话框，将“输入色阶”栏右端数值框的值设置为“64”，单击 确定 按钮，如图10-13所示。

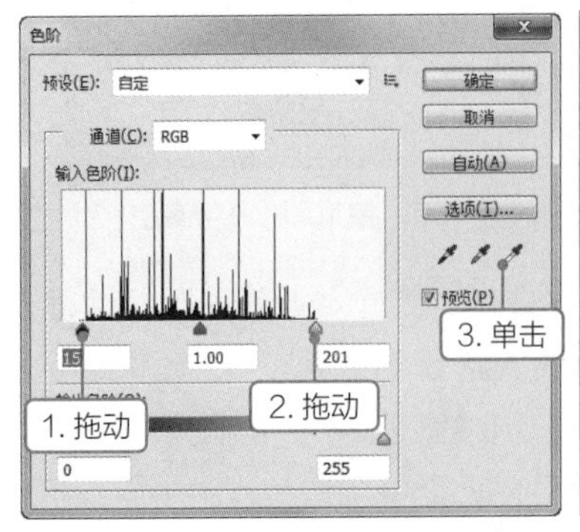

图 10-12 调整“女人”色阶

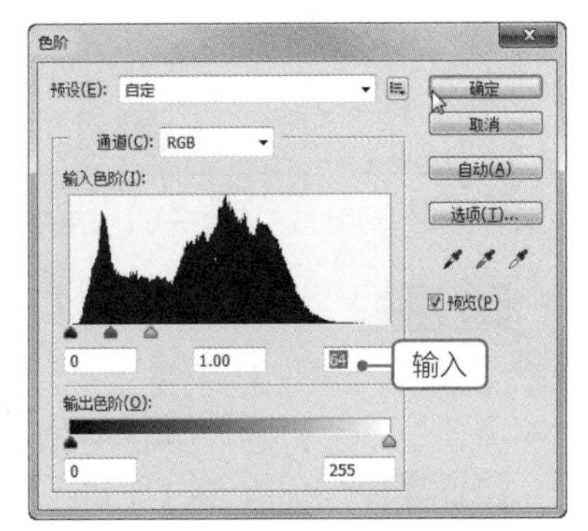

图 10-13 调整“雨”色阶

STEP 13 返回工作界面查看调整色阶后的效果，如图10-14所示。

STEP 14 按【Ctrl+Shift+U】组合键去色，按【Ctrl+L】组合键打开“色阶”对话框，使用白色吸管吸取较浅的灰色，使用黑色吸管吸取最深的灰色，加强图像对比，单击确定按钮，效果如图10-15所示。

STEP 15 按【Ctrl+A】组合键选择图像，将雨背景拖动到“女人”图层下方，调整大小与位置，效果如图10-16所示。

图10-14 调整色阶效果　　图10-15 去色并调整色阶　　图10-16 添加雨背景

STEP 16 选择画笔工具，在“画笔预设”下拉列表框右上角单击按钮，在打开的下拉列表中选择“载入画笔”选项，打开“载入”对话框，选择素材中的“雨.abr”文件，单击载入(L)按钮载入画笔，如图10-17所示。

STEP 17 新建图层并命名为“雨”，选择该图层，将前景色设置为“白色”，选择画笔工具，选择载入的“雨”画笔，单击添加雨效果，按【Ctrl+T】组合键，拖动四角外的区域旋转雨的角度，使其与背景中雨角度一致，按【Enter】键完成变换，如图10-18所示。存储文件完成本例的制作。

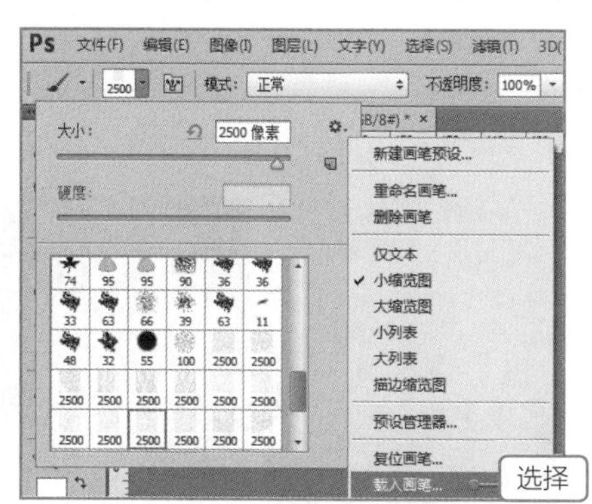

图10-17 载入笔刷

图10-18 绘制与变换雨滴

10.1.2 认识滤镜库

知识链接
使用滤镜需要注意的问题

滤镜库简单来说就是存放常用滤镜的仓库，使用滤镜库能快速地找到相应的滤镜并且进行快速设置和浏览。选择【滤镜】/【滤镜库】命令，即可打开“滤镜库”对话框，如图10-19所示。“滤镜库”对话框中各组成部分的作用介绍如下。

图10-19 “滤镜库”对话框

- 效果预览窗口：用于预览滤镜效果。
- 缩放预览栏：单击按钮，可缩小预览窗口显示比例，单击按钮，可放大预览窗口显示比例。
- 滤镜组：用于显示滤镜库中所包括的各种滤镜效果，单击滤镜组名左侧的按钮，可展开相应的滤镜组，单击滤镜缩略图可预览滤镜的最终效果。
- 参数选项：用于设置选择滤镜效果后的各个参数，可对该滤镜的效果进行调整。
- 堆栈栏：用于显示已应用的滤镜效果，可对滤镜进行隐藏、显示等操作，与“图层”面板类似。
- 操作按钮：单击“新建效果图层”按钮，可新建一个滤镜图层，用于对图像的滤镜效果进行叠加；单击“删除效果图层”按钮，可删除一个滤镜图层，用于取消图像中的滤镜效果。

10.1.3 认识滤镜库中的滤镜

Photoshop CS6的滤镜库中整合了6组滤镜，下面对这6组滤镜的作用进行介绍。

1. “风格化”滤镜组

“风格化”滤镜组能对图像的像素进行位移、拼贴及反色等操作，滤镜库中仅提供了“照亮边缘”滤镜，通过该滤镜可以照亮图像边缘轮廓，如图10-20所示。

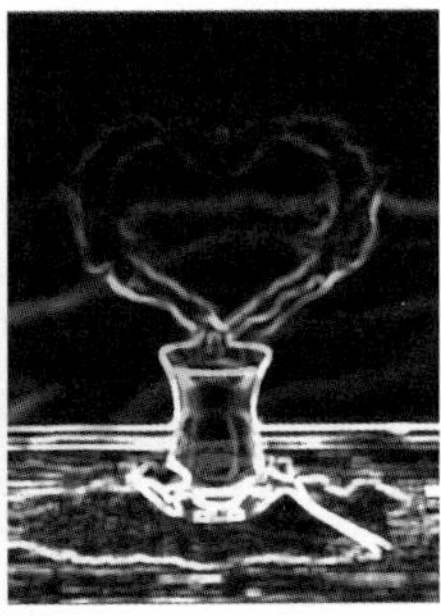

图10-20 “照亮边缘”滤镜

2. “画笔描边”滤镜组

“画笔描边”滤镜组用于模拟不同的画笔或油墨笔刷来勾画图像，产生绘画效果。滤镜库中提供了8种画笔描边滤镜，下面分别进行介绍。

- 成角的线条：“成角的线条”滤镜可以使图像中的颜色按一定的方向进行流动，从而产生类似倾斜划痕的效果。图10-21所示为使用“成角的线条”滤镜前后图像的效果。
- 墨水轮廓：“墨水轮廓”滤镜模拟使用纤细的线条在图像原细节上重绘图像，从而生成钢笔画风格的图像效果。如图10-22所示为使用“墨水轮廓”滤镜前后图像的效果。

图10-21 “成角的线条”滤镜

图10-22 “墨水轮廓”滤镜

- 喷溅：“喷溅”滤镜可以使图像产生类似笔墨喷溅的自然效果。
- 喷色描边：“喷色描边”滤镜和“喷溅”滤镜效果比较类似，可以使图像产生斜纹飞溅的效果，图10-23所示为使用“喷色描边”滤镜前后图像的效果。
- 强化的边缘：“强化的边缘”滤镜可以对图像的边缘进行强化处理。
- 深色线条：“深色线条”滤镜将使用短而密的线条来绘制图像的深色区域，用长而白的线条来绘制图像的浅色区域。
- 烟灰墨：“烟灰墨”滤镜模拟使用蘸满黑色油墨的湿画笔，在宣纸上绘画的效果，图10-24所示为使用“烟灰墨”滤镜前后的效果。

图10-23 “喷色描边”滤镜

图10-24 “烟灰墨”滤镜

- 阴影线：“阴影线”滤镜可以使图像表面生成交叉状倾斜划痕的效果。其中，“强度”数值框用来控制交叉划痕的强度。

3. “扭曲”滤镜组

“扭曲”滤镜组主要用于对图像进行扭曲变形，滤镜库中提供了3种扭曲滤镜，包括“玻璃”“海洋波纹”和“扩散亮光”滤镜。

- 玻璃：“玻璃”滤镜可以制作细小的纹理，使图像看起来像是透过波纹型玻璃观察的效果。图10-25所示为使用“玻璃”滤镜前后图像的效果。
- 海洋波纹：“海洋波纹”滤镜可以使图像产生一种在海水中漂浮的效果，该滤镜各选项的含义与“玻璃”滤镜相似，这里不再赘述。图10-26所示为应用“海洋波纹”滤镜前后的图像效果。

- 扩散亮光：“扩散亮光”滤镜用于产生一种弥漫的光照效果，使图像中较亮的区域产生一种光照效果，图10-27所示为使用“扩散亮光”滤镜前后图像的效果。

图10-25 “玻璃”滤镜

图10-26 “海洋波纹”滤镜

图10-27 “扩散亮光”滤镜

4. “素描”滤镜组

“素描”滤镜组中的滤镜效果比较接近素描效果，并且大部分是单色。素描类滤镜可根据图像中高色调、半色调和低色调的分布情况，使用前景色和背景色按特定的运算方式进行填充，使图像产生素描、速写及三维的艺术效果。滤镜库中提供了14种素描滤镜，下面分别进行介绍。

- 半调图案：“半调图案”滤镜可以使用前景色和背景色将图像以网点效果显示。图10-28所示为使用“单调图案”滤镜前后图像的效果。
- 便条纸：“便条纸”滤镜可以将图像以当前前景色和背景色混合，产生凹凸不平的草纸画效果，其中前景色作为凹陷部分，而背景色作为凸出部分。如图10-29所示为使用“便条纸”滤镜前后图像的效果。

图10-28 “半调图案”滤镜

图10-29 “便条纸”滤镜

- 铬黄渐变：“铬黄渐变”滤镜可以模拟液态金属的效果，图10-30所示为使用“铬黄渐变”滤镜前后图像的效果。
- 粉笔和炭笔：“粉笔和炭笔”滤镜可以产生粉笔和炭笔涂抹的草图效果。在处理过程中，粉笔使用背景色，用来处理图像较亮的区域；炭笔使用前景色，用来处理图像较暗的区域。
- 绘图笔：“绘图笔”滤镜可使用前景色和背景色生成一种钢笔画素描效果，图像中没有轮廓，只有变化的笔触效果。图10-31所示为使用“绘图笔”滤镜前后图像的效果。

 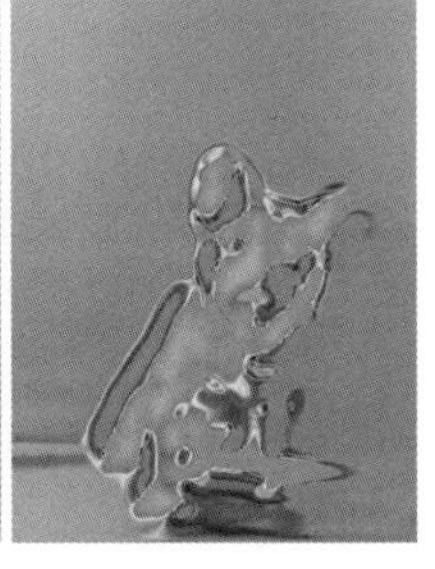

图10-30 “铬黄渐变”滤镜

图10-31 “绘图笔”滤镜

- 基底凸现：“基底凸现”滤镜主要用来模拟粗糙的浮雕效果。
- 石膏效果：“石膏效果”滤镜可以产生一种石膏浮雕效果，且图像以前景色和背景色填充。
- 水彩画纸：“水彩画纸”滤镜能制作出类似在潮湿的纸上绘图并产生画面浸湿的效果。图10-32所示为使用“水彩画纸”滤镜前后图像的效果。
- 撕边：“撕边”滤镜可以在图像的前景色和背景色的交界处生成粗糙及撕破纸片形状的效果。如图10-33所示为使用“撕边”滤镜前后图像的效果。

图10-32 “水彩画纸”滤镜

图10-33 “撕边”滤镜

- 炭笔：“炭笔”滤镜可以将图像以类似炭笔画的效果显示出来。前景色代表笔触的颜色，背景色代表纸张的颜色。在绘制过程中，阴影区域用黑色对角炭笔线条替换。如图10-34所示为使用“炭笔”滤镜前后图像的效果。
- 炭精笔：“炭精笔”滤镜可以在图像上模拟浓黑和纯白的炭精笔纹理效果。在图像中的深色区域使用前景色，在浅色区域使用背景色。图10-35所示为使用“炭精笔”滤镜前后图像的效果。

图10-34 “炭笔”滤镜

图10-35 “炭精笔”滤镜

- 图章：“图章”滤镜可以使图像产生类似生活中的印章的效果。图10-36所示为使用“图章”滤镜前后图像的效果。
- 网状：“网状”滤镜将使用前景色和背景色填充图像，在图像中产生一种网眼覆盖效果。
- 影印：“影印”滤镜可以模拟影印效果，它用前景色来填充图像的高亮区，用背景色来填充图像的暗区。图10-37所示为使用“影印”滤镜前后图像的效果。

图10-36 “图章”滤镜

图10-37 “影印”滤镜

5. “纹理”滤镜组

“纹理”滤镜组可以在图像中模拟出纹理效果。滤镜库中的纹理滤镜组包括龟裂缝、颗粒、马赛克拼贴、拼缀图、染色玻璃和纹理化6种滤镜效果。使用它们能轻松地做出纹理效果，下面分别进行介绍。

- 龟裂缝：“龟裂缝”滤镜可以使图像产生龟裂纹理，从而制作出具有浮雕的立体图像效果，图10-38所示为使用“龟裂缝”滤镜前后图像的效果。
- 颗粒：“颗粒”滤镜可以在图像中随机加入不规则的颗粒，产生颗粒纹理效果。
- 马赛克拼贴：“马赛克拼贴”滤镜可以使图像产生马赛克网格效果，还可以调整网格的大小以及缝隙的宽度和深度。
- 拼缀图：“拼缀图”滤镜可以将图像分割成数量不等的小方块，用每个方块内的像素平均颜色作为该方块的颜色，模拟一种建筑拼贴瓷砖的效果，类似生活中的拼图效果，图10-39所示为使用“拼缀图”滤镜前后图像的效果。

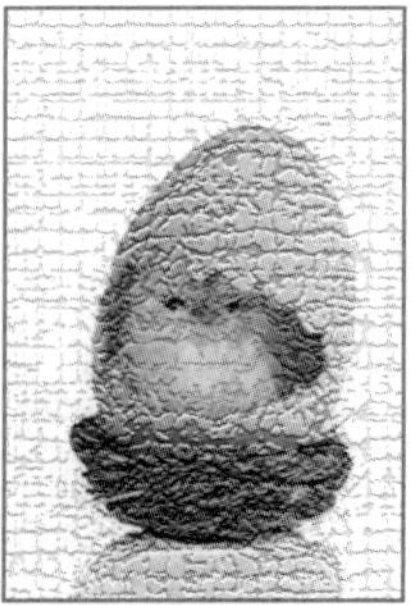

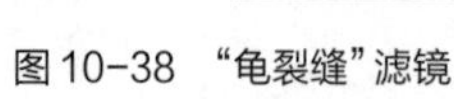

图10-38 “龟裂缝”滤镜

图10-39 “拼缀图”滤镜

- 染色玻璃：“染色玻璃”滤镜可以在图像中产生不规则的玻璃网格，每格的颜色由该格的平均颜色来决定，图10-40所示为使用“染色玻璃”滤镜前后图像的效果。

● 纹理化："纹理化"滤镜可以为图像添加砖形、粗麻布、画布和砂岩等纹理效果，还可以调整纹理的大小和深度，图10-41所示为使用"纹理化"滤镜前后的效果。

图10-40 "染色玻璃"滤镜

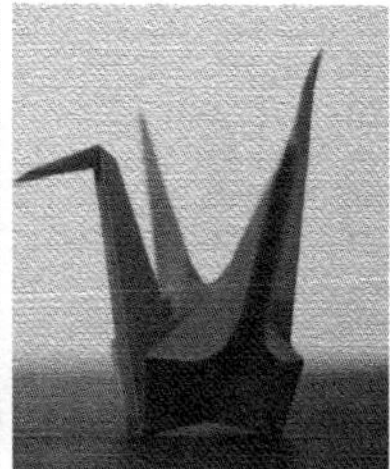

图10-41 "纹理化"滤镜

6. "艺术效果"滤镜组

"艺术效果"滤镜组可以通过模仿传统手绘图画的方式绘制出不同风格的图像。滤镜库中提供了15种艺术效果滤镜，下面分别进行介绍。

● 壁画："壁画"滤镜可以使图像产生类似壁画的效果，图10-42所示为使用"壁画"滤镜前后图像的效果。

● 彩色铅笔："彩色铅笔"滤镜可以将图像以彩色铅笔绘画的方式显示出来，图10-43所示为使用"彩色铅笔"滤镜前后图像的效果。

图10-42 "壁画"滤镜

图10-43 "彩色铅笔"滤镜

● 粗糙蜡笔："粗糙蜡笔"滤镜可以使图像产生类似蜡笔在纹理背景上绘图产生的一种纹理浮雕效果，图10-44所示为使用"粗糙蜡笔"滤镜前后图像的效果。

● 底纹效果："底纹效果"滤镜可以根据所选的纹理类型来使图像产生一种纹理效果，图10-45所示为使用"底纹效果"滤镜前后图像的效果。

图10-44 "粗糙蜡笔"滤镜

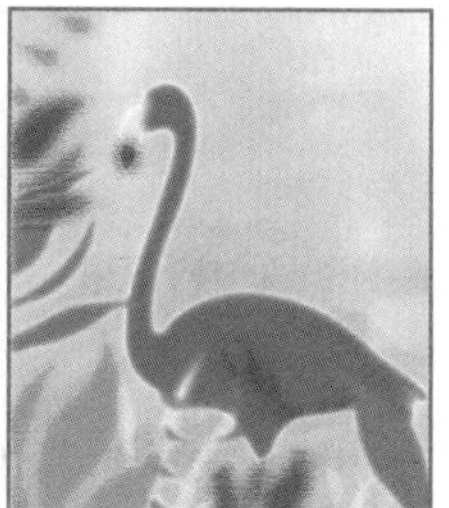

图10-45 "底纹效果"滤镜

- 干画笔：“干画笔”滤镜可以使图像生成一种干燥的笔触效果，类似绘画中的干画笔效果，图10-46所示为使用“干画笔”滤镜前后图像的效果。
- 海报边缘：“海报边缘”滤镜可以使图像查找出颜色差异较大的区域，并将其边缘填充成黑色，使图像产生海报画的效果，图10-47所示为使用“海报边缘”滤镜前后图像的效果。

图10-46 “干画笔”滤镜

图10-47 “海报边缘”滤镜

- 海绵：“海绵”滤镜可以使图像产生类似海绵浸湿的图像效果。
- 绘画涂抹：“绘画涂抹”滤镜可以使图像产生类似手指在湿画上涂抹的模糊效果，图10-48所示为使用“绘画涂抹”滤镜前后图像的效果。
- 胶片颗粒：“胶片颗粒”滤镜可以使图像产生类似胶片颗粒的效果。
- 木刻：“木刻”滤镜可以将图像制作成类似木刻画的效果，图10-49所示为使用“木刻”滤镜后图像的效果。

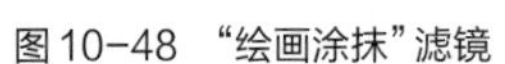
图10-48 “绘画涂抹”滤镜

图10-49 “木刻”滤镜

- 霓虹灯光：“霓虹灯光”滤镜可以使图像的亮部区域产生类似霓虹灯的光照效果，图10-50所示为使用“霓虹灯光”滤镜前后的效果。
- 水彩：“水彩”滤镜可以将图像制作成类似水彩画的效果，图10-51所示为使用“水彩”滤镜前后的效果。

图10-50 “霓虹灯光”滤镜

图10-51 “水彩”滤镜

● 塑料包装：“塑料包装”滤镜可以使图像产生质感较强并具有立体感的塑料效果，图10-52所示为使用“塑料包装”滤镜前后图像的效果。
● 调色刀：“调色刀”滤镜可以将图像的色彩层次简化，使相近的颜色融合，产生类似粗笔画的绘图效果，图10-53所示为使用“调色刀”滤镜的效果。
● 涂抹棒：“涂抹棒”滤镜用于使图像产生类似用粉笔或蜡笔在纸上涂抹的图像效果，图10-54所示为使用“涂抹棒”滤镜的效果。

图10-52 “塑料包装”滤镜

图10-53 “调色刀”滤镜

图10-54 “涂抹棒”滤镜

10.1.4 认识智能滤镜

智能滤镜在图像制作中时常被使用到。滤镜可以修改图像的外观，而智能滤镜则是非破坏性的滤镜，即应用滤镜后用户可以很轻松地还原滤镜效果，无须担心滤镜会对画面有所影响，下面对智能滤镜的相关知识分别进行介绍。

1. 创建智能滤镜

选择【滤镜】/【转换为智能滤镜】命令，在打开的提示对话框中单击确定按钮，即可创建智能滤镜。此时，可看到“图层”面板中的图层下方将出现一个图标，表示该图层已转换为智能滤镜图层。然后再为图层添加其他一种或多种滤镜效果，单击滤镜前的按钮，即可隐藏滤镜效果，再次单击该位置，将显示滤镜效果；若单击智能滤镜前的按钮可隐藏所有滤镜效果。图10-55所示为创建智能滤镜，然后添加滤镜库的滤镜与“拼贴”滤镜，最后隐藏“拼贴”滤镜的效果。

图10-55 创建智能滤镜并隐藏“拼贴”滤镜

2. 删除智能滤镜

一个智能滤镜图层可以包含多个智能滤镜，当用户需要删除单个智能滤镜时，只需要选中需要删除的智能滤镜，并将其拖动到按钮上，则可将选择的智能滤镜删除。若选择【图层】/【智能滤镜】/【清除智能滤镜】命令，可删除一个智能滤镜图层的所有智能滤镜。

课堂练习——制作水彩猫

本例将打开“猫.jpg”图像文件（素材\第10章\课堂练习\猫.jpg），将其转换为智能滤镜，然后应用海报边缘滤镜和水彩滤镜，制作水彩绘画猫效果，制作前后的效果如图10-56所示（效果\第10章\课堂练习\猫.psd）。

图10-56 水彩猫素材与效果

10.2 应用独立滤镜

Photoshop CS6中的独立滤镜包括液化、镜头矫正、自适应广角滤镜、消失点等几个常用滤镜，它们直接集中在“滤镜”菜单中，相互之间没有关联。本节将详细讲解应用独立滤镜的方法。

10.2.1 课堂案例——人物魔法瘦身

案例目标：利用“液化”滤镜中的向前变形工具与褶皱工具对提供的模特图像进行瘦身处理，包括拉长颈部、瘦胳膊、瘦腰、瘦腹等操作，使模特身材更加苗条，最后使用“消失点”滤镜将模特置于手机画面中，完成后的参考效果如图10-57所示。

知识要点：“液化”滤镜；内容感知移动工具；“消失点”滤镜。

素材位置：素材\第10章\瘦身.jpg、手机.jpg

效果文件：效果\第10章\瘦身.psd

图10-57 人物魔法瘦身前后对比

其具体操作步骤如下。

STEP 01 打开“瘦身.jpg”图像文件，按【Ctrl+J】组合键复制背景。选择【滤镜】/【液化】命令，打开“液化”对话框，将图像比例设置为“200%”，选择抓手工具，移动至图像人物下巴处，选择向前变形工具，在对话框右侧设置画笔大小为“80”，在人物下巴左侧按住鼠标左键不放并慢慢向内拖动以调整下巴的曲线，使用相同的方法继续调整下巴的其他线条，如图10-58所示。

视频教学
人物魔法瘦身

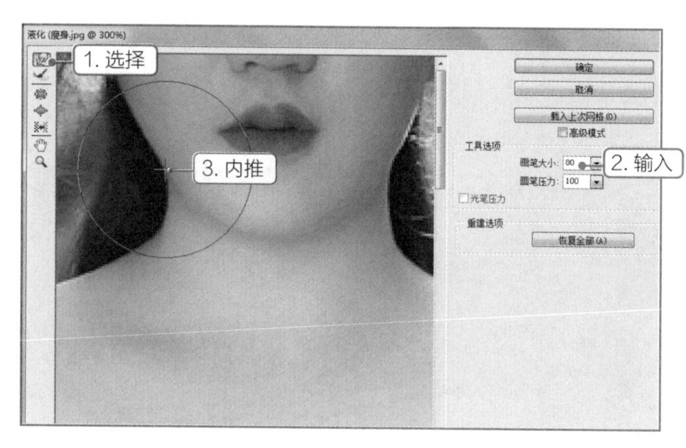

图10-58 瘦下巴

STEP 02 在对话框右侧设置画笔大小为“60”，在人物脖子左侧按住鼠标左键不放并慢慢向内拖动以调整脖子的曲线。使用相同的方法继续调整脖子以及脖子周边肩部的其他线条，实现变细拉长脖子的目的，效果如图10-59所示。

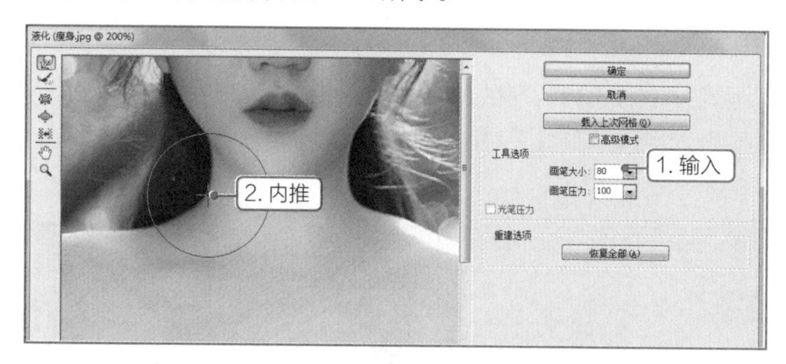

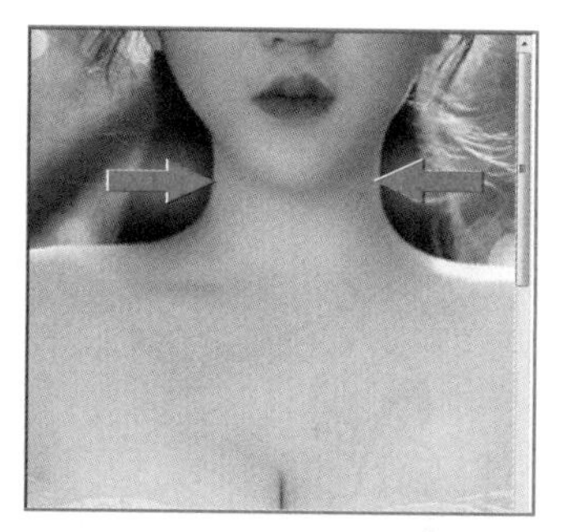

图10-59 变细拉长脖子

STEP 03 在对话框右侧设置画笔大小为“500”，在人物腰部左侧按住鼠标左键不放并慢慢向内拖动以调整腰部的曲线，使用相同的方法继续调整右侧腰部的曲线，实现瘦腰的目的，如图10-60所示。

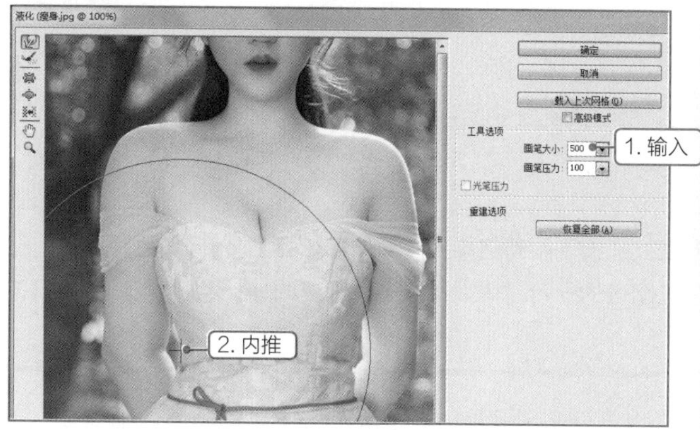

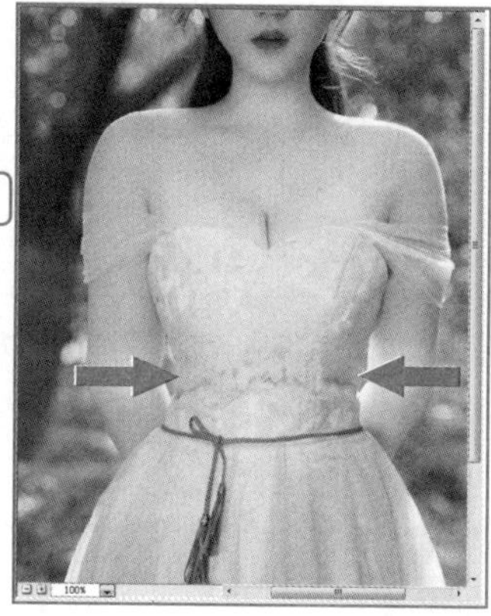

图10-60 瘦腰

STEP 04 在对话框右侧设置画笔大小为“120”，在人物手臂外侧按住鼠标左键不放并慢慢向内拖动以调整手臂外侧的曲线，使用相同的方法继续调整其他手臂外侧的曲线，实现初步瘦手臂的目的，如图10-61所示。

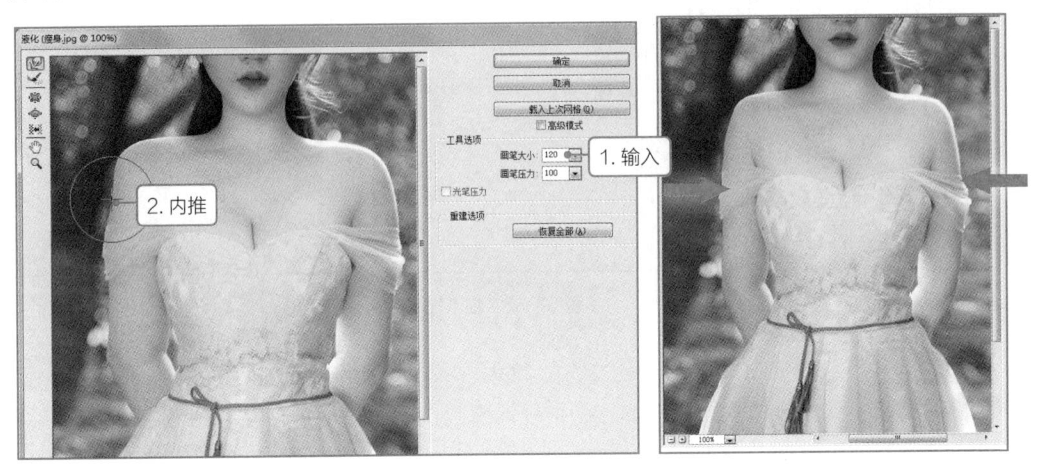

图10-61　瘦手臂外侧

STEP 05 在对话框右侧设置画笔大小为“30”，在人物手臂内侧按住鼠标左键不放并慢慢向内拖动以调整内侧的曲线，使用相同的方法继续调整手臂内侧以及腰部的线条，在瘦手臂的同时增大手臂与腰部的空隙，效果如图10-62所示。

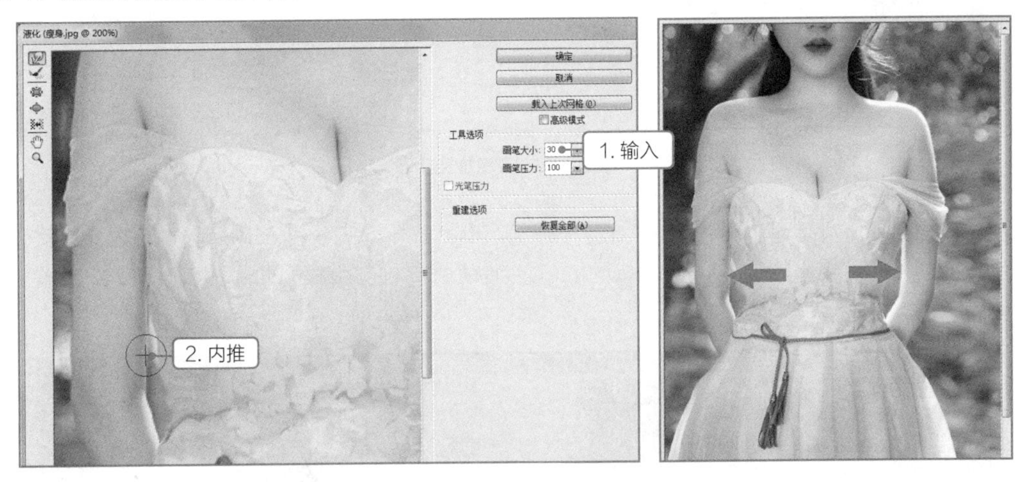

图10-62　瘦手臂内侧

技巧　在瘦手臂内侧时，可向上变形拖动手臂与腰部空隙处的风景，达到增加手臂与腰部空隙的目的。此外画笔的大小与图像的显示比例并不是一成不变的，需要根据调整位置的不同进行缩小或放大。

STEP 06 选择褶皱工具，在对话框右侧设置画笔大小为“400”，在人物腹部多次单击鼠标，实现瘦腹效果，瘦腹后裙子褶皱间距变小，如图10-63所示。

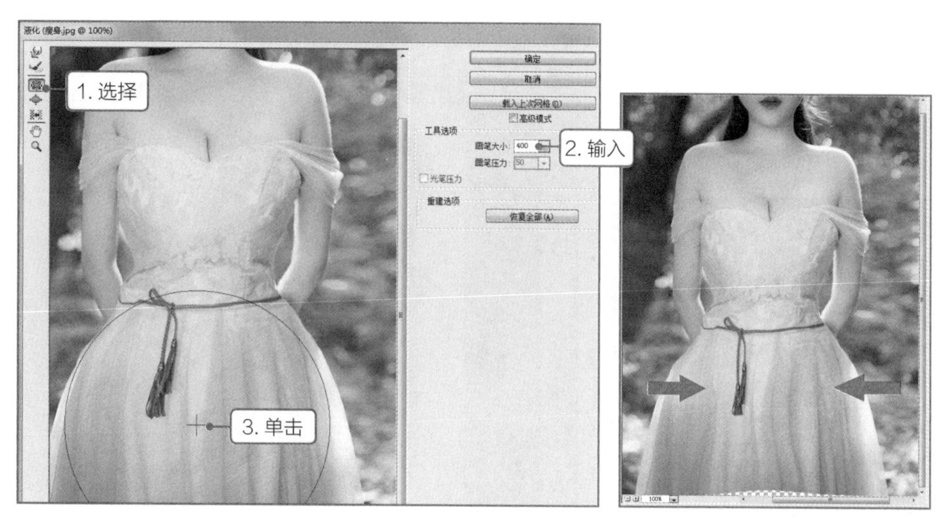

图 10-63　瘦腹

STEP 07 选择向前变形工具，在对话框右侧设置画笔大小，拖动人物裙子，加大裙摆，使裙子沿着褶皱线大致垂直呈伞形分布，效果如图10-64所示。完成后单击 确定 按钮。

STEP 08 选择内容感知移动工具，在工具属性栏中的“模式”下拉列表框中选择“扩展”选项，将鼠标指针移到右侧拼合线上，拖动鼠标创建选区，然后移动选区内的图像到下方拼合线变形的区域，修补拼合线区域，如图10-65所示。继续采用该方法修复褶皱、腰带等有瑕疵的区域。

图 10-64　调整裙子轮廓与褶皱的走向

图 10-65　修复裙子上的拼合线区域

STEP 09 按【Ctrl+A】组合键选择图像，按【Ctrl+C】组合键复制图像，如图10-66所示。

STEP 10 打开“手机.jpg”图像文件，按【Ctrl+J】组合键复制背景，选择【滤镜】/【消失点】命令，打开“消失点”对话框。单击创建平面工具，在预览图中单击选择手机屏幕的四角生成网格，如图10-67所示。

技巧 虽然使用“变形”命令也可以将图像嵌入到手机画面中，但它的变形精确程度没有“消失点”滤镜高，很多时候在嵌入一些复杂的图像形状时，必须使用“消失点”滤镜。

图10-66 选择并复制图像

图10-67 绘制网格

STEP 11 按【Ctrl+V】组合键粘贴模特图像，选择变换工具，拖动四角调整粘贴图像大小，然后移动到手机网格中的合适位置，如图10-68所示，单击  按钮。

STEP 12 返回图像窗口，使用内容感知移动工具在裙子上的蓝色区域附近创建选区，拖动选区到蓝色区域上进行修复；选择"背景"图层，为模特图像遮挡的手指创建选区，按【Ctrl+J】组合键复制手指到新图层，移动图层到顶层，效果如图10-69所示。存储文件完成本例的制作。

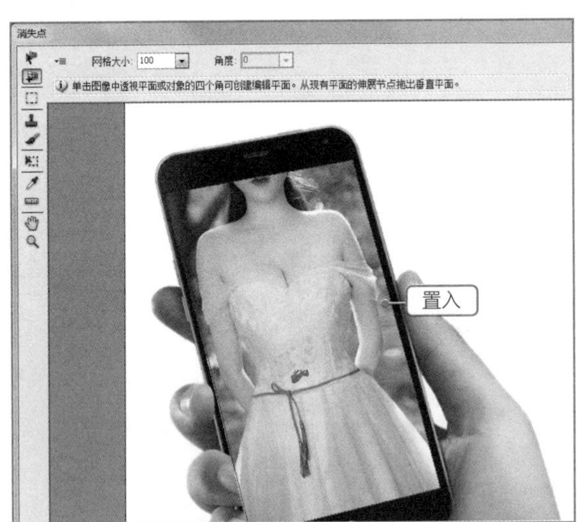

图10-68 粘贴、调整并置入图像

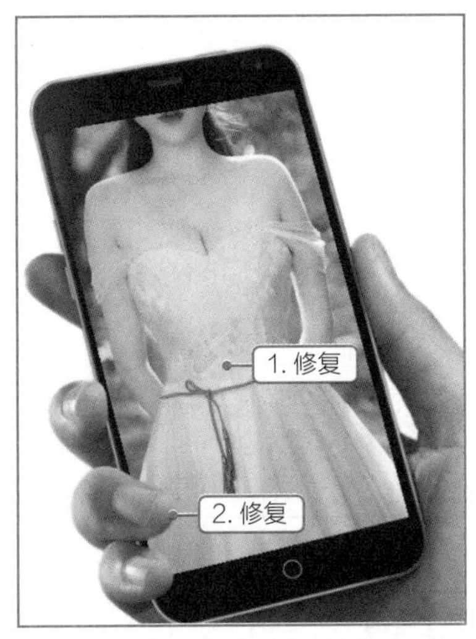

图10-69 修复裙子与手指

10.2.2 使用"液化"滤镜

使用"液化"滤镜可以对图像的任何部分进行各种各样类似液化效果的变形处理，如收缩、膨胀、旋转等，多用于人物修身。在液化过程中，可对其各种效果程度进行随意控制，是修饰图像和创建艺术效果的有效方法。选择【滤镜】/【液化】/命令，打开图10-70所示的"液化"对话框，其中主要选项的含义介绍如下。

图10-70 “液化”对话框

- 向前变形工具：该工具可使被涂抹区域内的图像产生向前位移的效果，多用于瘦腿、瘦腰、瘦胳膊等操作。
- 重建工具：在液化变形后的图像上涂抹，可将图像中的变形效果还原为原图像。
- 褶皱工具：此工具可以使图像产生向内压缩变形的效果。
- 膨胀工具：此工具可以使图像产生向外膨胀放大的效果，可以用于为人物丰胸、放大人物眼睛等操作。
- 左推工具：此工具可以使图像中的像素发生位移的变形效果。
- 抓手工具：单击该工具按钮，可在预览窗口中抓取图像，以查看图像显示区域。
- 缩放工具：单击该工具按钮，在图像预览窗口上单击鼠标，可放大/缩小图像显示区域。
- “工具选项”栏：“画笔大小”数值框用于设置扭曲图像的画笔的宽度；“画笔压力”数值框用于设置画笔在图像上产生的扭曲速度，较低的压力可减慢更改速度，便于对变形效果进行控制。
- 恢复全部(A)按钮：设置效果后，单击该按钮，可恢复原图。
- “高级模式”复选框：单击选中该复选框，将激活更多液化选项设置，如顺时针旋转扭曲工具、冻结蒙版工具和解冻蒙版工具，以及右侧的工具选项、重建选项、显示图像、显示蒙版和显示背景等都能进行更丰富的设置。若不需要这些设置，可撤销选中该复选框，恢复到简单模式。

10.2.3 使用“油画”滤镜

使用“油画”滤镜可以将普通的图像效果转换为手绘油画效果，通常用于制作风格画。其方法是：

选择【滤镜】/【油画】/命令，打开“油画”对话框，在其中对“画笔”和“光照”参数进行设置即可，如图 10-71 所示，各选项的作用如下。

- 样式化：用于设置笔触样式。
- 清洁度：用于设置纹理的柔化程度。
- 缩放：用于设置纹理的缩放效果。
- 硬毛刷细节：用于设置画笔细节的丰富程度，数值越高毛刷纹理越清晰。
- 角方向：用于设置光线的照射角度。
- 闪亮：可以提高纹理的清晰度，产生弱化效果，数值越高纹理越明显。

图 10-71 “油画”对话框

10.2.4 使用“消失点”滤镜

使用“消失点”滤镜，可以在极短的时间内达到令人称奇的效果。在“消失点”滤镜创建平面工具选择的图像区域内进行克隆、喷绘、粘贴图像等操作时，操作会自动应用透视原理，按照透视的角度和比例来自适应图像的大小，从而节约制作时间。选择【滤镜】/【消失点】命令或按【Ctrl+Alt+V】组合键，打开“消失点”对话框，如图 10-72 所示，各选项的作用如下。

图 10-72 “消失点”对话框

- 编辑平面工具：单击该工具按钮，可以选择、编辑网格。
- 创建平面工具：单击该工具按钮，可从现有的平面伸展出垂直的网格。
- 选框工具：单击该工具按钮，可移动刚粘贴的图像。
- 图章工具：单击该工具按钮，可产生与仿制图章工具相同的效果。
- 画笔工具：单击该工具按钮，可对图像使用画笔功能绘制图像。
- 变换工具：单击该工具按钮，可对网格区域的图像进行变换操作。
- 吸管工具：单击该工具按钮，可设置绘图的颜色。
- 测量工具：单击该工具按钮，可查看两点之间的距离。

10.2.5 使用“自适应广角”滤镜

使用“自适应广角”滤镜能对图像的范围进行调整，使图像得到类似使用不同镜头拍摄的视觉效果。Photoshop中的“自适应广角”滤镜能对图像的透视、完整球面和鱼眼等进行调整，也可拉直全景图像。选择【滤镜】/【自适应广角】命令，打开图10-73所示的“自适应广角”对话框，其中主要选项的含义介绍如下。

图10-73 “自适应广角”对话框

- 约束工具：单击该工具按钮，再使用鼠标在图像单击或拖动可设置线性约束。
- 多边形约束工具：单击该工具按钮，再使用鼠标单击设置多边形约束。
- “校正”下拉列表框：用于选择校正的类型。
- “缩放”栏：用于设置图像的缩放情况。
- “焦距”栏：用于设置图像的焦距情况。
- “裁剪因子”栏：用于设置需进行裁剪的像素。
- “原照设置”复选框：单击选中该复选框，可以使用照片原数据中的焦距和裁剪因子。
- “细节”栏：该栏中将显示光标指示图像下方的细节（比例为100%）。使用约束工具和多边形约束工具时，可通过该栏观察图像来准确定位约束点。

10.2.6 使用“镜头校正”滤镜

使用相机拍摄照片时，可能因为一些外在因素造成出现如镜头失真、晕影、色差等情况。这时可通过“镜头校正”滤镜对图像进行校正，修复出现的问题。选择【滤镜】/【镜头校正】命令，打开图10-74所示的“镜头校正”对话框，“自动校正”与“自定”选项卡中各选项的作用相同，不同的是，用户可在“自定”选项卡中设置各选项的参数。下面对“自定”选项卡中的各选项进行介绍。

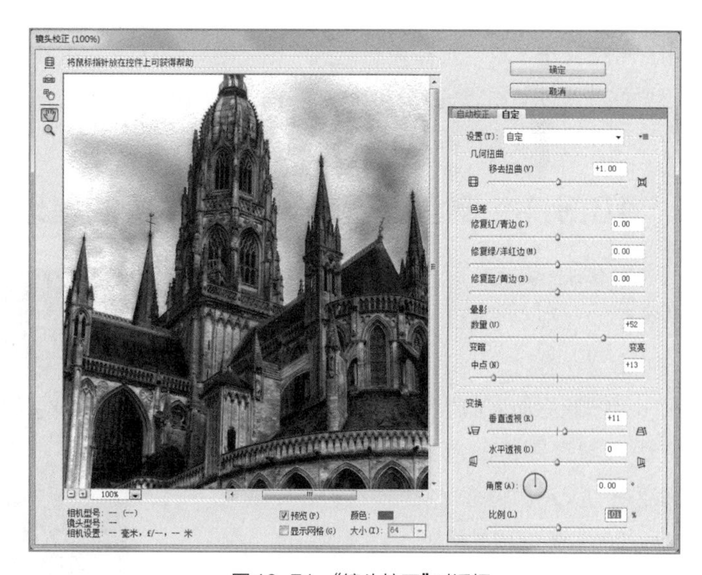

图10-74 “镜头校正”对话框

- “几何扭曲”栏：用于校正镜头的失真。当其值为负值时，图像向中心扭曲；当其值为正值时，图像向外扭曲。
- “色差”栏：用于校正图像的色差，其值越大，色彩调整的颜色越艳丽。
- “晕影”栏：用于校正由于镜头缺陷而造成的图像边缘较暗的现象。其中“数量”选项用于设置沿图像边缘变亮或变暗的程度；“中点”选项用于设置受“数量”选项影响的区域宽度。
- “变换”栏：用于校正图像在水平或垂直方向上的偏移。其中“垂直透视”选项用于校正图像在垂直方向上的透视错误，当值为“100”时可将图像设置为仰视角度，当值为“-100”时可将图像设置为俯视角度；“水平透视”选项用于校正图像在水平方向上的透视效果；“比例”选项用于控制镜头的校正比例；“角度”选项用于设置图像的旋转角度。

课堂练习——制作油画樱桃

本例将打开“樱桃.jpg”图像文件（素材\第10章\课堂练习\樱桃.jpg），复制背景，将其转换为智能滤镜，然后应用油画滤镜，最后添加图层蒙版隐藏背景中的油画效果，制作油画樱桃效果，制作前后的效果如图10-75所示（效果\第10章\课堂练习\樱桃.psd）。

图10-75　樱桃素材与效果

10.3 应用滤镜组

Photoshop CS6的滤镜菜单在完善“滤镜库”部分滤镜组中滤镜的同时，又增加了多个滤镜组，用户可在其子菜单中选择该滤镜组中相关的具体滤镜。本节主要介绍滤镜中各项命令的具体操作。用户可以通过应用滤镜为图像添加各种各样的特殊图像效果，从而将所有滤镜的功能应用自如，创造出各种具有特殊效果的图像。

10.3.1 课堂案例——制作燃烧的星球

案例目标：火焰燃烧的效果能在视觉上给人强烈的冲击感，有时，设计师会采用为图像添加火焰效果的方法来增强图像的感染力和震撼力。本例将练习使用Photoshop CS6 的“风格化”滤镜组、“扭曲”滤镜组、“模糊”滤镜组中的相关滤镜制作燃烧的星球效果，完成后的参考效果如图 10-76 所示。

视频教学
制作燃烧的星球

图10-76　燃烧的星球效果

知识要点：“风格化”滤镜组；“扭曲”滤镜组；“模糊”滤镜组。

素材位置：素材 \ 第 10 章 \ 燃烧的星球 \

效果文件：效果 \ 第 10 章 \ 燃烧的星球 .psd

其具体操作步骤如下。

STEP 01 打开“红色星球.jpg”图像文件，在工具箱中选择快速选择工具，在图像的黑色区域单击创建选区，然后按【Ctrl+Shift+I】组合键反选选区，按【Ctrl+J】组合键，复制选区并创建图层，按住【Ctrl】键的同时单击“图层1”缩略图载入选区，如图10-77所示。

STEP 02 切换到“通道”面板，单击“将选区存储为通道”按钮，得到“Alpha1”通道，按【Ctrl+D】组合键取消选区，显示并选择“Alpha1”通道，隐藏其他通道，如图10-78所示。

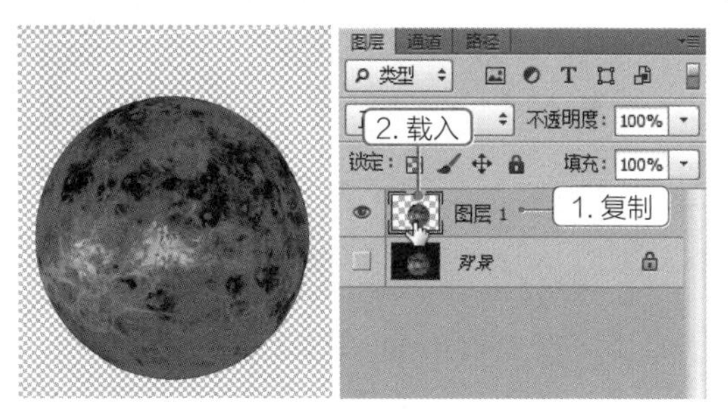

图10-77 创建选区

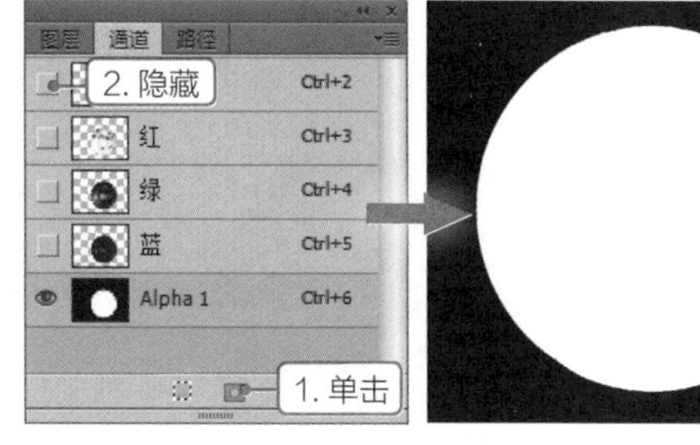

图10-78 创建通道

STEP 03 选择“Alpha1”通道，选择【滤镜】/【风格化】/【扩散】命令，打开“扩散”对话框，在“模式”栏中单击选中“正常”单选项，单击确定按钮应用设置，然后按两次【Ctrl+F】组合键，重复应用扩散滤镜，如图10-79所示。

STEP 04 选择“Alpha1”通道，选择【滤镜】/【滤镜库】命令，打开“滤镜库”对话框，在“扭曲”滤镜组中选择“海洋波纹”滤镜，在右侧设置波纹大小、波纹幅度分别为“5”“8”，单击确定按钮，如图10-80所示。

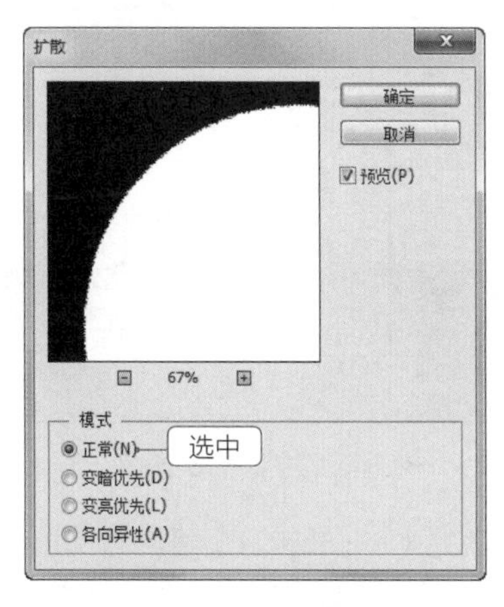

图10-79 “扩散”对话框

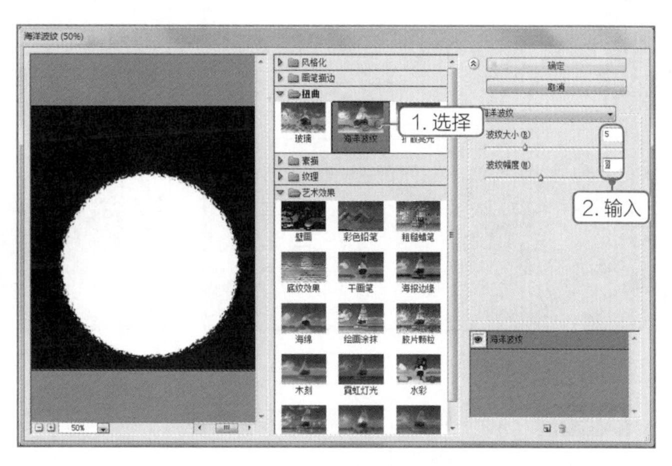

图10-80 设置海洋波纹参数

STEP 05 选择【滤镜】/【风格化】/【风】命令，打开“风”对话框，在“方法”栏中单击选中“风”单选项，在“方向”栏中单击选中“从右”单选项，单击确定按钮，如图10-81所示。使用相同的方法，打开“风”对话框，设置风的方向为“从左”。

STEP 06 选择【图像】/【图像旋转】/【90度（顺时针）】命令，旋转画布，按两次

【Ctrl+F】组合键，重复应用风滤镜，将Alpha1通道拖动到“通道”面板底部的“创建新通道”按钮上，复制通道得到Alpha1副本通道，按【Ctrl+F】组合键重复应用风滤镜，选择【图像】/【图像旋转】/【90度（逆时针）】命令，旋转画布，如图10-82所示。

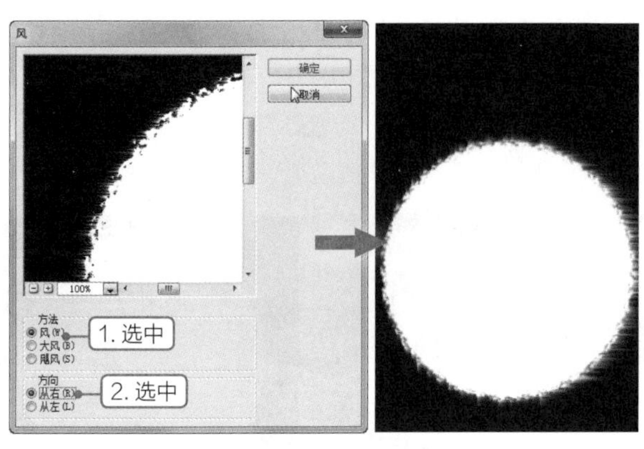

图10-81　设置风滤镜

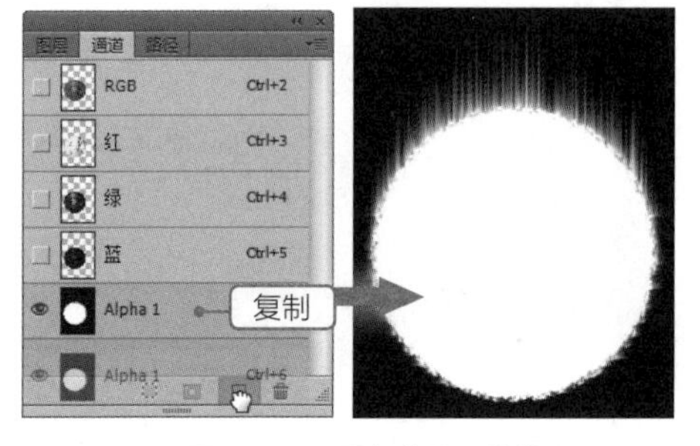

图10-82　重复使用风滤镜

STEP 07 选择“Alpha1副本”通道，选择【滤镜】/【滤镜库】命令，打开“滤镜库”对话框，打开“扭曲”滤镜组，选择“玻璃”滤镜，设置扭曲度、平滑度、缩放分别为“20”“14”“105%”，单击确定按钮，如图10-83所示。

STEP 08 选择【滤镜】/【滤镜库】命令，打开“滤镜库”对话框，打开“扭曲”滤镜组，选择“扩散亮光”滤镜，设置粒度、发光量、清除数量分别为“6”“10”“15”，单击确定按钮，如图10-84所示。

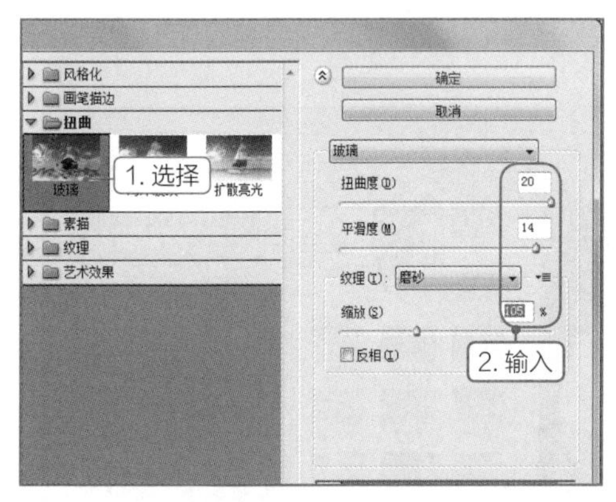

图10-83　设置“玻璃”滤镜

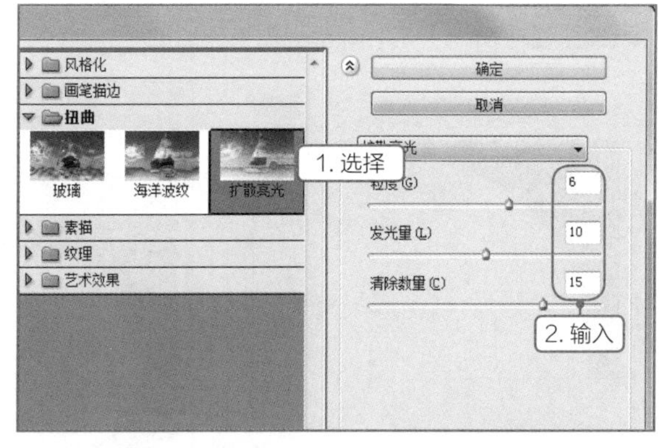

图10-84　设置“扩散亮光”滤镜

STEP 09 选择魔棒工具，在星球图像上单击载入选区，按【Ctrl+Shift+I】组合键反选选区，选择【选择】/【修改】/【羽化】命令，打开“羽化选区”对话框，在其中设置羽化半径为“6像素”，单击确定按钮。选择【滤镜】/【模糊】/【高斯模糊】命令，打开“高斯模糊”对话框，设置半径为“1像素”，单击确定按钮，如图10-85所示。

STEP 10 取消选区，按【Ctrl】键单击“Alpha1副本”通道，载入选区，切换到“图层”面板，新建一个图层，按【D】键复位前景色和背景色，按【Ctrl+Delete】组合键填充选区为“白色”，再次新建一个图层，将其移动到图层2下方，按【Alt+Delete】组合键填充“黑色”，如图10-86所示。

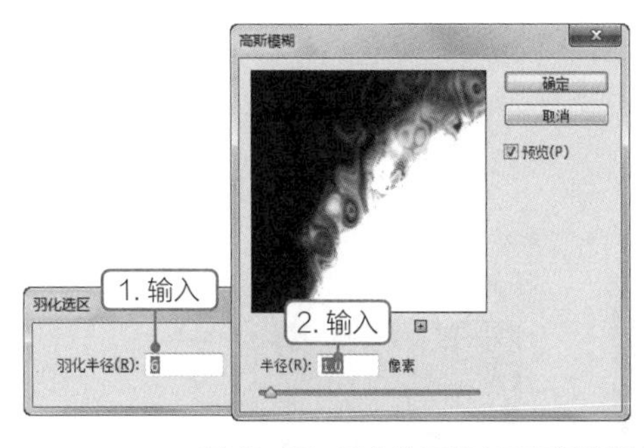

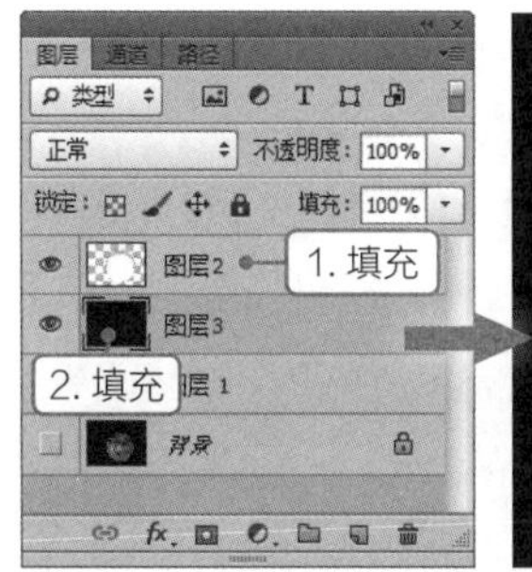

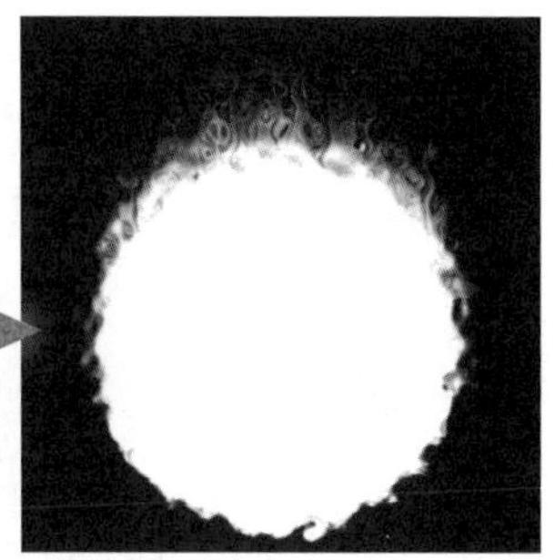

图10-85　羽化选区并应用高斯模糊滤镜

图10-86　载入并填充选区

STEP 11 选择图层2，在“调整”面板中单击“创建新的色相/饱和度调整图层”按钮，打开色相/饱和度“属性”面板，在其中设置色相、饱和度分别为“40”“100”，单击选中“着色”复选框，如图10-87所示。

STEP 12 在“调整”面板中单击“创建新的色彩平衡调整图层”按钮，打开色彩平衡“属性”面板，在“色调”下拉列表中选择“中间调”选项，设置青色到红色为“100”；在“色调”下拉列表中选择“高光”选项，设置青色到红色为“+100”，如图10-88所示。

STEP 13 按【Ctrl+Shift+Alt+E】组合键盖印为图层4，将盖印图层的混合模式设置为“线性减淡（添加）”，如图10-89所示。

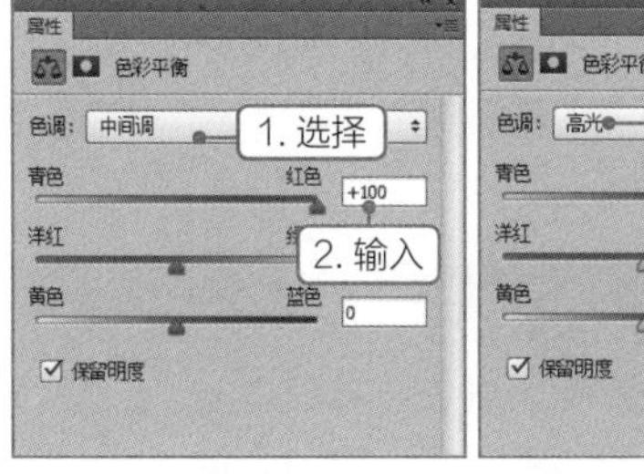

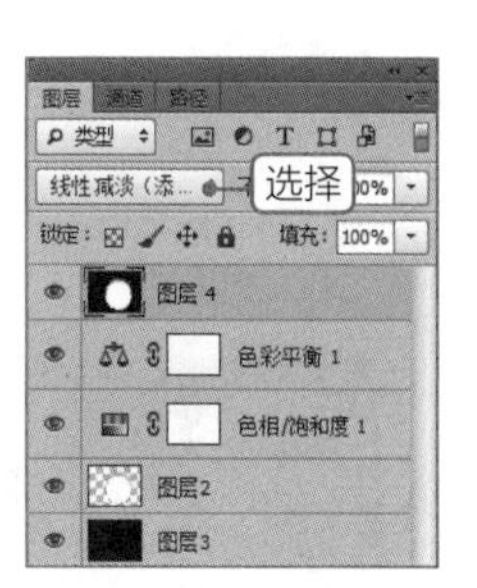

图10-87　调整色相/饱和度

图10-88　调整色彩平衡

图10-89　盖印图层

STEP 14 使用魔棒工具选择星球图像，按【Alt+Delete】组合键为选区填充“黑色”，取消选区，删除“图层2”图层，此时将显示出填充的黑色星球，与黑色背景融为一体，显示出火环，如图10-90所示。

STEP 15 切换到“通道”面板，选择“Alpha1副本”通道，选择【滤镜】/【滤镜库】命令，打开“滤镜库”对话框，选择“扭曲”滤镜组，选择“玻璃”滤镜，在其中设置扭曲度、平滑度、缩放分别为“20”“15”“52%”，单击确定按钮，如图10-91所示。

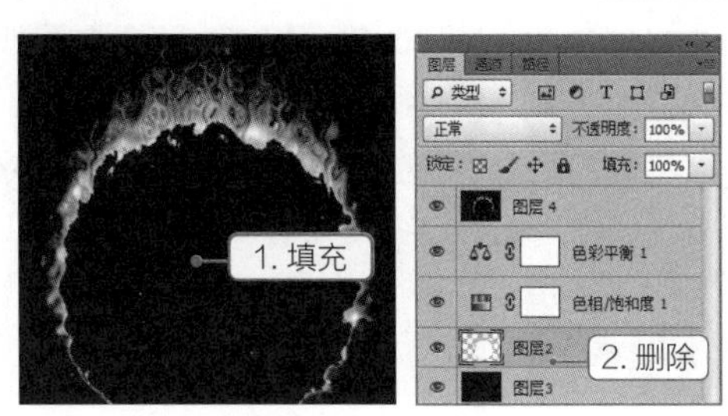

图10-90　填充选区

图10-91　设置“玻璃”滤镜参数

STEP 16 使用魔棒工具选择星球，按【Shift+Ctrl+I】组合键反选选区，按【Shift+F6】组合键打开“羽化选区”对话框，设置羽化半径为“6像素”，单击确定按钮，如图10-92所示。

STEP 17 选择【滤镜】/【模糊】/【高斯模糊】命令，打开“高斯模糊”对话框，设置半径为“2像素”，单击确定按钮，返回图像窗口取消选区，如图10-93所示。

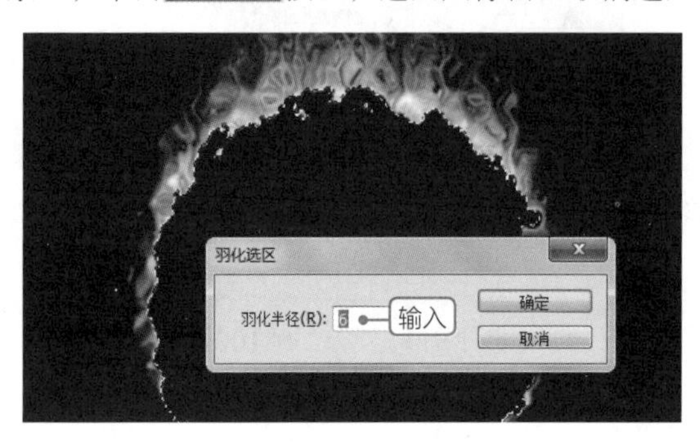

图10-92 羽化选区

图10-93 应用高斯模糊滤镜

STEP 18 切换到“通道”面板，选择Alpha1通道，单击“将通道作为选区载入”按钮，将Alpha1通道中的图像载入选区，切换到“图层”面板隐藏图层4，然后新建一个图层5，用白色填充新建的图层，并将其移动到色相/饱和度1图层的下方，如图10-94所示。

STEP 19 按【Ctrl+Shift+Alt+E】组合键盖印图层，得到图层6，将盖印图层的混合模式设置为“变亮”，并将其移动到最上方，显示图层4，选择图层6，按【Ctrl+E】组合键向下合并，图层6消失，效果叠加到了图层4上，将图层1拖动到图层4上方，然后复制一层，设置图层混合模式为“线性减淡（添加）”，如图10-95所示。

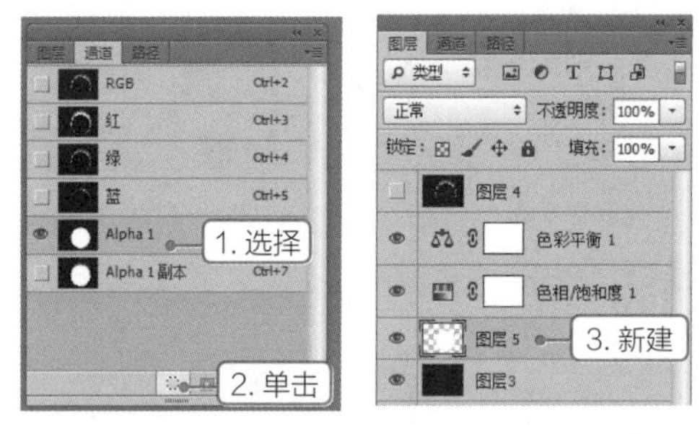

图10-94 新建图层并填充选区

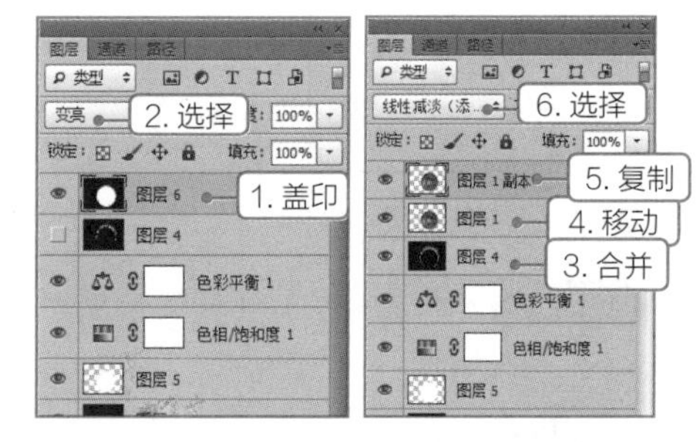

图10-95 盖印图层并设置图层混合模式

STEP 20 打开“星球背景.jpg”和“星球文字.psd”图像文件，使用移动工具将其拖动到红色星球图像中，调整文字、星球的大小与位置，如图10-96所示，完成本例的制作。

图10-96 添加背景与文字

10.3.2 “风格化”滤镜组

“风格化”滤镜组除了滤镜库中的“照亮边缘”滤镜外，选择【滤镜】/【风格化】命令后，在弹出的子菜单中包括8种滤镜，如“查找边缘”“等高线”“风”“浮雕效果”“扩散”“拼贴”“曝光过度”和“凸出”滤镜，下面分别对这几种滤镜进行介绍。

- 查找边缘：“查找边缘”滤镜可以查找图像中主色块颜色变化的区域，并为查找到的边缘轮廓描边，使图像看起来像用笔刷勾勒的轮廓一样。该滤镜无参数对话框，图10-97所示为使用“查找边缘”滤镜前后的效果。
- 等高线：“等高线”滤镜可以沿图像的亮部区域和暗部区域的边界，绘制出颜色比较浅的线条效果。
- 风：“风”滤镜用于文字中产生的效果比较明显。它可以将图像的边缘以一个方向为准向外移动远近不同的距离，实现类似风吹的效果，图10-98所示为使用“风”滤镜后的效果。

图10-97 “查找边缘”滤镜

图10-98 “风”滤镜

- 浮雕效果：“浮雕效果”滤镜可以将图像中颜色较亮的图像分离出来，再将周围的颜色降低，生成浮雕效果。
- 扩散：“扩散”滤镜可以使图像产生看起来像透过磨砂玻璃一样的模糊效果，图10-99所示为使用“扩散”滤镜后的效果。
- 拼贴：“拼贴”滤镜可以根据对话框中设定的值将图像分成许多小贴块，看上去整幅图像像画在方块瓷砖上一样，图10-100所示为使用“拼贴”滤镜后的效果。

图10-99 “扩散”滤镜

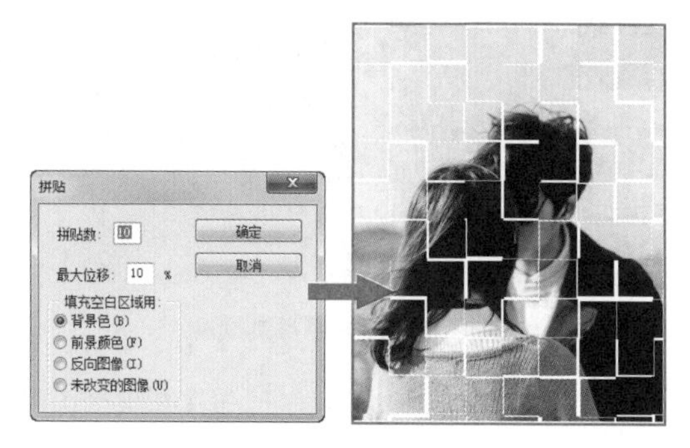

图10-100 “拼贴”滤镜

- 曝光过度：“曝光过度”滤镜可以使图像的正片和负片混合产生类似于摄影中增加光线强度产生的过渡曝光的效果。该滤镜无参数对话框，图10-101所示为使用“曝光过度”滤镜后的效果。
- 凸出：“凸出”滤镜可以将图像分成数量不等，但大小相同并有序叠放的立体方块，用来制作图像的三维背景，图10-102所示为使用“凸出”滤镜后的效果。

图10-101 “曝光过度”滤镜

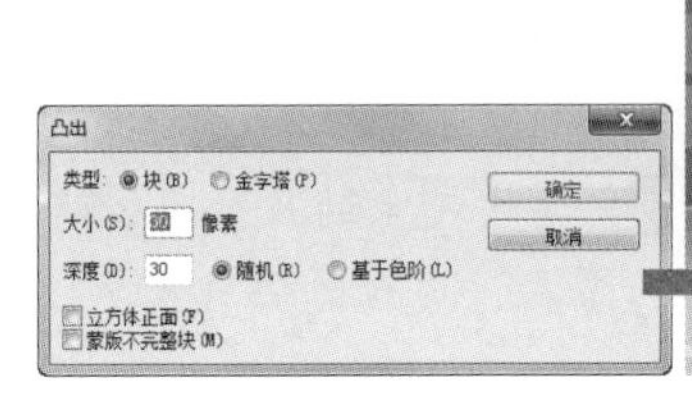

图10-102 “凸出”滤镜

10.3.3 “模糊”滤镜组

“模糊”滤镜组通过削弱图像中相邻像素的对比度，使相邻的像素产生平滑过渡效果，从而产生边缘柔和、模糊的效果。模糊滤镜组中共14种滤镜，它们按模糊方式不同对图像起到不同的作用。使用时只需选择【滤镜】/【模糊】命令，在弹出的子菜单中选择相应的子命令即可，下面分别对这些命令进行介绍。

- 场景模糊：“场景模糊”滤镜可以使画面不同区域呈现不同模糊程度的效果。图10-103所示为场景模糊的调整界面，在其中可对图像的模糊程度进行调整。
- 光圈模糊：“光圈模糊”滤镜可以将一个或多个焦点添加到图像中，如图10-104所示，用户可以对焦点的大小、形状，以及焦点区域外的模糊数量和清晰度等进行设置。
- 倾斜偏移：“倾斜偏移”滤镜可用于模拟相机拍摄的移轴效果，其效果类似于微缩模型，如图10-105所示。

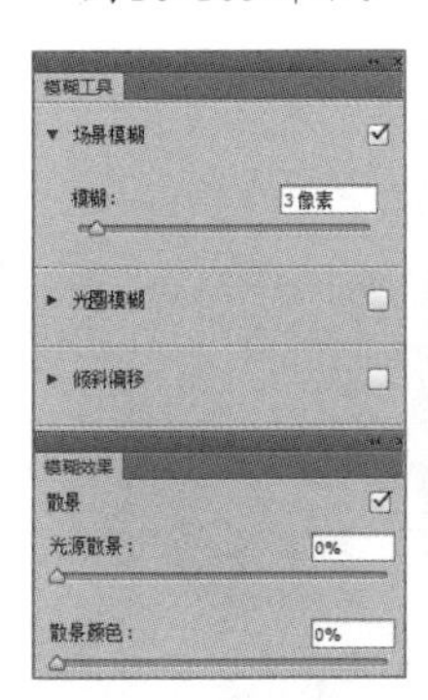

图10-103 “场景模糊”滤镜

图10-104 “光圈模糊”滤镜

图10-105 “倾斜偏移”滤镜

- 表面模糊：“表面模糊”滤镜在模糊图像时可保留图像边缘，用于创建特殊效果以及去除杂点和颗粒，图10-106所示为使用“表面模糊”滤镜后前后图像的效果。

- 动感模糊：“动感模糊”滤镜可通过对图像中某一方向上的像素进行线性位移来产生运动的模糊效果，图10-107所示为使用“动感模糊”滤镜前后图像的效果。

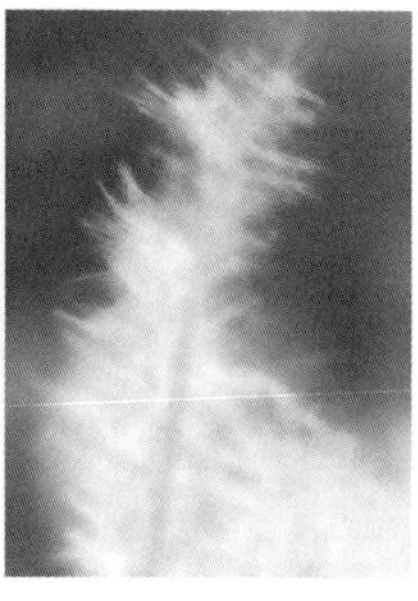

图10-106 “表面模糊”滤镜

图10-107 “动感模糊”滤镜

- 方框模糊：“方框模糊”滤镜以邻近像素颜色平均值的颜色为基准值模糊图像。
- 高斯模糊：“高斯模糊”滤镜可根据高斯曲线对图像进行选择性的模糊，以产生强烈的模糊效果，是比较常用的模糊滤镜。在“高斯模糊”对话框中，“半径”数值框可以调节图像的模糊程度，数值越大，模糊效果越明显，图10-108所示为对人物皮肤使用“高斯模糊”滤镜前后图像的效果。
- 径向模糊：“径向模糊”滤镜可以使图像产生旋转或放射状模糊效果，图10-109所示为使用“径向模糊”滤镜前后图像的效果。

图10-108 “高斯模糊”滤镜

图10-109 “径向模糊”滤镜

- 进一步模糊：“进一步模糊”滤镜可以使图像产生一定程度的模糊效果，该滤镜没有参数设置对话框。
- 镜头模糊：“镜头模糊”滤镜可使图像模拟摄像时镜头抖动产生的模糊效果，在“镜头模糊”对话框中可进行镜头模糊设置，图10-110所示为应用“镜头模糊”滤镜的效果。

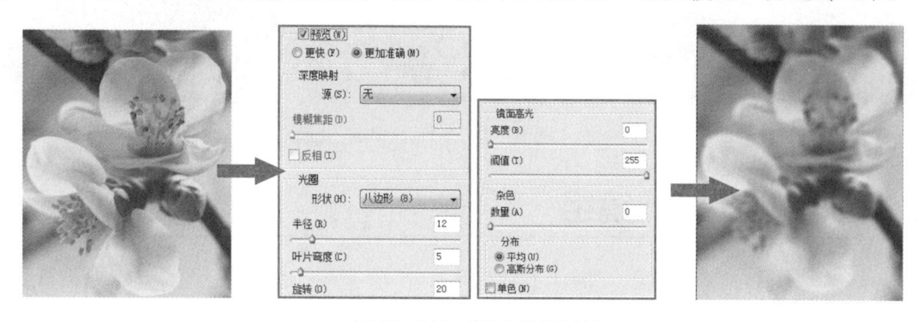

图10-110 “镜头模糊”滤镜

- 模糊：“模糊”滤镜通过对图像中边缘过于清晰的颜色进行模糊处理，来达到模糊的效果。该滤镜无参数设置对话框。使用一次该滤镜命令，图形效果会不太明显，若重复使用多次该滤镜命令，效果会比较明显。
- 平均：“平均”滤镜通过对图像中的平均颜色值进行柔化处理，从而产生模糊效果。该滤镜无参数设置对话框，图10-111所示为使用“平均”滤镜前后图像的效果。
- 特殊模糊：“特殊模糊”滤镜通过找出图像的边缘以及模糊边缘以内的区域，从而产生一种边界清晰、中心模糊的效果。在“特殊模糊”对话框的“模式”下拉列表框中选择“仅限边缘”选项，模糊后的图像呈黑色效果显示。图10-112所示为使用“特殊模糊”滤镜前后图像的效果。

图10-111 “平均”滤镜

图10-112 “特殊模糊”滤镜

- 形状模糊：“形状模糊”滤镜使图形按照某一指定的形状作为模糊中心来进行模糊。在“形状模糊”对话框下方选择一种形状，再在“半径”数值框中输入数值决定形状的大小，数值越大，模糊效果越强，完成后单击 确定 按钮，图10-113所示为使用“形状模糊”滤镜前后图像的效果。

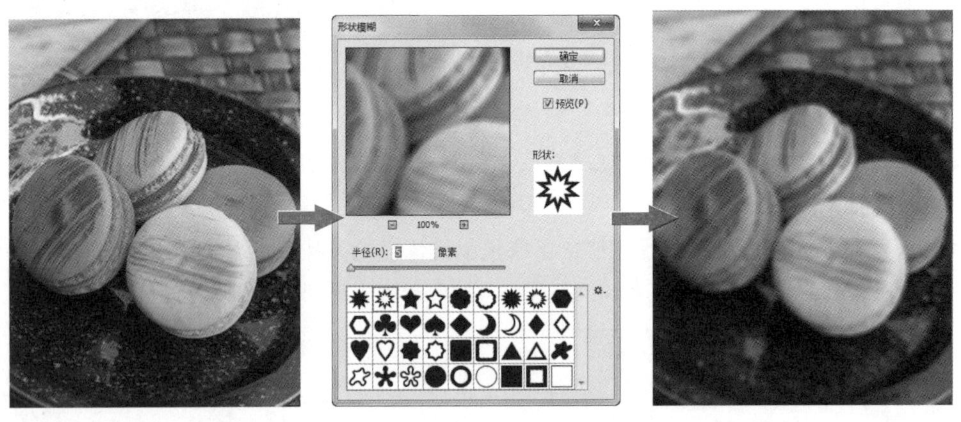

图10-113 “形状模糊”滤镜

10.3.4 “扭曲”滤镜组

“扭曲”滤镜组除了“玻璃”“海洋波纹”和“扩散亮光”滤镜位于滤镜库中，其他滤镜可以选择【滤镜】/【扭曲】命令，然后在弹出的子菜单中选择相应的命令。下面将分别对这些滤镜进行介绍。

- 波浪：“波浪”滤镜通过设置波长使图像产生波浪涌动的效果。图10-114所示为使用“波浪”滤镜前后图像的效果。
- 波纹：“波纹”滤镜可以使图像产生水波荡漾的涟漪效果。它与“波浪”滤镜相似，除此之外，“波纹”对话框中的“数量”还能用于设置波纹的数量，该值越大，产生的涟漪效果越强。
- 极坐标：“极坐标”滤镜可以通过改变图像的坐标方式，使图像产生极端的变形。图10-115所示为使用“极坐标”滤镜前后图像的效果。

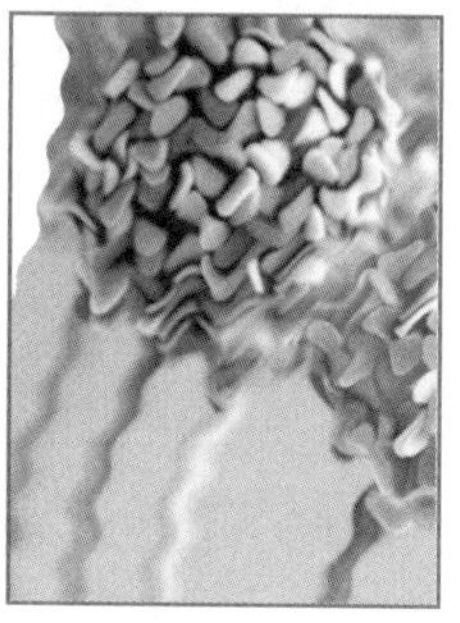

图10-114 “波浪”滤镜

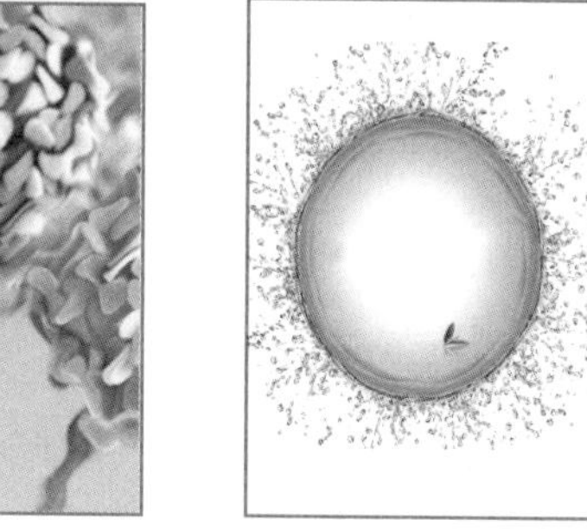
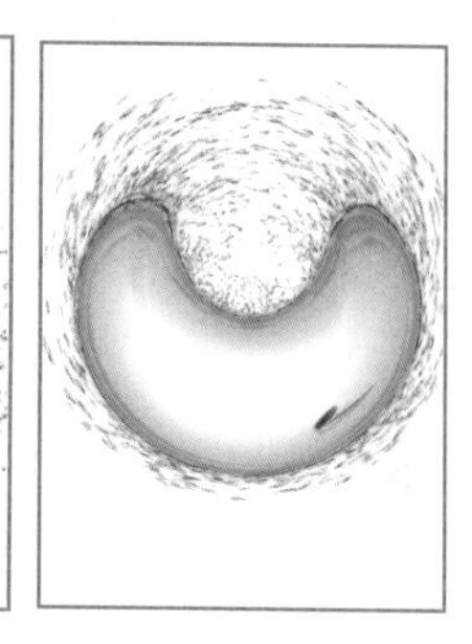

图10-115 “极坐标”滤镜

- 挤压：“挤压”滤镜可以使图像产生向内或向外挤压变形的效果，主要通过在打开的“挤压”对话框的“数量”数值框中输入数值来控制挤压效果。
- 切变：“切变”滤镜可以使图像在竖直方向产生弯曲效果。在“切变”对话框左上侧方格框的垂直线上单击，可创建切变点，拖动切变点可实现图像的切变变形，图10-116所示为使用“切变”滤镜前后图像的效果。
- 球面化：“球面化”滤镜就是模拟将图像包在球上并伸展来适合球面，从而产生球面化的效果。
- 水波：“水波”滤镜可使图像产生起伏状的波纹和旋转效果。图10-117所示为使用“水波”滤镜前后图像的效果。

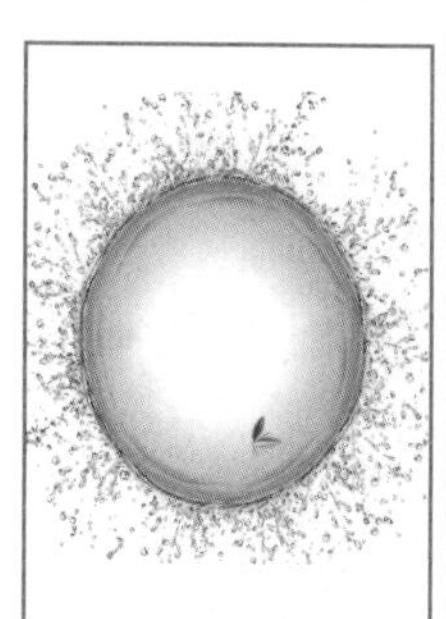
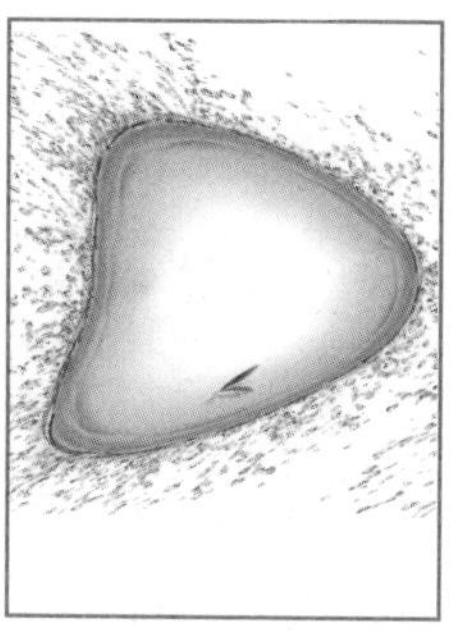

图10-116 “切变”滤镜

图10-117 “水波”滤镜

- 旋转扭曲：“旋转扭曲”滤镜可产生旋转扭曲效果，且旋转中心为物体的中心。“旋转扭曲”对话框中的“角度”用于设置旋转方向，为正值时将顺时针扭曲；为负值时将逆时针扭曲，图10-118所示为对咖啡杯中的咖啡使用“旋转扭曲”滤镜前后图像的效果。

- 置换：“置换”滤镜可以使图像产生移位效果，移位的方向不仅跟参数设置有关，还跟位移图像文件有密切关系。使用该滤镜需要两个文件才能完成，一个是要编辑的图像文件；另一个是位移图像文件，位移图像文件充当移位模板，用于控制位移的方向。如图10-119所示应用“置换”滤镜替换咖啡杯中咖啡的对比效果。

图10-118 “旋转扭曲”滤镜

图10-119 “置换”滤镜

10.3.5 “像素化”滤镜组

“像素化”滤镜组主要通过将图像中相似颜色值的像素转化成单元格，使图像分块或平面化。像素化滤镜一般用于增强图像质感，使图像的纹理更加明显。“像素化”滤镜组包括7种滤镜，只需选择【滤镜】/【像素化】命令，在弹出的子菜单中选择相应的滤镜命令即可，下面分别进行介绍。

- 彩块化：“彩块化”滤镜可以使图像中纯色或相似颜色凝结为彩色块，从而产生类似宝石刻画般的效果。该滤镜没有参数设置对话框。
- 彩色半调：“彩色半调”滤镜可模拟在图像每个通道上应用半调网屏的效果。图10-120所示为使用“彩色半调”滤镜前后图像的效果。
- 晶格化：“晶格化”滤镜可以使图像中相近的像素集中到一个像素的多角形网格中，从而使图像清晰化，在“晶格化”对话框中，“单元格大小”数值框用于设置多角形网格的大小。
- 点状化：“点状化”滤镜可以在图像中随机产生彩色斑点，点与点间的空隙用背景色填充。在“点状化”对话框中，“单元格大小”数值框用于设置点状网格的大小。图10-121所示为使用“点状化”滤镜前后图像的效果。

图10-120 “彩色半调”滤镜

图10-121 “点状”滤镜

- 马赛克：“马赛克”滤镜可以把图像中具有相似彩色的像素统一合成更大的方块，从而产生类似马赛克般的效果，图10-122所示为使用“马赛克”滤镜前后图像的效果。在“马赛克”对话框中，“单元格大小”数值框用于设置马赛克的大小。

- 碎片：“碎片”滤镜可以将图像的像素复制4遍，然后将它们平均移位并降低不透明度，从而形成一种不聚焦的“四重视”效果。
- 铜版雕刻：“铜版雕刻”滤镜可以在图像中随机分布各种不规则的线条和虫孔斑点，从而产生镂刻的版画效果。在“铜版雕刻”对话框中，“类型”下拉列表框用于设置铜版雕刻的样式。图10-123所示为使用“铜版雕刻”滤镜前后图像的效果。

图10-122 “马赛克”滤镜

图10-123 “铜版雕刻”滤镜

10.3.6 “渲染”滤镜组

在制作和处理一些风格照或模拟不同光源下不同的光线照明效果时，可以使用“渲染”滤镜组。“渲染”滤镜组主要用于模拟光线照明效果，该组提供了5种渲染滤镜，分别为“分层云彩”“光照效果”“镜头光晕”“纤维”和“云彩”滤镜，只需选择【滤镜】/【渲染】命令，在弹出的子菜单中选择相应的滤镜命令即可，下面分别进行介绍。

- 分层云彩：“分层云彩”滤镜产生的效果与原图像的颜色有关，它会在图像中添加一个分层云彩效果。该滤镜无参数设置对话框，图10-124所示为使用“分层云彩”滤镜前后图像的效果。
- 光照效果：“光照效果”滤镜的功能相当强大，可以设置光源、光色、物体的反射特性等，然后根据这些设定产生光照，模拟3D绘画效果。使用时只需拖动白色框线调整光源大小，再调整白色圈线中间的强度环，最后按【Enter】键即可。图10-125所示为应用“光照效果”滤镜中的聚光灯的效果。

图10-124 “分层云彩”滤镜

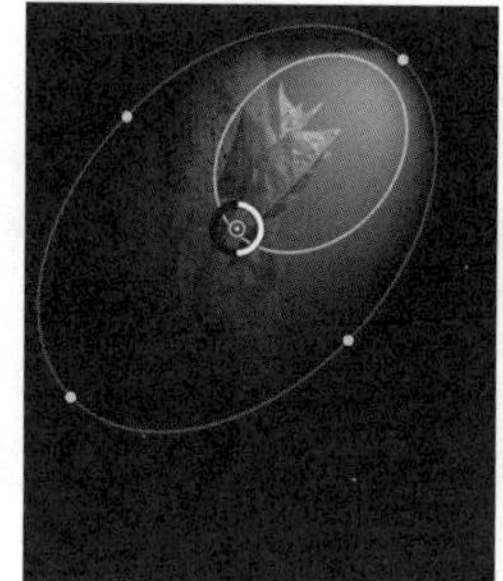

图10-125 “聚光灯”效果

- 镜头光晕：“镜头光晕”滤镜可以通过为图像添加不同类型的镜头来模拟镜头产生眩光的效果，图10-126所示为使用“镜头光晕”滤镜前后图像的效果。
- 纤维：“纤维”滤镜可根据当前设置的前景色和背景色生成一种纤维效果。
- 云彩：“云彩”滤镜可通过在前景色和背景色之间随机地抽取像素并完全覆盖图像，从而产生类似云彩的效果。该滤镜无参数设置对话框，图10-127所示为使用“云彩”滤镜前后图像的效果。

图10-126 “镜头光晕”滤镜

图10-127 “云彩”滤镜

10.3.7 “杂色”滤镜组

使用“杂色”滤镜组可以处理图像中的杂点，共有5种滤镜，分别为“减少杂色”“蒙尘与划痕”“去斑”“添加杂色”和“中间值”滤镜，在阴天拍摄的照片一般都会有杂点，此时使用“杂色”滤镜组中的滤镜就能进行处理。只需选择【滤镜】/【杂色】命令，在弹出的子菜单中选择相应的命令，下面分别进行介绍。

- 减少杂色：“减少杂色”滤镜用来消除图像中的杂色，图10-128所示为应用“减少杂色”滤镜前后图像的效果。
- 蒙尘与划痕：“蒙尘与划痕”滤镜通过将图像中有缺陷的像素融入周围的像素中，从而达到除尘和涂抹的效果。打开“蒙尘与划痕”对话框，如图10-129所示。在其中可通过“半径”选项调整清除缺陷的范围。通过“阈值”选项，确定要进行像素处理的阈值，该值越大，去杂效果越弱。

图10-128 “减少杂色”滤镜

图10-129 “蒙尘与划痕”对话框

- 去斑：“去斑”滤镜无参数设置对话框，它可对图像或选区内的图像进行轻微的模糊、柔化，从而达到掩饰图像中细小斑点、消除轻微折痕的效果，常用于修复照片中的斑点，图10-130所示为去斑前后的图像效果。
- 添加杂色：“添加杂色”滤镜可以向图像中随机混合杂点，即添加一些细小的颗粒状像素，常用于添加杂色纹理效果，它与“减少杂色”滤镜作用相反。
- 中间值：“中间值”滤镜可以采用杂点和其周围像素的折中颜色来平滑图像中的区域。在“中间值”对话框中，“半径”数值框用于设置中间值效果的平滑距离。图10-131所示分别为应用“中间值”滤镜前后的效果。

图10-130 “去斑”滤镜

图10-131 “中间值”滤镜

10.3.8 “锐化”滤镜组

“锐化”滤镜组可以使图像更清晰，一般用于调整模糊的照片。在使用锐化滤镜时要注意，使用过度会造成图像失真。“锐化”滤镜组包括“USM锐化”“进一步锐化”“锐化”“锐化边缘”和“智能锐化”5种滤镜效果，选择【滤镜】/【锐化】命令，在弹出的子菜单中选择相应的命令即可使用。

- USM锐化：“USM锐化”滤镜可以在图像边缘的两侧分别制作一条明线或暗线来调整边缘细节的对比度，将图像边缘轮廓锐化，图10-132所示为使用“USM锐化”滤镜前后的效果。
- 进一步锐化：“进一步锐化”滤镜可以增加像素之间的对比度，使图像变清晰，但锐化效果比较微弱。此外该滤镜命令没有对话框。
- 锐化：“锐化”滤镜和“进一步锐化”滤镜相同，都是通过增强像素之间的对比度增强图像的清晰度，其效果比“进一步锐化”滤镜明显。该滤镜也没有对话框。
- 锐化边缘：“锐化边缘”滤镜可以锐化图像的边缘，并保留图像整体的平滑度，该滤镜没有对话框，图10-133所示为使用“锐化边缘”滤镜前后的效果。

图10-132 “USM锐化”滤镜

图10-133 “锐化边缘”滤镜

- 智能锐化：“智能锐化”滤镜的功能很强大，用户可以设置锐化算法、控制阴影和高光区域的锐化量。图10-134所示为素材以及“智能锐化”对话框的锐化效果。

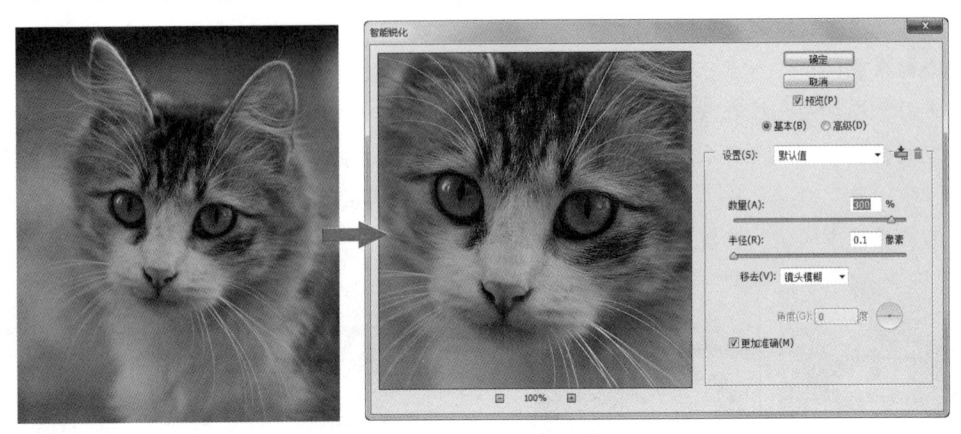

图10-134 “智能锐化”滤镜

10.3.9 “其他”滤镜组

“其他”滤镜组主要用来处理图像的某些细节部分，也可自定义特殊效果滤镜。该组包括5种滤镜，分别为“高反差保留”“位移”“自定”“最大值”和“最小值”滤镜，只需选择【滤镜】/【其他】命令，在弹出的子菜单中选择相应的滤镜命令即可，下面分别进行介绍。

- 高反差保留：“高反差保留”滤镜可以删除图像中色调变化平缓的部分而保留色彩变化最大的部分，使图像的阴影消失，亮点突出。其对话框中的“半径”数值框用于设置该滤镜分析处理的像素范围，值越大，效果图中所保留原图像的像素越多。图10-135所示分别为应用该滤镜前后的效果。
- 自定：“自定”滤镜可以创建自定义的滤镜效果，如创建锐化、模糊和浮雕等滤镜效果。“自定”对话框中有一个5像素×5像素的数值框矩阵，最中间的方格代表目标像素，其余的方格代表目标像素周围对应位置上的像素；在“缩放”数值框中输入一个值后，将以该值去除计算中包含像素的亮度部分；在“位移”数值框中输入的值则与缩放计算结果相加，自定义后再单击 存储(S)... 按钮可将设置的滤镜存储到系统中，以便下次使用。图10-136所示为“自定”滤镜前后的效果。

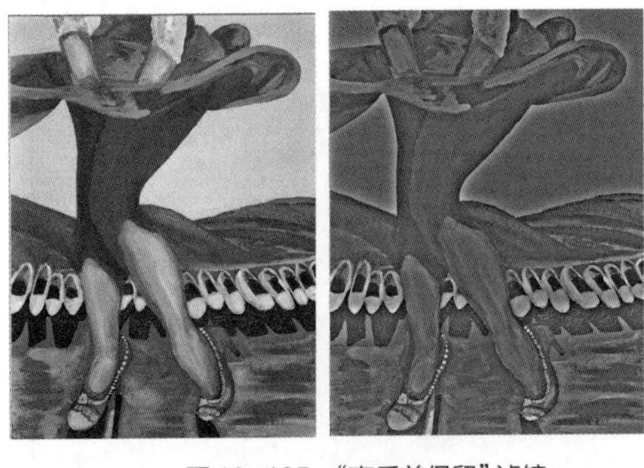

图10-135 “高反差保留”滤镜

图10-136 “自定”滤镜

- 位移：“位移”滤镜可根据在“位移”对话框中设定的值来偏移图像，偏移后留下的空白可以用当前的背景色填充、重复边缘像素填充或折回边缘像素填充。图10-137所示为应用水平方向的“位移”滤镜前后的效果。
- 最大值/最小值：“最大值”滤镜可以将图像中的明亮区域扩大，将阴暗区域缩小，产生较明亮的图像效果；“最小值”滤镜可以将图像中的明亮区域缩小，将阴暗区域扩大，产生较阴暗的图像效果。图10-138所示分别为应用“最大值”和“最小值”滤镜后的效果。

图10-137 “位移”滤镜

图10-138 “最大值”和“最小值”滤镜

疑难解答 | 如何使用外挂滤镜？

在制作一些比较特殊的效果时，自带的滤镜可能并不能满足用户的创作需要。此时，不妨尝试使用第三方厂家开发的外挂滤镜，外挂滤镜会以文件或安装包的形式存在，用户只需将外挂滤镜文件复制或将外挂滤镜程序安装到 Photoshop 安装文件夹下的 Plug-in 文件夹中即可。常用的外挂滤镜有 KPT3、KPT5、Mask Pro 等。

课堂练习——制作动感图片

本练习将打开“动感.jpg”图像文件（素材\第10章\课堂练习\动感.jpg），使用调色工具对图像进行调整，增强饱和度，再使用“径向模糊”滤镜制作镜头晃动的效果，制作前后的效果如图10-139所示（效果\第10章\课堂练习\动感.psd）。

图10-139 动感图片素材与效果

10.4 上机实训——制作水波倒影

10.4.1 实训要求

本实训要求为素材中的人物创建倒影，要求倒影的纹理、大小与方向比较自然，符合水波中倒影的特点。

10.4.2 实训分析

通常物体在光滑材质、镜面、水面等的反射就会形成倒影，不同材质上倒影的呈现形式有所不同，在光滑静止的材质上呈现的倒影往往是静止的，而在水波、破碎的镜面上，倒影就要复杂一些。如水波倒影需要契合水波纹理的走向、水波的大小，在水波荡漾下，倒影也应具有随波荡漾的效果。为了增加物体的逼真感和空间立体感，设计师往往会为作品制作倒影。

在Photoshop中制作倒影时，通常会用到图像变换工具、图像变形、图层蒙版、图层不透明度设置等功能。本例将打开提供的图像文件，抠取人物进行水平翻转变换，然后使用“水波”和“波纹”滤镜为人物制作水中倒影，最后添加图层蒙版修饰倒影，素材图像以及制作后的效果如图10-140所示。

素材所在位置：素材\第10章\上机实训\水岸.jpg

效果所在位置：效果\第10章\上机实训\水岸.psd

图10-140　素材以及水波倒影效果

10.4.3 操作思路

完成本实训主要包括抠取与变换人物、应用“水波”滤镜、应用“波纹”滤镜3大步操作，其操作思路如图10-141所示。涉及的知识点主要包括选区的创建、“水波”滤镜的应用、“波纹”滤镜的应用、图层不透明度的设置、图层蒙版的应用等。

图10-141 操作思路

【步骤提示】

STEP 01 打开提供的图像文件，为人物创建选区并复制到新图层，然后再次复制人物选区，垂直翻转图像，置于人物图层下方。

STEP 02 应用“水波”滤镜，设置数量为“-3”，起伏为“18”，样式为“围绕中心”。

STEP 03 应用“波纹”滤镜，设置数量为“400%”，大小为“中”。

STEP 04 将图层不透明度修改为“80%”，为其创建图层蒙版，使用黑色画笔涂抹蒙版缩略图中倒影与岩石相接的部分，隐藏部分图像，进行自然过渡，存储图像完成制作。

10.5 课后练习

1. 练习1——*制作融化的草莓*

本练习将先制作渐变背景效果，再打开“草莓.jpg”图像文件，使用“液化”滤镜制作水果融化效果，素材与融化的草莓效果如图10-142所示。

素材所在位置：素材\第10章\课后练习\练习1\草莓 .psd

效果所在位置：效果\第10章\课后练习\练习1\草莓.psd

图10-142 融化的草莓素材与效果

2. 练习 2——*制作碎冰图像*

本练习将打开“海豚.jpg”图像文件，调整图像颜色，使用置入命令将“玻璃.psd”图像文件置入到“海豚”图像文件中，制作碎冰痕迹并输入文字，素材以及制作后的碎冰图像的效果如图10-143所示。

素材所在位置： 素材\第10章\课后练习\练习2\碎冰\

效果所在位置： 效果\第10章\课后练习\练习2\碎冰.psd

图10-143　素材与碎冰图像效果

Chapter 11

第11章 图像处理综合案例

综合使用Photoshop CS6的各项功能，可以制作完成很多实用的图像处理案例。不管是现实生活中看到的广告杂志，还是在网店中看到的店铺设计、手机中看到的界面呈现效果，都可以说是应用Photoshop的结果。本章将综合使用Photoshop处理和设计各种图像效果，包括图像精修与合成、广告与包装设计等。以点概面，希望能让读者发现Photoshop更多的使用场景，更好地应用于工作中。

课堂学习目标

- 能够灵活完成产品、人像的精修
- 能够实现图像的合成
- 能够进行广告与包装设计

部分精修案例展示

化妆瓶精修

合成人像

女鞋广告

11.1 图像精修与合成

摄影与后期是相辅相成的，好的摄影作品经过后期的润饰，更能彰显主题，突出视觉效果。不管是商品还是人像摄影，几乎都离不开后期的处理。本节将介绍电商商品、人像的后期处理，以及合成的案例。让读者可以通过Photoshop轻松完成商品图像的修饰、美化；人像的磨皮、调色、抠图，以及多个图像合成以实现特殊的效果等，从而帮助读者提高图像的综合处理水平。

11.1.1 精修化妆瓶

化妆瓶的材质一般有塑料、玻璃、金属等，通常呈圆柱体，对于金属材质而言，反光硬朗分明；而对于塑料与玻璃材质而言，当光投向产品时，光源模糊，明暗过渡均匀，反射小。本例以精修补水冰晶瓶子为例介绍精修化妆瓶的方法，处理前后的对比效果如图 11-1 所示。

知识要点：钢笔工具的使用；选区与路径的转换；加深与减淡工具；锐化工具；涂抹工具。

素材位置：素材 \ 第 11 章 \ 补水冰晶 \

效果文件：效果 \ 第 11 章 \ 补水冰晶 .psd

图 11-1　补水冰晶素材与精修后的对比效果

1. 案例分析

针对本产品而言，其结构主要分为瓶盖、瓶身和标签3部分。在修图之前，先观察产品的形体是否合理，各部分的颜色是否理想，是否存在明显的瑕疵及光影表现是否合理等情况。经过观察发现，本例的产品颜色发灰偏暗，无明显瑕疵，金属与瓶盖部分的光影层次不够明显，产品的整体拍摄不够理想，如图11-2所示。

图 11-2　化妆瓶修图分析

- 瓶盖金属质感表现：瓶盖金属质感可通过渐变填充来实现，渐变效果需要反复调整，使其表现得更加生动形象。在调整瓶盖时，需要注意盖口位置与盖顶的光影细节。
- 瓶身光影表现：在调整瓶身时，需要特别注意主光面和辅光面光影层次的表现，主光面的亮部通常要比辅光面的亮部亮，而辅光面的暗部要比主光面的暗部暗。在调整化妆瓶的主光与辅光时，通常可采取图11-3所示的几种光源。本例采用的即为单侧光，为大多数产品的光源表现，其中中亮光适合透明的瓶体，如卸妆油、精油、润肤水等包装瓶。

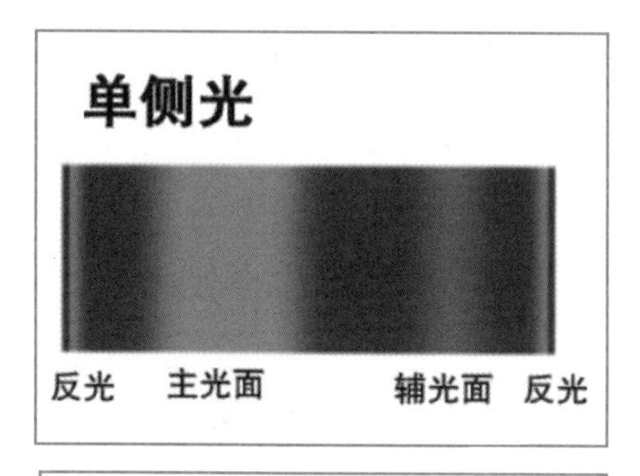

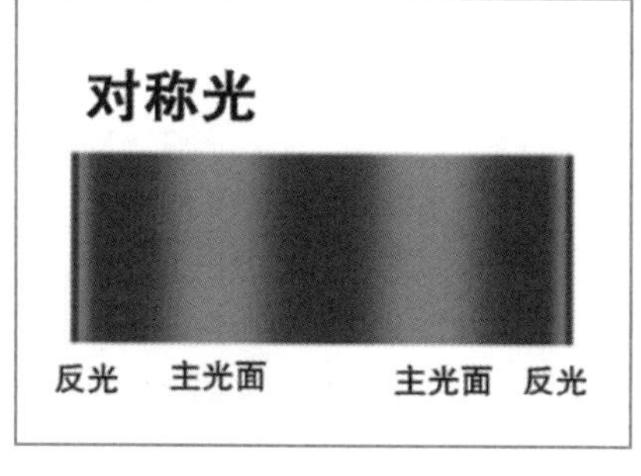

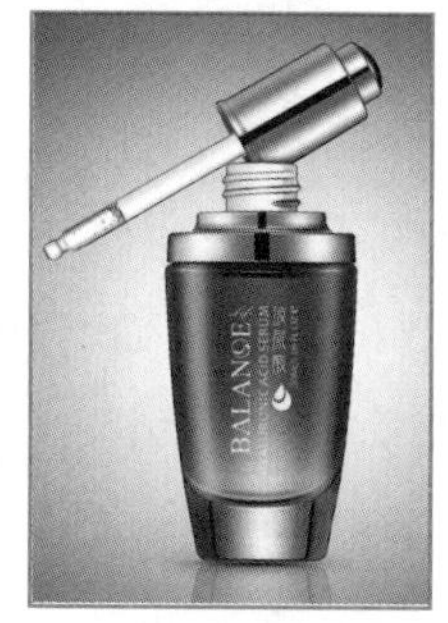

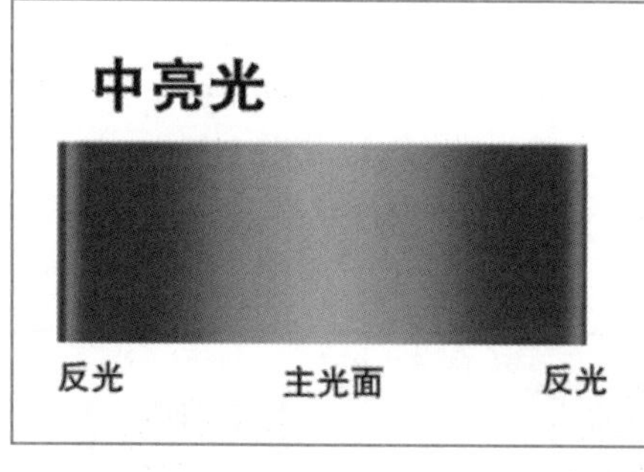

图11-3　化妆瓶的几种常见光源表现形式

- 标签贴图：在调整标签时，需要考虑标签与瓶子的透视关系，否则标签将不能很好地融入瓶身，导致整体效果不逼真。调整透视关系，可通过变换功能中的变形命令来实现。

2. 精修思路

在精修化妆品前需要理清思路，本例精修补水冰晶分为以下4个步骤，大致如下。

- 处理瓶盖：瓶盖材质为金属材质，需要利用渐变填充制作金属质感，效果如图11-4所示。
- 处理瓶身：瓶身为玻璃材质，需要通过基色填充与渐变填充、涂抹等方式来制作玻璃质感，如图11-5所示。

图 11-4　处理瓶盖

图 11-5　处理瓶身

- 处理标签：制作标签图形，添加渐变填充，输入标签文字，盖印标签，添加变形效果，如图11-6所示。
- 添加背景与水珠：添加背景与水珠可以对瓶子进行渲染，需要注意水珠与瓶子的大小、位置的排列与组合，保证整体协调美观，效果如图11-7所示。

图 11-6　处理标签

图 11-7　添加背景与水珠

3. 精修过程

精修补水冰晶的具体操作步骤如下。

STEP 01 打开“补水冰晶.jpg”图像文件，为瓶子创建选区，按【Shift+F6】组合键，在打开的对话框中将羽化值设置为“1像素”，按【Ctrl+J】组合键新建图层1，如图11-8所示。

STEP 02 新建图层2，移动到瓶子下层，方便后期调整时进行观察，为瓶盖创建选区，按【Ctrl+J】组合键新建图层3，如图11-9所示。

图 11-8　瓶子抠图

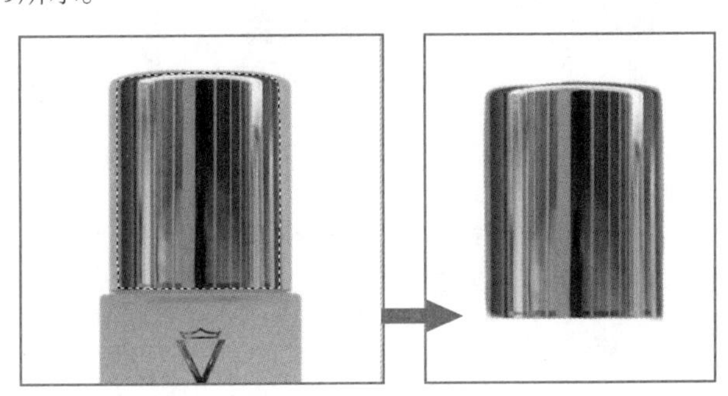

图 11-9　瓶盖抠图

STEP 03 选择图层3，选择【图层】/【新建填充图层】/【渐变】命令，在打开的对话框中单击 确定 按钮，打开“渐变填充”对话框，设置金属质感的渐变填充，设置角度为“180度”；

单击选中“反向”复选框，单击确定按钮，如图11-10所示。

STEP 04 选择图层3，选择【编辑】/【描边】命令，打开“描边”对话框，设置宽度为“2像素”、颜色为“#8a7e68”，单击确定按钮，如图11-11所示。

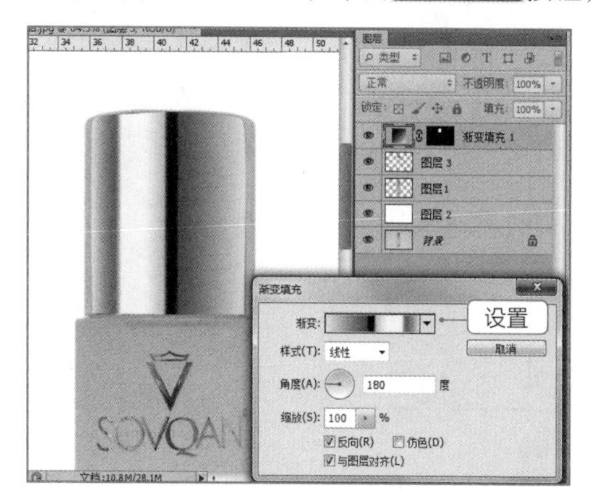

图11-10 渐变填充瓶盖

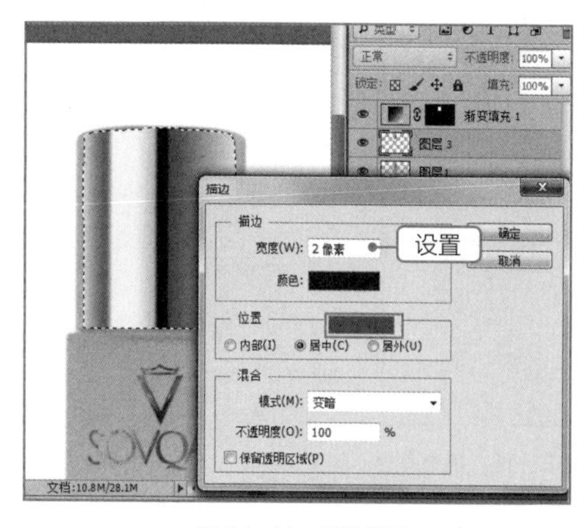

图11-11 描边选区

提示 在设置渐变填充的颜色值时，可根据实际情况进行选择，并且可以通过设置颜色的数量与位置来调整渐变效果。

STEP 05 新建图层绘制瓶盖的顶部，并填充颜色为“#d6c8ad”，使用减淡工具减淡部分颜色，制作高光效果，如图11-12所示。

STEP 06 新建图层，使用黑色画笔绘制瓶盖与瓶身衔接处的阴影，设置图层的混合模式为“正片叠底”，如图11-13所示。

STEP 07 新建图层，使用白色画笔绘制瓶盖与瓶身衔接处的高光，设置图层不透明度为“75%”，如图11-14所示。

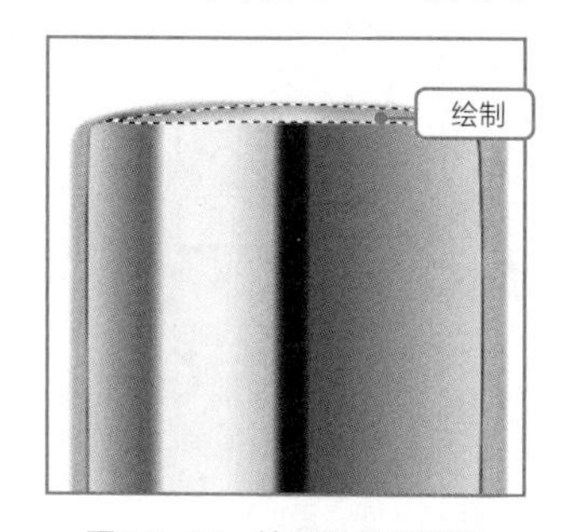

图11-12 处理瓶盖的顶部

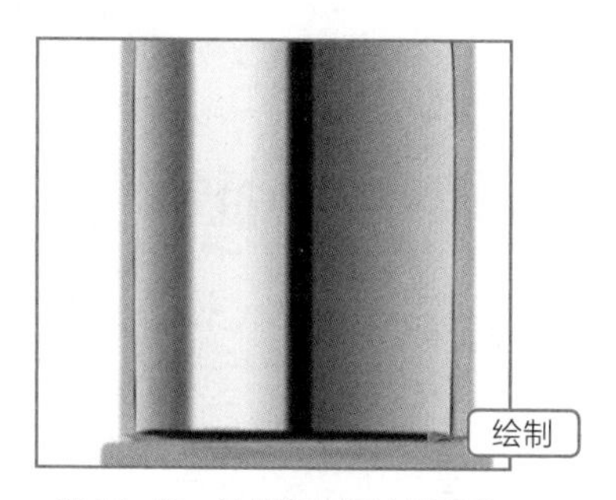

图11-13 绘制瓶身衔接处阴影

图11-14 绘制瓶身衔接处高光

STEP 08 为瓶身创建选区，按【Ctrl+J】组合键新建图层，填充颜色为“#c1d8aa”，使用橡皮擦工具涂抹边缘，使其与原瓶身融为一体，如图11-15所示。

STEP 09 选择图层3，新建渐变填充图层，设置绿色玻璃质感的渐变填充，设置角度为“180度”，单击选中“反向”复选框，单击确定按钮，设置图层混合模式为“柔光”，减少材质的反光效果，如图11-16所示。隐藏背景图层和白色画布图层，选择所有瓶子图层，按【Ctrl+Shift+Alt+E】组合键创建合并图层。

STEP 10 新建图层，使用钢笔工具绘制瓶身上的标签字母，绘制完成后将其转换为选区，使用渐变工具为标签字母添加白色到“#a38f63”的渐变填充效果，如图11-17所示。

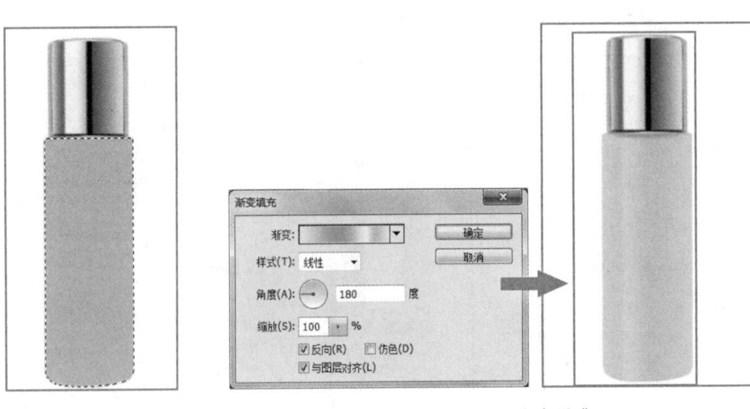

图11-15　填充基色

图11-16　设置玻璃质感

图11-17　填充字母标签

提示　加入反光或高光的方式有很多，除了本例中的渐变填充，还可绘制白色光源区域，然后通过设置不透明度与羽化效果来达到添加高光或反光的目的。

STEP 11 选择横排文字工具，将字体颜色设置为“#4f614e”，选择与瓶子上的文字相似的字体，这里分别设置为“Arial”“Modern No. 20”“Sylfaen”“宋体”，输入标签文字，调整大小、位置与字间距，如图11-18所示。

STEP 12 分别为瓶子相关图层和标签相关图层创建对应名称的图层组，方便进行管理，只显示标签图层组，隐藏其他图层以及图层组，按【Ctrl+Shift+Alt+E】组合键创建标签的盖印图层，如图11-19所示。

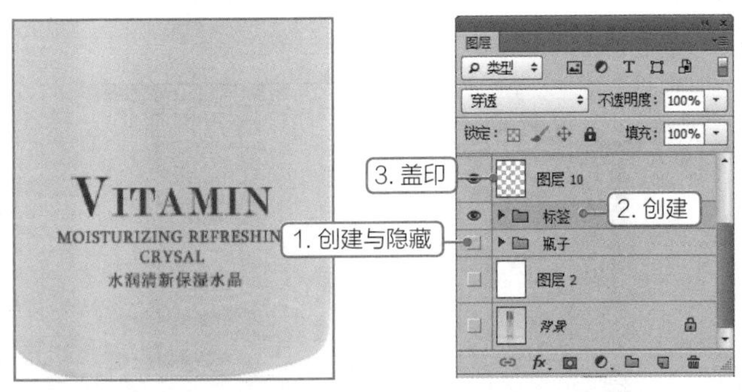

图11-18　输入文字

图11-19　盖印标签

STEP 13 隐藏标签图层组，显示其他图层和图层组，选择盖印的标签图层，按【Ctrl+T】组合键进入变换状态，单击鼠标右键，在弹出的快捷菜单中选择“变形”命令，拖动控制点，向下变形标签，使其符合瓶子的幅度，如图11-20所示。

STEP 14 显示盖印的标签图层和瓶子图层组，隐藏其他图层与图层组，按【Ctrl+Shift+Alt+E】组合键创建标签与瓶子的盖印图层，打开“背景.png”和“水珠.png”图像文件，将背景置于瓶子下层，将水珠置于瓶子上层，调整瓶子的大小与位置，如图11-21所示。存储文件，完成本例的制作。

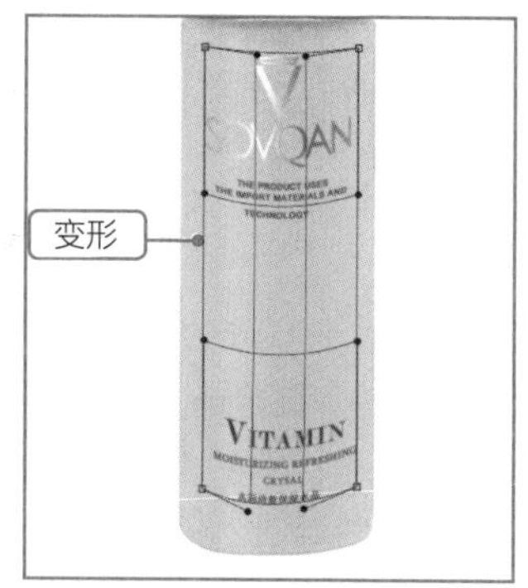

图 11-20　变形标签

图 11-21　添加背景与水珠

11.1.2　打造精致面容

通过 Photoshop 可以对照片进行修饰，快速去除人物面部的瑕疵。本例将在“青春痘.jpg”图像文件中取样肌肤，并复制图像，修复多个青春痘和痘印，然后结合滤镜和图层蒙版，美白人物肌肤，制作精致面容，处理前后的对比效果如图 11-22 所示。

知识要点：亮度 / 对比度；自然饱和度；仿制图章工具；修复工具；修补工具；图层蒙版；高斯模糊。

素材位置：素材 \ 第 11 章 \ 青春痘.jpg

效果文件：效果 \ 第 11 章 \ 快速美白祛痘.psd

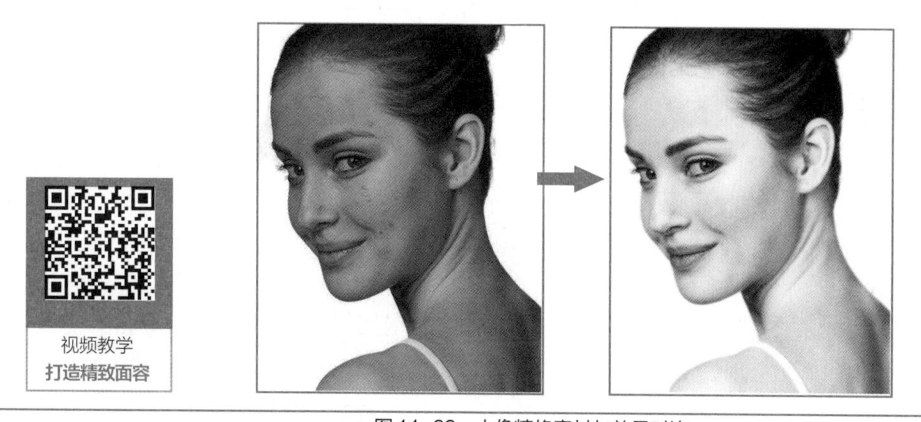

图 11-22　人像精修素材与效果对比

1. 案例分析

打开素材图像，可以看到人物整体灰暗，人物面部布满了大小不一的青春痘，并且肌肤偏暗淡，因此需要进行曝光、校色与磨皮等操作。

- 照片曝光调整：打开照片后，首先需对照片的曝光度进行调整，常用的调整方法有色阶、曲线、亮度与对比度调整，使照片更加清晰、明亮。
- 校色：对于饱和度不足、偏色的照片，还需调整其饱和度、色彩平衡、可选颜色，使照片中的人物恢复正常的色彩。
- 磨皮技法：磨皮是人像摄影后期中十分频繁的操作，其实就是使人物肌肤更加细腻光滑。常用的工具有修补工具、仿制图章工具、污点修复画笔工具、“高斯模糊”滤镜，也可通过磨皮插件、通道计算等方式进行磨皮。但不管采用哪种磨皮方式，磨皮处理一定要适度，切忌丧失一定的皮肤质感。

2. 精修思路

在打造精致面容前需要理清思路，本例打造精致面容分为以下4个步骤，大致如下。

- 照片调色：通过亮度/对比度、自然饱和度，增加图像的亮度与颜色饱和度，如图11-23所示。
- 皮肤祛痘：利用仿制图章工具、修补工具、污点修复画笔工具快速去除人物脸部的青春痘，效果如图11-24所示。
- 皮肤高斯模糊：利用高斯模糊滤镜对皮肤进行柔化，使皮肤更加细腻，结合图层蒙版还原五官、头发等不需要高斯模糊的部分，效果如图11-25所示。
- 皮肤美白：通过载入与填充蓝色通道对皮肤进行美白，使皮肤更加细腻，结合图层蒙版还原五官、头发等不需要美白的部分，效果如图11-26所示。

图11-23　调色效果

图11-24　祛痘

图11-25　皮肤高斯模糊

图11-26　皮肤美白

3. 精修过程

打造精致面容的具体操作步骤如下。

STEP 01 打开“青春痘.jpg”图像文件，选择【图像】/【调整】/【亮度/对比度】命令，打开“亮度/对比度”对话框；分别增加图像的亮度和对比度，参数设置为“40”“20”，单击 确定 按钮，如图11-27所示。

STEP 02 选择【图像】/【调整】/【自然饱和度】命令，打开“自然饱和度”对话框；增加图像的颜色饱和度，分别设置参数为“60”“20”，单击 确定 按钮，如图11-28所示。

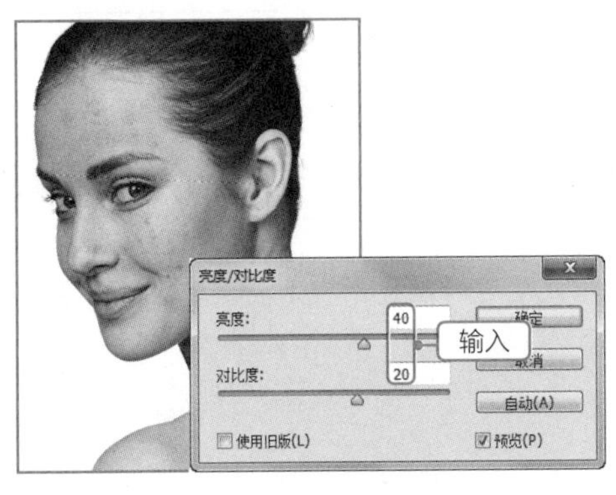

图11-27　增加图像的亮度和对比度

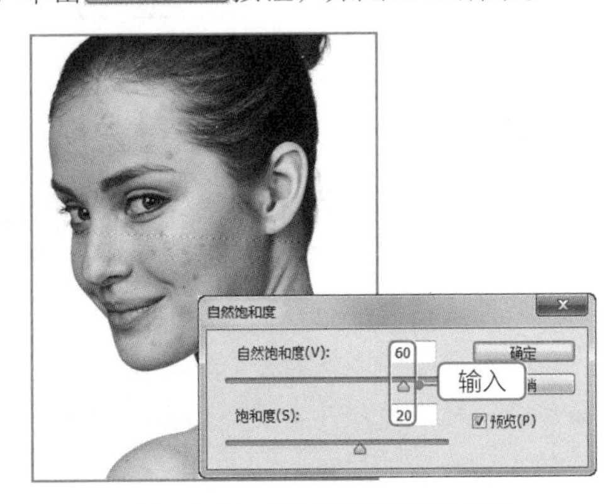

图11-28　增加图像的颜色饱和度

STEP 03 选择仿制图章工具，在工具属性栏中设置画笔为“柔角”，大小为“25像素”、不透明度为“100%”，按住【Alt】键单击人物眉尾处青春痘附近的肌肤，进行取样，如图11-29所示，单击需要修复的痘印，进行明显痘印的修复。

STEP 04 选择修补工具，在工具属性栏中单击选中“源”单选项，在额头有痘印的图像周围按住鼠标左键拖动，绘制选区，如图11-30所示。

STEP 05 将鼠标放到选区中，按住鼠标左键向周围有没有痘印的肌肤中拖动，如图11-31所示。

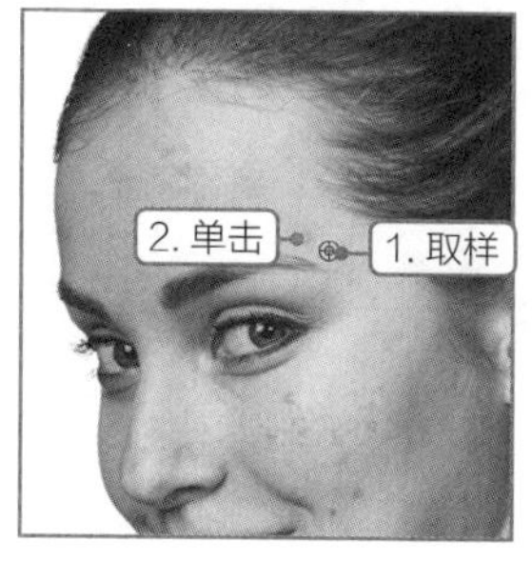

图11-29　取样修复痘印

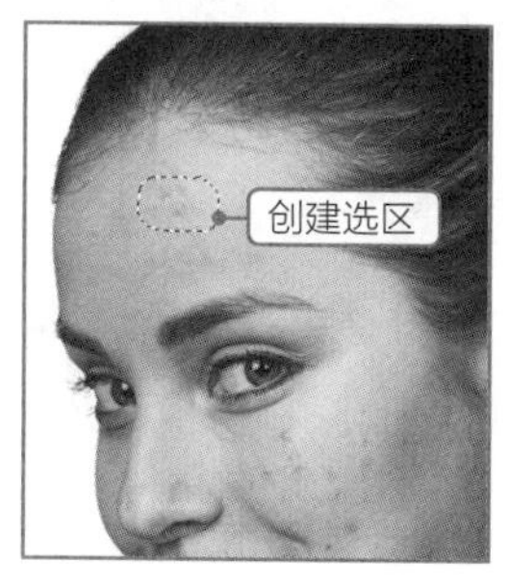

图11-30　绘制选区

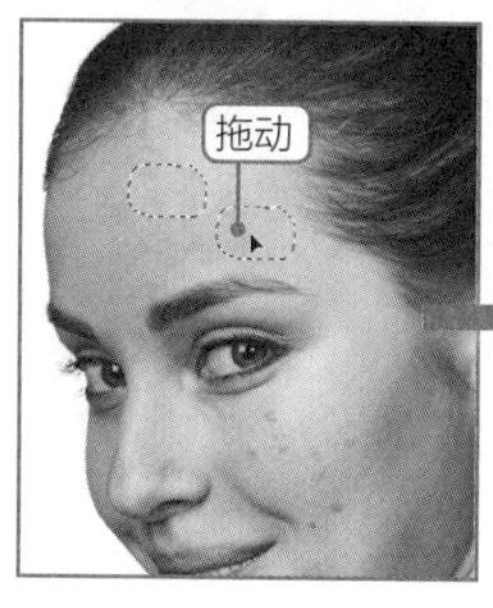

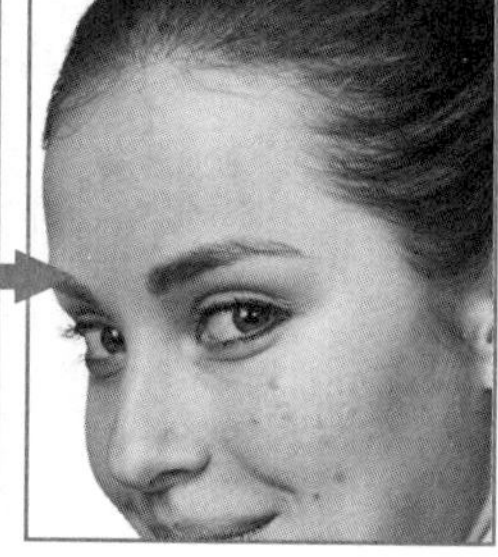

图11-31　修复成片的痘印

提示 在修理人物脸上的斑点和痣时，带有标志性的如眼角、嘴角、眉形等处的斑点和痣，需要根据用户的需求考虑是否进行处理。此外，人物脸部的皱纹、眼袋都需要进行适当的修饰，对于年龄偏大的用户而言，脸部的皱纹、眼袋可适当弱化，以避免照片与本人相差太大而失真。

STEP 06 选择修复画笔工具，按住【Alt】键单击脸部图像没有青春痘的图像取样；取样后，单击青春痘图像，单击处的图像将自动复制取样图像，并进行图像修复，如图11-32所示。

STEP 07 按【Ctrl+J】组合键复制一次背景图层，得到图层1；选择【滤镜】/【模糊】/【高斯模糊】命令，打开“高斯模糊”对话框，设置半径为“1.5像素”，单击 确定 按钮，得到较为模糊的人物图像，如图11-33所示。

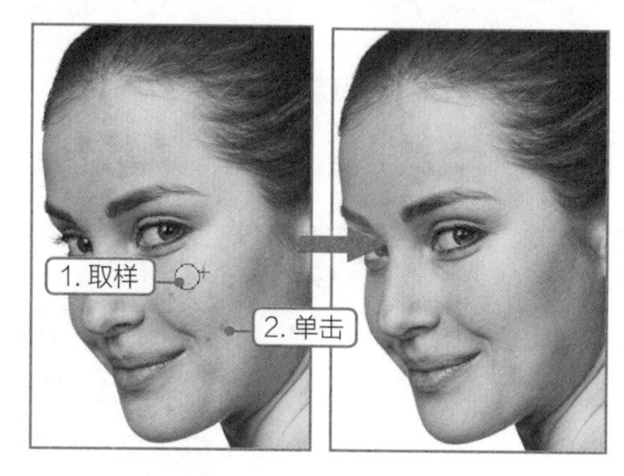

图11-32　修复脸部痘印

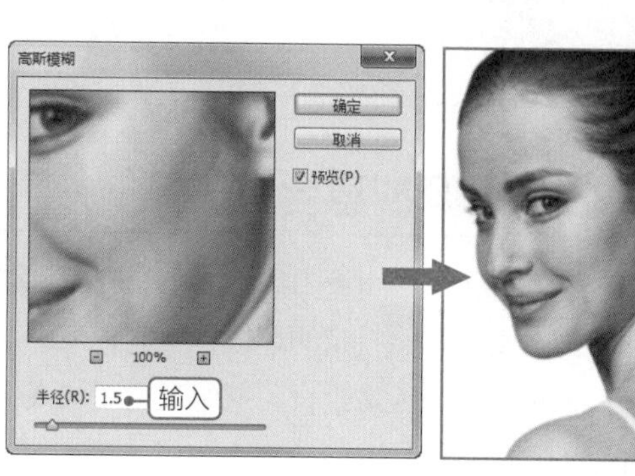

图11-33　模糊图像

STEP 08 选择图层1，单击“图层”面板底部的“添加图层蒙版”按钮；设置前景色为黑色，背景色为白色；选择蒙版，选择画笔工具，对人物的五官和头发进行涂抹，隐藏该图像，显示出下一层清晰的五官图像，如图11-34所示。

STEP 09 选择【窗口】/【通道】命令，打开“通道”面板，按住【Ctrl】键单击“蓝”通道，载入通道选区，如图11-35所示。

图 11-34 还原清晰的五官、头发等细节

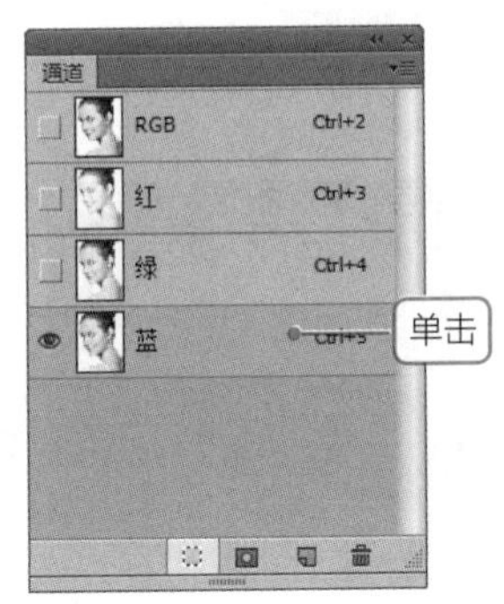

图 11-35 载入图像选区

STEP 10 新建一个图层，设置前景色为白色；按【Alt+Delete】组合键填充选区，得到较白的人物图像效果，在“图层”面板中设置图层2的不透明度为“80%”，如图11-36所示。

STEP 11 添加并选择图层蒙版，使用画笔工具对人物五官和头发做涂抹，让五官轮廓清晰，如图11-37所示。

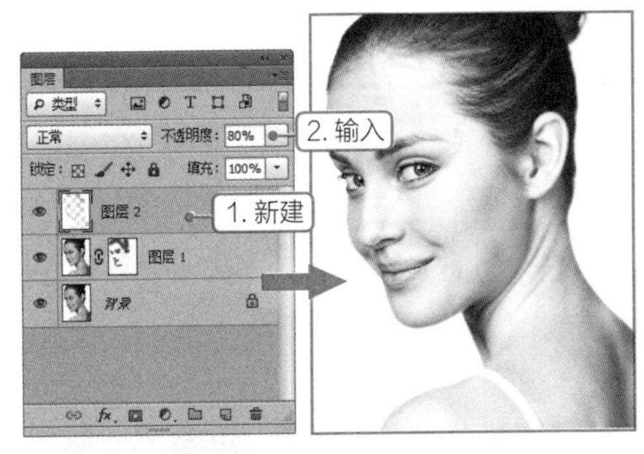

图 11-36 新建图层并填充

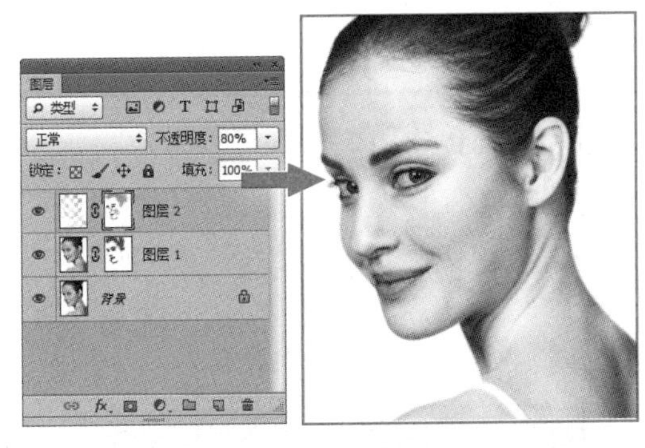

图 11-37 还原五官轮廓

11.1.3 人像创意合成

人像照除了经常被用到相册排版、杂质排版等版面编排中，还经常用来创意合成，即将人像照片当做素材，与其他元素、特定的环境、主题、色彩等进行组合，从而表达一种意境。本例将玫瑰花瓣与人像进行创意组合，合成人像被玫瑰花瓣打散的特效，前后效果如图 11-38 所示。

视频教学
人像创意合成

涉及知识：选区创建；图层混合模式设置；画笔工具；图层蒙版。

素材位置：素材 \ 第 11 章 \ 玫瑰人像 .jpg、花瓣 .psd

效果文件：效果 \ 第 11 章 \ 玫瑰人像 .psd

图11-38　合成人物被玫瑰花瓣打散的特效前后对比

1. 案例分析

创意合成主要分为两类，一类是根据主题拍摄并搜集相关素材，另一类是根据已有的照片进行创意与设计，然后根据设计搜集素材，本例的人像创意合成属于后一类。人像的创意合成可以说是对照片的二次设计和加工，好的创意合成是照片风格的再次塑造，能够营造另一种意境与内涵。下面介绍几种十分常见的照片合成风格。

- 幽默夸张：这类创意合成一般具有诙谐的效果，让人会心一笑，画面感觉一般不符合逻辑，如比例夸张、对象错位等，如图11-39所示。
- 梦幻唯美：打破常规，追求艺术与形式美，一般喜欢通过花朵、烟雾、光效等元素来营造如梦如幻、缥缈的感觉，让人产生一种憧憬、追求、向往的心理，如图11-40所示。

图11-39　幽默夸张

图11-40　梦幻唯美

- 超现实主义：超现实主义是指通过创意合成创造一些摄影中无法实现的意境，该意境结合了现实观念、潜意识与梦境等元素，虽然画面荒谬离奇，却追求精神、主观思想的真实表达。如图11-41所示。
- 暗黑风格：暗黑风格是指通过营造色调灰暗、背景空旷、凄凉等画面，来表达带有恐惧、死亡、暴力、压抑、孤独等负面情绪，如图11-42所示。

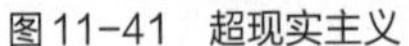
图11-41　超现实主义

图11-42　暗黑风格

- 画意风格：模仿绘画作品的风格，如国画风格、水彩风格、油画风格、素描风格等，这类合成需要进行绘画元素的添加、色彩的调整与意境的处理，如图11-43所示为水彩与国画风格。

图11-43　画意风格

在进行照片合成时，除了要把握整体风格，还需要涉及许多需要处理的问题，这样才能将照片合成做得天衣无缝，从而完整明确的表达主题与意境，下面分别进行介绍。

- 光线异同处理：在进行多张照片的合成时，可能每张照片的拍摄角度不一样，光线的照射角度、光线的颜色、受光程度等都有所不同，此时就需要通过加亮、减淡、调色等方式对光线进行统一的调整。
- 色彩异同处理：将合成的各个元素的色彩统一到一个色调上，可通过色阶、色相/饱和度等调色方式进行调整。
- 明度异同处理：当对多张照片进行合成时，明度过渡要自然和谐，通过对比度/亮度、曲线、色阶等命令可实现明度处理。
- 比例与质感处理：通过“自由变换”可对素材的大小、角度进行处理，保持素材在画面的比例合适；通过图层混合模式的设置、图层透明度设置、蒙版与画笔的应用，可保持质感与边缘过渡自然，素材与画面浑然一体。

2. 合成思路

本例合成人物被玫瑰花瓣打散的特效分为以下3个步骤，大致介绍如下。

- 素材搜集：为人物搜集匹配的玫瑰花瓣，然后对花瓣进行处理，效果如图11-44所示。
- 素材合成：通过图层蒙版与画笔的应用，对人物和花瓣进行合成，需要注意的是在合成过程中，需要根据不断变化画笔的不透明度与硬度，使花瓣的隐藏与显示更具有层次感，效果如图11-45所示。

- 眼影与唇色添加：通过画笔的应用、图层混合模式的设置、图层不透明度的设置添加眼影与唇色，眼影与唇色的颜色可参考花瓣颜色，使人物与花瓣在色调上更加统一，如图11-46所示。

图11-44 素材搜集

图11-45 素材合成

图11-46 眼影与唇色添加

3. 合成过程

合成人物被玫瑰花瓣打散特效的具体操作步骤如下。

STEP 01 新建1 000像素×764像素，名为“玫瑰人像.psd”的白色空白图像文件，打开“玫瑰人像.jpg”图像文件，为人物创建选区，使用移动工具将人物选区拖动到新建的图像中，调整大小与位置，按【Ctrl+J】组合键为人像创建副本，隐藏原图层，如图11-47所示。

STEP 02 打开“花瓣.psd”图像文件，使用移动工具将花瓣拖动到当前编辑的图像中，调整大小与位置，如图11-48所示。

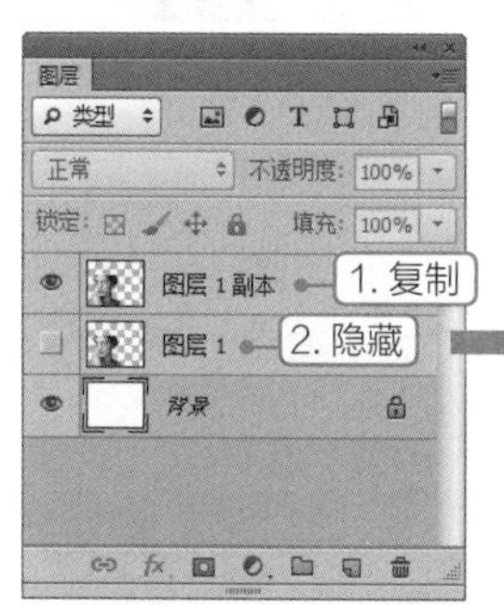

图11-47 添加人物图像

图11-48 添加花瓣图像

STEP 03 使用选框工具框选左上角部分花瓣图像，按【Ctrl+Alt】组合键移动并复制到额头左上角，按【Ctrl+T】组合键调整大小与角度，使其覆盖额头，按【Enter】键完成变换，为部分多余的花瓣创建选区，按【Delete】键删除，处理花瓣后的效果如图11-49所示。

STEP 04 选择人像副本图层，单击“图层”面板底部的“添加图层蒙版”按钮，设置前景色为黑色，选择图层蒙版，选择画笔工具，设置画笔不透明度，对花瓣边缘以及花瓣覆盖区域进行涂抹，隐藏人像，合成人像与花瓣，如图11-50所示。

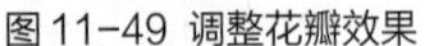

图 11-49 调整花瓣效果

图 11-50 隐藏人像边缘

STEP 05 选择花瓣图层，单击“图层”面板底部的“添加图层蒙版”按钮；设置前景色为黑色，选择图层蒙版，选择画笔工具，设置画笔不透明度，对玫瑰下边缘和上边缘进行涂抹，隐藏并半透明显示部分花瓣，如图11-51所示。

STEP 06 新建图层，设置前景色为“#e62019”，使用画笔工具对人物的眼影进行涂抹，添加眼影色，如图11-52所示。

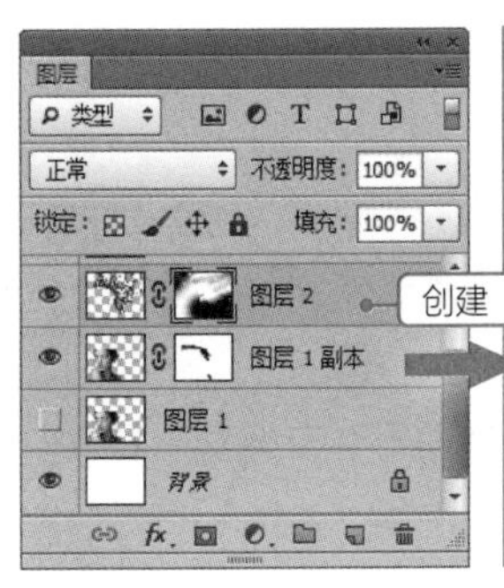

图 11-51 隐藏部分玫瑰

图 11-52 涂抹眼影

STEP 07 设置眼影所在图层的图层混合模式为“叠加”，效果如图11-53所示。

STEP 08 选择眼影所在图层，单击“图层”面板底部的“添加图层蒙版”按钮；设置前景色为黑色，选择图层蒙版，选择画笔工具，设置画笔不透明度，对眼影下边缘和上边缘进行涂抹，隐藏并半透明显示部分眼影，如图11-54所示。

图 11-53 设置图层混合模式

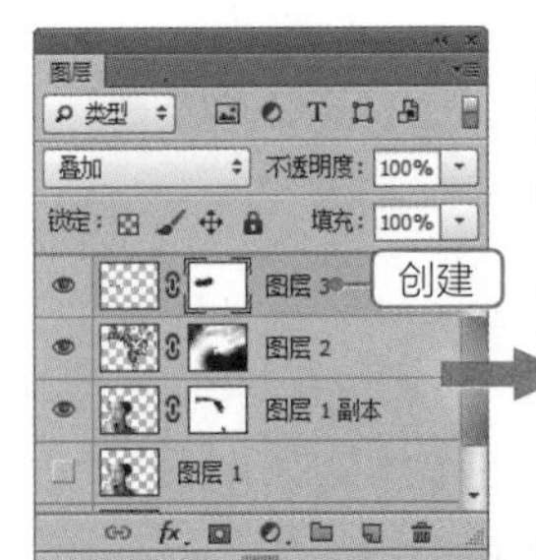

图 11-54 隐藏部分眼影

STEP 09 新建图层，设置前景色为“#e62019”，使用画笔工具对人物的嘴唇进行涂抹，添加唇色，如图11-55所示。

STEP 10 设置纯色所在图层的图层混合模式为“颜色加深”，设置图层不透明度为

“68%”，效果如图11-56所示，存储文件，完成本实例的制作。

图11-55 对嘴唇进行涂抹

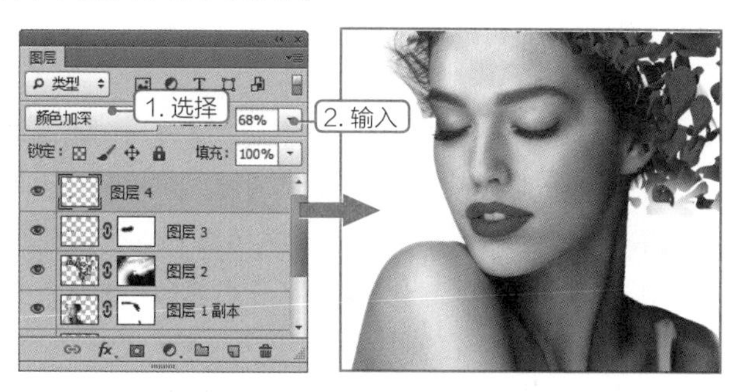

图11-56 设置图层混合模式与图层不透明度

11.2 广告与包装设计

在商品竞争日趋激烈的今天，广告成为了商品畅销的重要影响因素之一，而包装设计往往影响着产品的宣传效果。只有兼顾广告与包装的设计才能达到很好的宣传与促销作用。本节将分别对广告与包装设计的商业案例进行介绍。

11.2.1 女鞋广告设计

针对某一特定产品的广告，需要体现出该产品的特性，或者直接将产品展示在画面中，这是最为直观的设计手法。本例将针对女鞋进行广告设计，处理后的效果如图 11-57 所示。

知识要点：文字输入；图形绘制与填充；投影添加；渐变填充；图层混合模式设置等。

素材位置：素材 \ 第 11 章 \ 女鞋广告 \

效果文件：效果 \ 第 11 章 \ 女鞋广告 .psd

视频教学
女鞋广告设计

图11-57 女鞋广告效果

1. 案例分析

平面广告是为产品、品牌、活动等所做的广告，该广告既包括网页上的海报，也包括店铺、公共场所张贴的广告，是以加强销售为目的所做的设计，主要通过文字、图片等视觉元素来传播广告项目的设想和计划。为了让作品最终得到客户的认可，在设计广告时应使构图符合以下原则。

- 和谐：单独的一种颜色或一个要素不能称为和谐，几种要素具有基本的共同性和融合性才称为和谐。如本例的女鞋广告在背景与文案配色方面均采用粉色，而文案字体与背景中的线条硬朗的特征相似，体现了和谐的原则。
- 对比：对比又称对照，把质或量反差甚大的两个要素成功匹配到一起，使人感受到鲜明强烈的感触而仍具有统一感的现象称为对比，它能使主题更加鲜明，作品更加活跃。本例的女鞋广告通过文案大小的对比，使“全场五折起”的促销信息成为画面的焦点。
- 对称：对称又称均齐，假如在某一图像的中央设一条垂直线，将图像划分为相等的左右两部分，其左右两部分的形状完全相等，这个图像就是左右对称的图像，这条垂直线称为对称轴。除此之外，还有上下对称、四面对称和点对称。
- 平衡：平衡是动态的特征，如人体运动、鸟的飞翔、兽的奔驰、风吹草动、流水激浪等都是平衡的形式，因而平衡的构成具有动态。本例采用左文右图的构图方式，在文字右下角添加鞋子可以平衡画面。
- 比例：比例是部分与部分或部分与全体之间的数量关系，是构成设计中一切单位大小，以及各单位间编排组合的重要因素。本例根据色彩在画面中所占面积的大小来划分版面，大面积的黄色是画面的视觉中心，而小面积的蓝色与深红色起到平衡视觉以及强调的作用，并且通过不同大小比例的文字分层次引导用户浏览促销信息。

2. 设计思路

女鞋广告设计的思路大致如下。

- 背景搭建：在制作背景时需要考虑整体画面构图方式，即左文右图、上文下图等，本例的黄色区域为广告文案的区域，如图11-58所示。
- 素材添加：将准备好的素材添加到页面中，人物与鞋子呈三角形构图，如图11-59所示。
- 广告文案添加：在组合广告文案时，需要注意通过字体大小对比、粗细对比、颜色对比、底纹添加等方式来突出文字的显示层次，如图11-60所示。

图11-58 背景搭建

图11-59 产品添加与构图

图11-60 广告文案添加

3. 设计过程

女鞋广告设计的具体操作步骤如下。

STEP 01 新建一个名称为“女鞋广告”，宽度为“34厘米”，高度为“17厘米”，分辨率为“72像素/英寸”的图像文件，将前景色设置为“#ffbdc2”，按【Alt+Delete】组合键填充背景，如图11-61所示。

STEP 02 新建一个图层，选择多边形套索工具，在图像中绘制一个倾斜的矩形选区，将前景色设置为“#ffd7bc”，按【Alt+Delete】组合键填充选区，如图11-62所示。

图11-61　新建文件并填充背景

图 11-62　绘制并填充选区

STEP 03 使用相同的方法新建图层，绘制并填充其他图形，形成多个色块交叉的背景，如图11-63所示。

STEP 04 新建图层，按【Ctrl+A】组合键对整个画面创建选区，选择渐变工具，在工具属性栏中设置渐变颜色为“从黑色到灰色”，单击“线性渐变”按钮，对图层从上到下应用渐变填充，如图11-64所示。

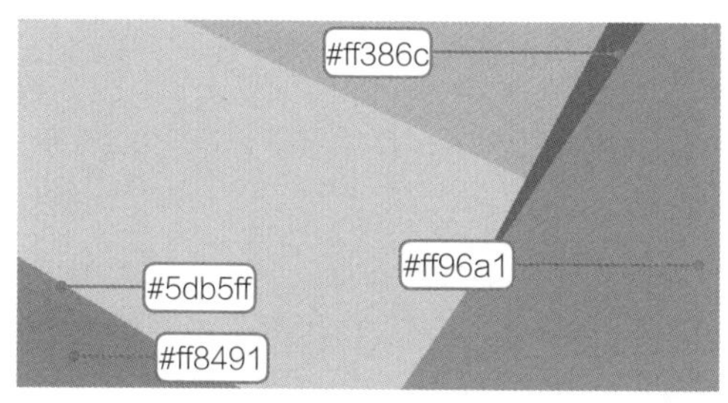

图11-63　绘制其他图像

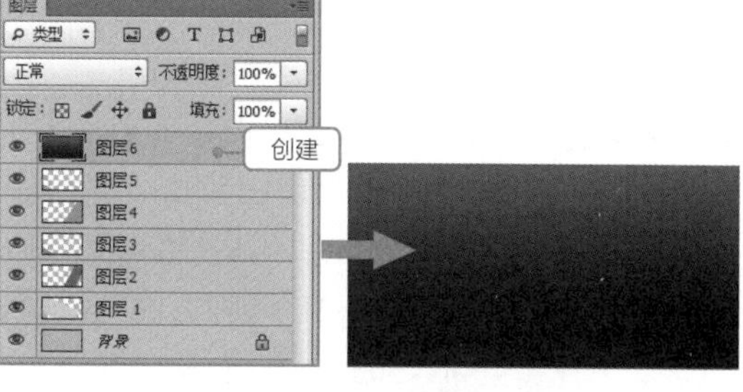

图 11-64　渐变填充图像

STEP 05 选择【滤镜】/【杂色】/【添加杂色】命令，打开“添加杂色”对话框，设置数量为“10%”，单击选中“高斯分布”单选项和“单色”复选框，单击确定按钮，如图11-65所示，得到添加杂色图像的效果。

STEP 06 选择【滤镜】/【模糊】/【动感模糊】命令，打开“动感模糊”对话框，设置角度为“90度”，距离为“100像素”，单击确定按钮，如图11-66所示，得到动感模糊图像效果。

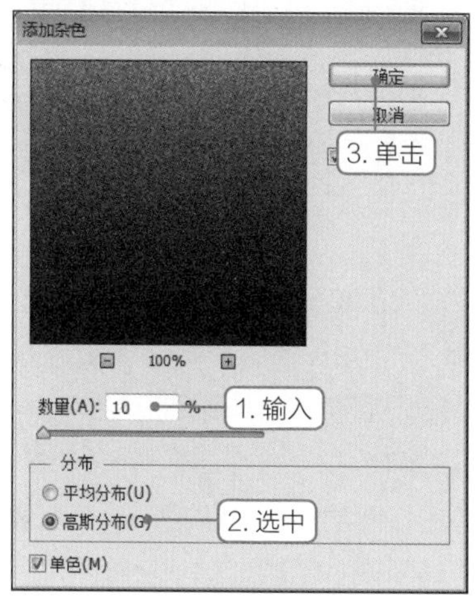

图11-65　添加杂色

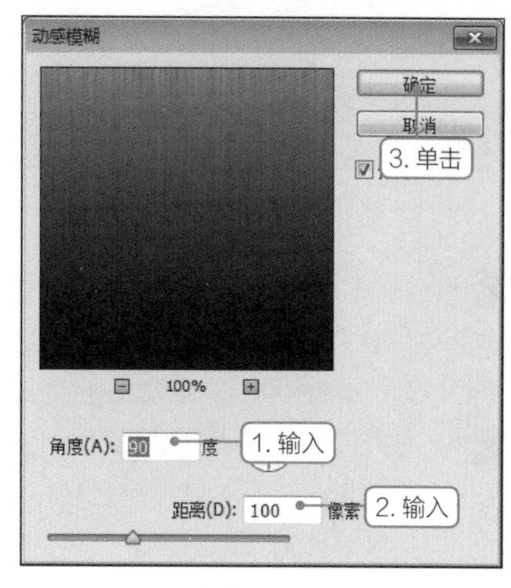

图 11-66　设置动感模糊

STEP 07 在“图层”面板中设置图层混合模式为“叠加”；不透明度为“68%”，得到与底层叠加的图像效果，如图11-67所示。

STEP 08 新建一个图层，选择椭圆选框工具，按住【Shift】键在图像中绘制一个较大的正圆形选区；在选区中单击鼠标右键，在弹出的快捷菜单中选择“羽化”命令，打开“羽化选区”对话框，设置羽化半径为“10像素”；单击 确定 按钮得到羽化选区，如图11-68所示。

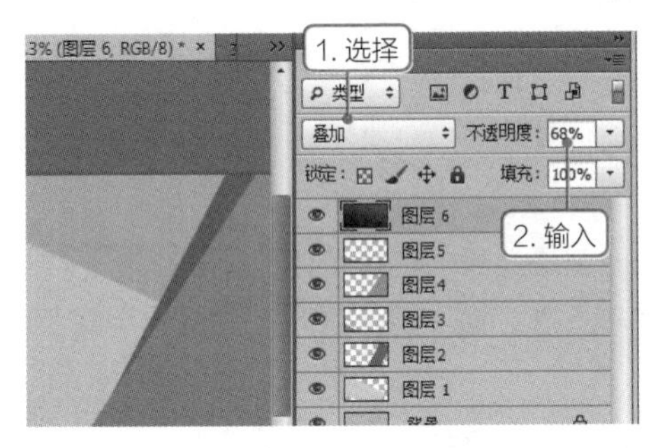

图 11-67　设置图层属性

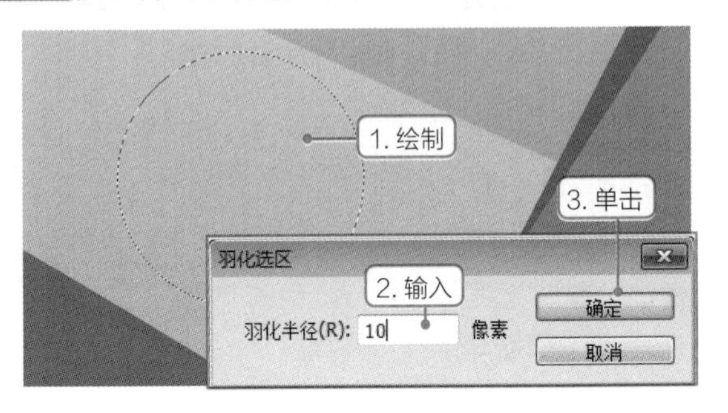

图 11-68　绘制圆形选区

STEP 09 设置前景色为白色，按【Alt+Delete】组合键填充选区；然后在“图层”面板中设置不透明度为“71%”，得到白色扩散效果，如图11-69所示。

STEP 10 新建一个图层，选择钢笔工具绘制一个箭头图形，转换为选区后，选择渐变工具，设置渐变颜色为“#0ae2f7~#023186”，对其应用径向渐变填充；再次使用钢笔工具绘制翻边选区，填充颜色为“#003572”；选择椭圆选框工具，在箭头下端绘制一个圆形选区，填充为白色，如图11-70所示。

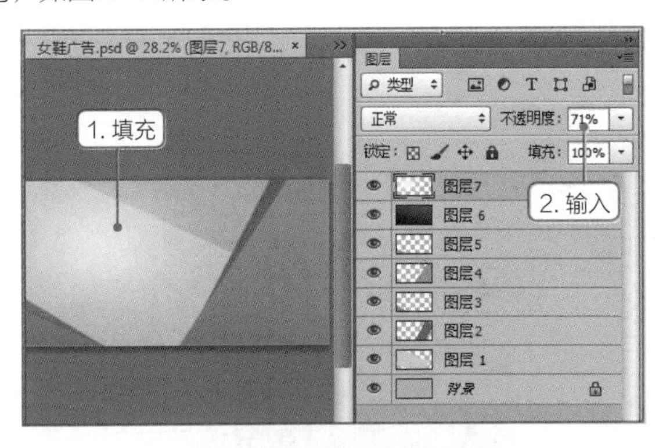

图 11-69　制作白色扩散效果

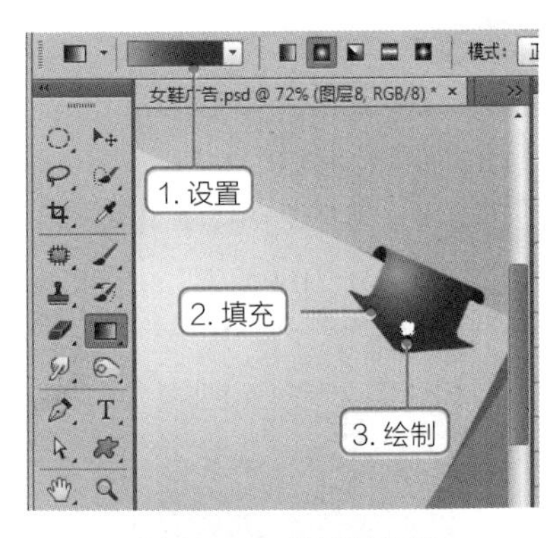

图 11-70　绘制箭头图像

STEP 11 选择横排文字工具，在箭头图像中输入“2018”，在工具属性栏中设置字体为“方正大黑简体”，颜色为白色；在文字“2018”下方输入“NEW”，设置字体为“方正粗黑简体”，设置颜色为“#f9ff00”，调整文字大小，再适当倾斜，如图11-71所示。

STEP 12 打开“美腿.psd”图像文件，使用移动工具将美腿直接拖动到当前编辑的图像中，适当调整图像大小，放到画面右侧；然后按住【Ctrl】键单击该图层前的缩略图，载入图像选区，新建一个图层，将选区填充为“#3d3d3d”，并适当倾斜和移动图像；将图层移动到腿图层的下方，将图层混合模式设置为“正片叠底”，不透明度设置为“22%”，得到投影效果，如图11-72所示。

图11-71　输入文字

图 11-72　添加素材图像

STEP 13 新建一个图层，设置前景色为“#bf8b86”，选择画笔工具，设置画笔硬度为“0”，在人物鞋跟底部绘制投影，如图11-73所示。

STEP 14 打开素材图像文件“鞋子.psd”，使用移动工具将其直接拖动到当前编辑的图像中，适当调整图像大小，放到画面下方；选择横排文字工具，在图像中输入“全场5折起”，设置字体、颜色分别为“汉仪菱心体简”“#ff315d”，选择“5折”文字，适当放大文字字号，然后再选择文字“起”，适当缩小文字字号，如图11-74所示。

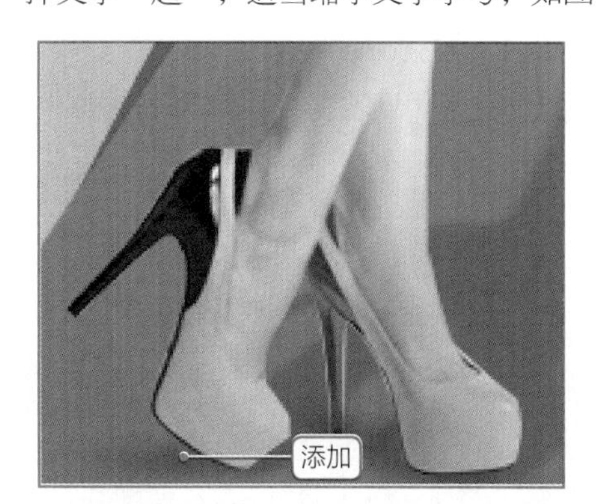

图11-73　绘制鞋跟底部投影

图 11-74　添加素材并输入文字

STEP 15 选择【图层】/【图层样式】/【投影】命令，打开“图层样式”对话框，设置投影颜色为“#809475”，再设置其他参数，单击 确定 按钮，得到投影效果，如图11-75所示。

STEP 16 新建一个图层，使用多边形套索工具在文字“折”的右上方绘制选区，并填充为“#ff597c”，选择【图层】/【创建剪贴蒙版】命令，得到剪贴图像效果，如图11-76所示。

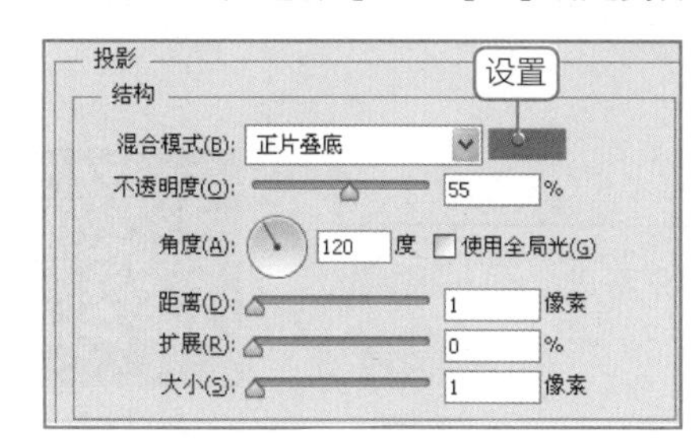

图11-75　设置文字投影

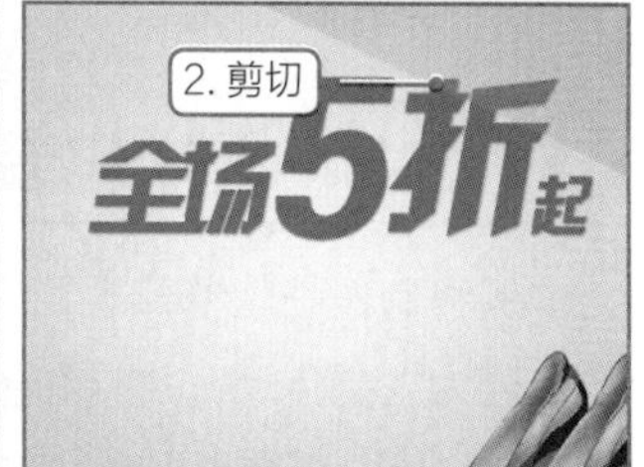

图 11-76　创建剪贴蒙版

STEP 17 选择横排文字工具T，在文字下方输入一行英文和一行中文，设置字体为“方正细黑简体”，颜色为“#ff597c”，并适当倾斜文字，如图11-77所示。

STEP 18 选择多边形套索工具，在文字“5”的左上方绘制一个箭头图像选区，填充为“#feffbb”；选择横排文字工具T，在图像中输入“清仓特价”，设置字体为“方正细黑简体”，颜色为“#ff597c”，如图11-78所示。

图 11-77　输入中文和英文文字

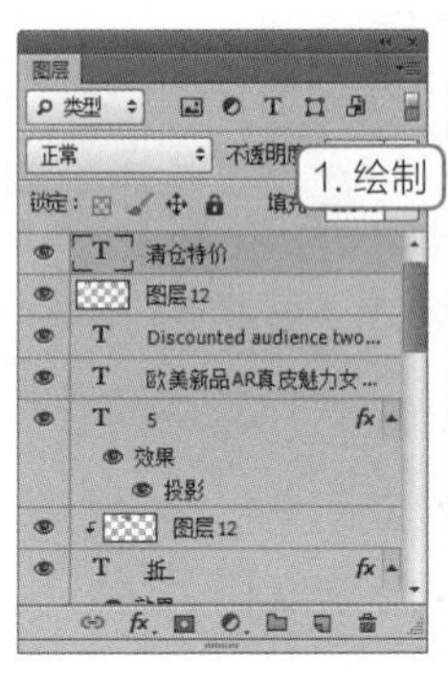

图 11-78　绘制形状并输入文字

STEP 19 新建图层，选择多边形套索工具，在文字下方绘制一个倾斜的矩形选区，填充为“#ffff00”，然后在左侧绘制一个相同大小的矩形选区，填充为“#ff0084”。选择横排文字工具T，在绘制的倾斜矩形中输入文字，分别设置颜色为“白色”和“#ff0084”，如图11-79所示。

STEP 20 在“限时抢购”文字后面添加“购物车.psd”素材图像文件，调整大小与位置，如图11-80所示。

STEP 21 在图像右下角输入文字“金色鸟女鞋”，然后设置字体为“方正粗圆简体”，颜色为“黑色”，存储文件，查看完成后的效果，如图11-81所示。

图 11-79　绘制形状并输入文字

图 11-80　添加购物车

图 11-81　输入文字

11.2.2　雪糕包装设计

视频教学
雪糕包装设计

本例将制作一款草莓雪糕的包装，由于产品是草莓雪糕，所以本包装采用红色与白色为主要色调，并且红色占主要成分，在包装中设计了一颗新鲜的草莓图像飞溅到牛奶中，给人视觉冲击力，制作后的效果如图 11-82 所示。

知识要点：钢笔工具的使用；图层样式的设置；文字输入；渐变填充；图层

合并与盖印；图层蒙版的应用。

素材位置： 素材 \ 第 11 章 \ 雪糕包装 \

效果文件： 效果 \ 第 11 章 \ 雪糕包装 \

图 11-82　雪糕包装设计平面与立体效果图

1. 案例分析

本例制作的雪糕包装属休闲食品包装的一种，一个成功的休闲食品包装设计可使商品更引人注目并激起人们的购买欲望。由于包装具有保护商品、传达商品信息、方便使用、方便运输、促进销售和提高产品附加值等作用，具有商品和艺术相结合的双重性。在设计包装时，需要选用合适的包装材料，并进行外形造型与构图设计，在保证包装使用与运输价值的同时进行美化装饰设计，最终促进销售。由此得出，包装设计具有3大构成要素，下面对各个构成要素的含义分别进行介绍。

- 外形要素：外形要素是指商品包装各个展示面呈现的外形，包括各个展示面的大小、尺寸和形状。在设计包装外形要素时，除了需要结合产品自身功能的特点，以及包装应有的使用与运输价值，还必须从形式美法则的角度去设计，将各种因素有机、自然地结合起来，以求得完美统一的设计形象。如图11-83所示为不同外形的包装展示效果。

图 11-83　不同外形的包装

- 构图要素：构图要素是指将商品包装展示面的商标、图形、文字组合排列在一起的一个完整的画面，组合构成包装的整体效果。优秀的包装通常都具有美观恰当的构图设计，这种构图设计要求合理运用与搭配商标、图形、文字和色彩。图11-84所示为经典包装的构图效果。

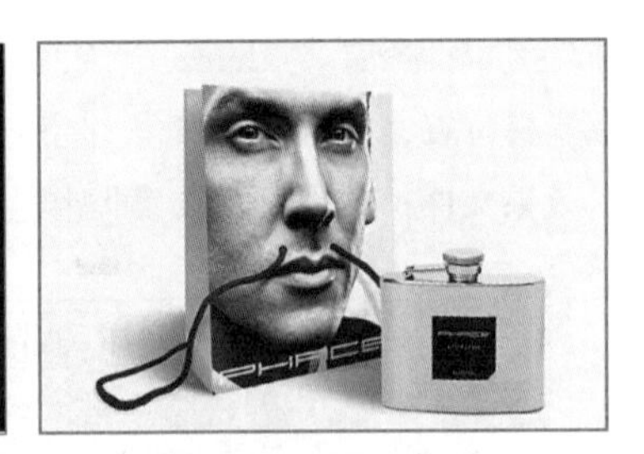

图11-84　经典包装构图

- 材料要素：无论是纸质材料、金属材料、塑料材料、玻璃材料、陶瓷材料、竹木材料以及其他复合材料，都有不同的质地肌理效果，利用不同的包装材料，商品包装展示面所呈现的纹理和质感也有所不同，可以说包装材料直接影响到商品包装的视觉效果。此外，包装材料还直接关系到包装的整体功能和经济成本、生产加工方式及包装废弃物的回收处理等多方面的问题，因此包装材料的选择是包装设计的重要环节。图11-85所示为不同包装材料展现的视觉效果。

图11-85　不同材质的包装

2. 设计思路

雪糕包装设计的的思路大致如下。

- 包装拆分与尺寸把握：了解包装的形状，将包装拆分为平面图，并了解正面、侧面、背面各部分的尺寸，结合参考线进行平面图的大致构图设计，如图11-86所示。
- 平面图制作：根据各部分的尺寸，添加素材、图形与文字，制作包装正面、侧面、背面的平面展开图，如图11-87所示。
- 包装立体效果图制作：复制包装平面图中各个面的图像，对包装的各个角度进行造型设计，包括包装形状、包装边缘锯齿、包装压印线等，并添加阴影和高光与投影效果，增加包装的立体感，本例仅展示了包装的正面效果图，如图11-88所示。

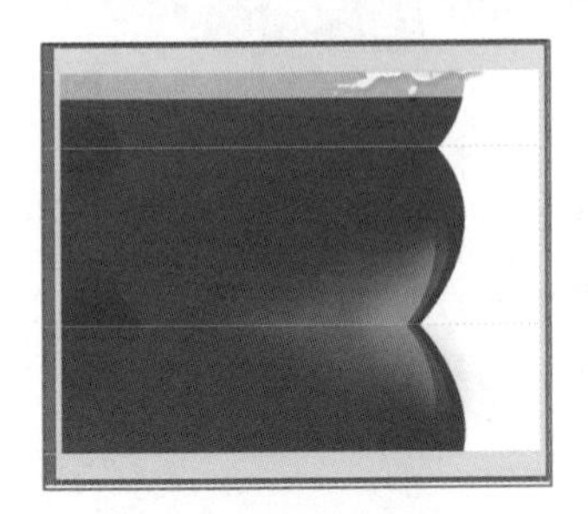

图11-86　构图

图11-87　平面效果图制作

图11-88　立体效果图制作

3. 设计过程

雪糕包装设计的具体操作步骤如下。

STEP 01 新建名为“雪糕包装平面”、大小为“20厘米×17厘米”、分辨率为“150像素/英寸”的图像文件，设置前景色为“#fde5ef”，然后按【Alt+Delete】组合键将背景填充为粉色，如图11-89所示。

STEP 02 选择【视图】/【新建参考线】命令，打开“新建参考线”对话框，在“取向”栏中单击选中“水平”单选项，设置位置为“4厘米”，单击 确定 按钮；继续新建其他参考线，如图11-90所示。

图11-89 新建文件并填充背景

图11-90 新建参考线

STEP 03 新建图层，然后使用矩形选框工具在两条参考线之间绘制一个矩形选区，设置前景色为“白色”，按【Alt+Delete】组合键将选区填充为白色。再次新建图层，选择钢笔工具，在白色图像中绘制一个右侧是圆弧的路径，单击“路径”面板下方的按钮，将绘制的路径转换为选区，如图11-91所示。

STEP 04 选择工具箱中的渐变工具，打开“渐变编辑器”对话框，设置渐变颜色为“#b4354a”~“#ab1e52”，单击 确定 按钮，在选区中从右向左拖动鼠标，使用线性渐变填充选区，如图11-92所示。

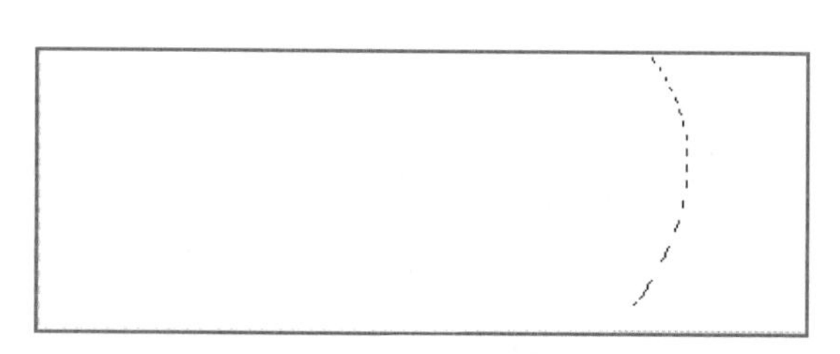

图11-91 绘制白色矩形

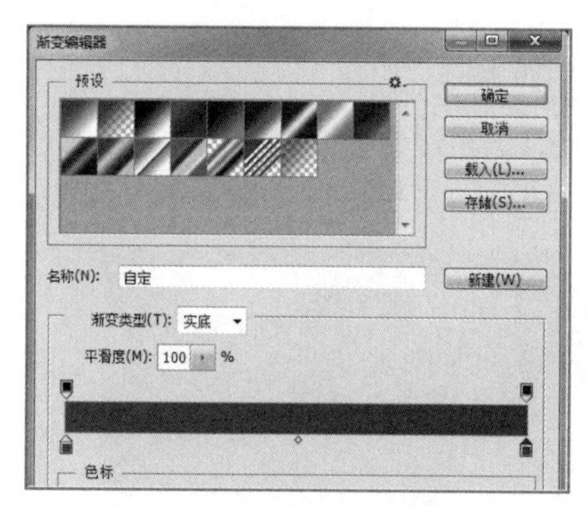

图11-92 应用线性渐变填充

STEP 05 新建图层，然后选择钢笔工具在图像左侧绘制一个缺口路径，并将路径转换为选区，设置渐变颜色为从“#c81261”到“#9c184d”，使用径向渐变填充颜色，如图11-93所示。

STEP 06 新建图层，选择钢笔工具，在红色图像下方绘制路径，将路径转换为选区，设置前景色为“#cc6230”，使用画笔工具在选区右下方进行涂抹，如图11-94所示。

图11-93 制作缺口图像

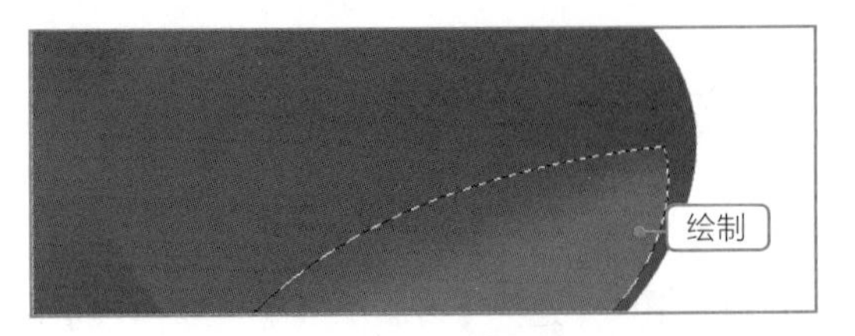

图11-94 绘制路径并使用画笔进行涂抹

STEP 07 选择椭圆选框工具，在左侧区域绘制椭圆选区，将选区向左移动，设置前景色为“#f2a615”，使用画笔工具在选区右下方进行涂抹，按住【Ctrl】键选择除背景图层外的所有图层，按下【Ctrl+E】组合键合并图层，并将该图层命名为“正面图”，如图11-95所示。

STEP 08 按【Ctrl+J】组合键复制正面图层，得到图层副本，选择【编辑】/【变换】/【垂直翻转】命令，然后使用移动工具将翻转后的图像移动到原图像下方，如图11-96所示。

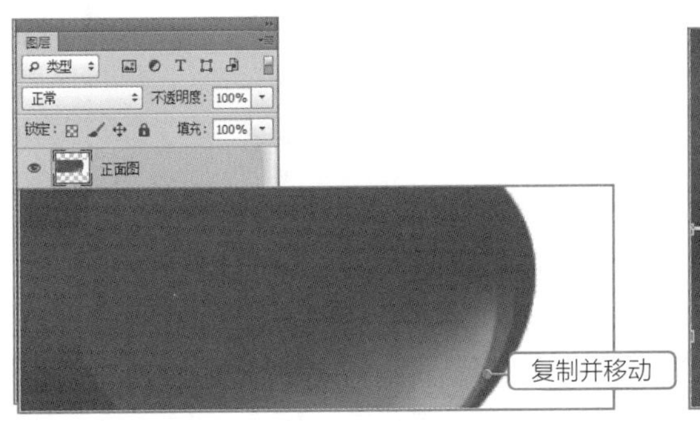

图11-95 移动选区并涂抹图像

图11-96 复制并翻转图像

STEP 09 新建一个图层，选择矩形选框工具，在画面上方绘制一个矩形，并填充为白色；使用钢笔工具在白色矩形中绘制一个弧形，然后将其转换为选区，再设置渐变颜色为从“#cb4354a”~“#ab1e52”渐变；使用钢笔工具在顶部图像左侧再绘制一个右侧弯曲的图像，然后转换为选区，设置渐变颜色为从“#b4354a”~“#ab1e52”渐变，如图11-97所示。

STEP 10 打开“牛奶.psd”图像文件，使用移动工具将图像拖动到当前编辑的图像中，按【Ctrl+T】组合键，对素材图像的大小进行适当调整，并将其放到正面图像左侧，选择牛奶所在的两个图层，单击按钮进行链接，如图11-98所示。

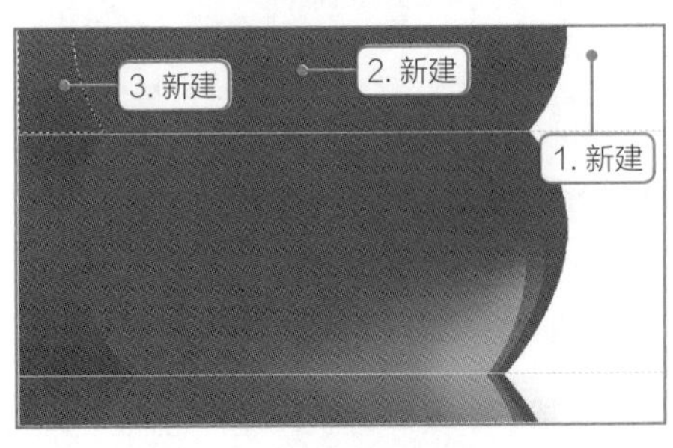

图11-97 制作侧面渐变

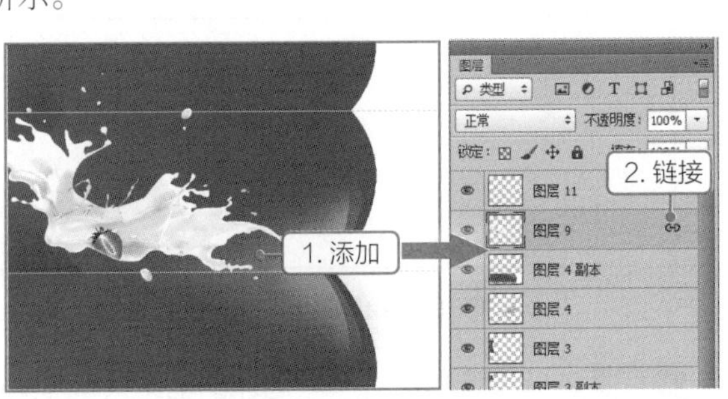

图11-98 添加并链接牛奶图像

STEP 11 选择【图层】/【图层样式】/【投影】命令，打开“图层样式”对话框，单击选中“投影”复选框；设置颜色、角度、距离、大小分别为“黑色”“105度”“15像素”“9像素”；单击 确定 按钮，如图11-99所示。

STEP 12 打开“单个草莓.psd”“多个草莓.psd”“雪糕.psd”素材图像文件，使用移动工具将草莓与雪糕拖动到当前编辑的图像中，适当调整各个图像的大小与位置，如图11-100所示。

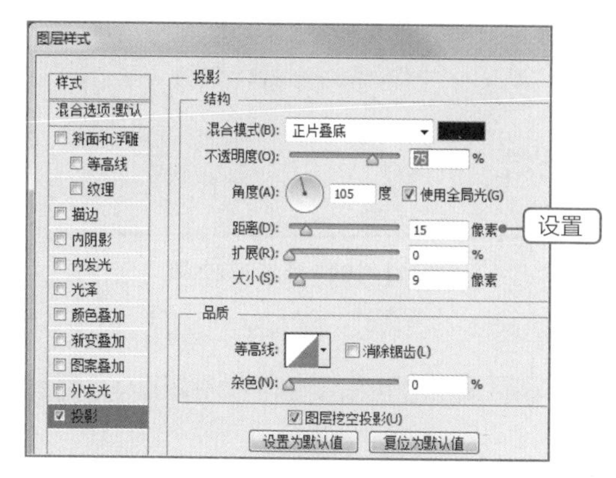

图11-99 设置投影参数

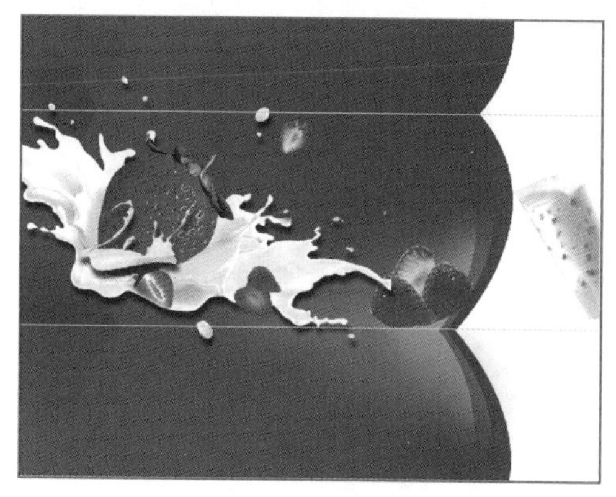
图11-100 添加草莓与雪糕图像

STEP 13 选择横排文字工具T，设置字体、字号、颜色分别为“Swis721 BlkCn BT”“60点”“黑色”，输入英文文字“Strawberry milk”，如图11-101所示。

STEP 14 选择【文字】/【栅格化文字图层】命令，将文字图层转换为普通图层，选择【编辑】/【变换】/【透视】命令，适当调整文字变换框右侧的节点，得到文字的透视效果，如图11-102所示。

图11-101 输入文字

图11-102 制作透视文字

STEP 15 选择【图层】/【图层样式】/【描边】命令，打开“图层样式”对话框，在“填充类型”栏中设置颜色为“白色”，在“结构”栏中设置大小为“6像素”，如图11-103所示。

STEP 16 在“图层样式”对话框中单击选中“渐变叠加”复选框，单击对话框右侧的渐变色条，设置渐变颜色为“#7b0c1d”~“#de1825”，设置样式、角度分别为“线性”“-90度”，如图11-104所示。

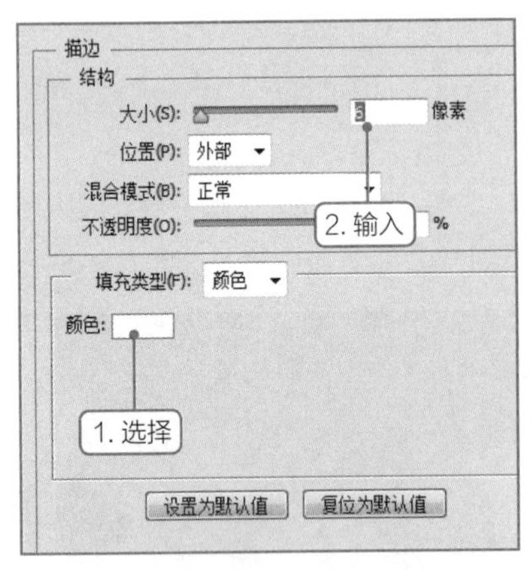

图11-103　设置描边参数

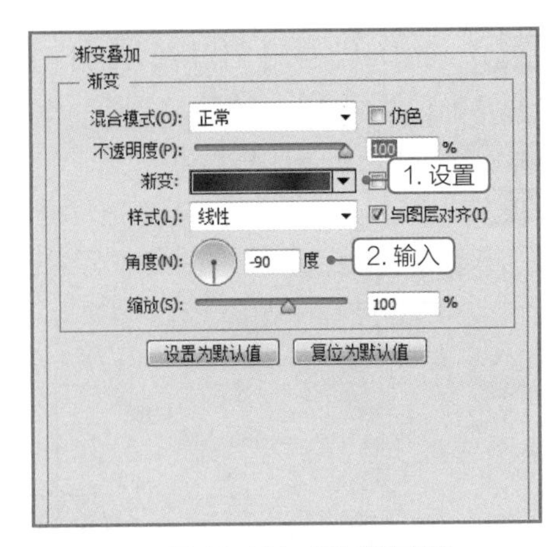

图 11-104　添加渐变效果

STEP 17 在“图层样式”对话框中单击选中“投影”复选框，设置颜色、角度、距离、大小分别为“黑色”“105度”“7像素”“13像素”，单击 确定 按钮，得到添加图层样式后的文字效果，如图11-105所示。

STEP 18 选择横排文字工具T，在添加图层样式的文字下方输入文字，设置字体、字号为“Mangal”“65点”，选择移动工具，然后选择刚创建的文字图层，再按住【Alt】键移动并复制文字，并将复制的文字向下移动，放到展开图的下方，如图11-106所示。

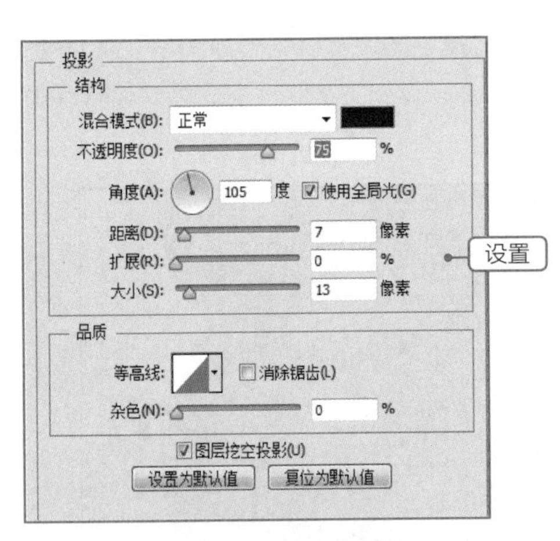

图11-105　添加投影效果

图 11-106　输入并复制文字

STEP 19 新建一个图层，选择椭圆选框工具，按住【Shift】键绘制多个选区，设置前景色为白色，然后按【Alt+Delete】组合键将选区填充为白色，然后设置该图层的不透明度为“20%”；选择【图层】/【新建】/【图层】命令，新建一个图层，保持选区状态，选择【选择】/【变换选区】命令，按住【Alt+Shift】组合键中心缩小选区，按【Enter】键确认，按【Alt+Delete】组合键将选区填充为白色，如图11-107所示。

STEP 20 选择横排文字工具T，输入“净含量：”文字，设置字体、字号分别为“方正水柱简体”“9点”；输入“72”文字，设置字体、字号分别为“Broadway”“15点”；继续输入“g”，设置字体、字号分别为“Cooper Std”“9点”，如图11-108所示。

图11-107　绘制标签

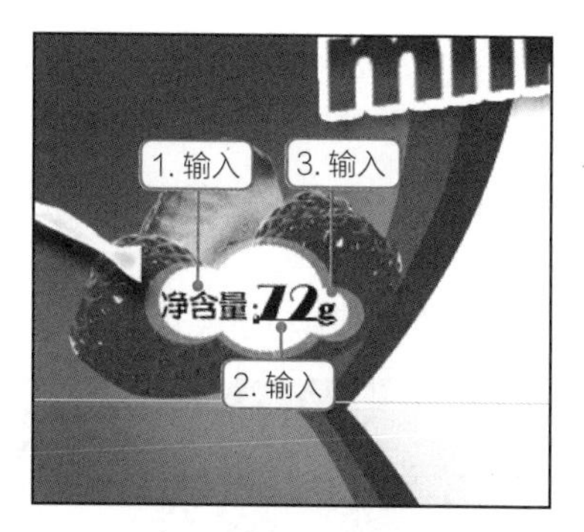

图 11-108　输入标签文字

STEP 21 打开"条形码.jpg"图像文件，使用移动工具将图像拖动到包装展开图的左上方，适当调整图像大小；打开"S.psd"图像文件，使用移动工具将图像拖动到条形码的左侧，适当调整大小；复制"S"图层对象，适当调整大小，放到展开图的右方，如图11-109所示。

STEP 22 新建一个图层，在包装展开图顶部绘制一个矩形选区，并填充为白色，设置不透明度为"75%"，得到矩形透明效果；在透明矩形中输入产品说明文字，设置字体、颜色、字号分别为"黑体""黑色""8点"；在右侧商标旁输入产品文字，设置中文字的字体、字号为"幼圆""15点"，设置英文字的字体、字号分别为"CommercialScript BT""8点"，如图11-110所示。

图11-109　添加并复制商标

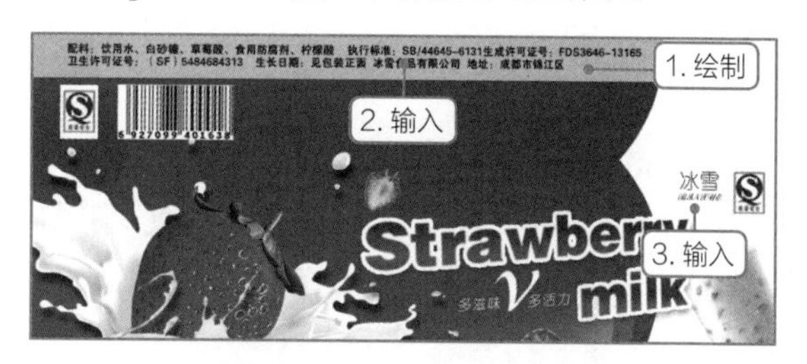

图 11-110　输入产品说明文字

STEP 23 按【Alt】键移动牛奶和草莓图像到右下方，复制该图像，然后按【Ctrl+T】组合键适当调整图像大小，选择【编辑】/【变换】/【水平翻转】命令，得到翻转后的图像，如图11-111所示。

STEP 24 选择矩形选框工具，在翻转后的牛奶图像底部绘制一个矩形选区，框选超出展开图的部分图像，移动到展开图右上方，调整图层到白色矩形下方，如图11-112所示。

图11-111　复制并翻转图像

图 11-112　移动水平翻转图像的下部分

STEP 25 选择移动工具，然后选择展开图像右侧的产品文字图层，按住【Alt】键移动复制文字，放于展开图右下方，如图11-113所示。

STEP 26 隐藏背景图层，按【Ctrl+Shift+Alt+E】组合键盖印可见图层，存储文件，按【Ctrl+；】组合键显示参考线，选择矩形选框工具，在盖印后的图像上根据参考线框选正面图像，如图11-114所示。

图11-113 复制产品文字

图11-114 框选正面图像

STEP 27 新建一个宽度为“21厘米”，高度为“17厘米”，分辨率为“150像素/英寸”，名称为“雪糕包装立体”的文件，将图像背景填充为粉色（#fdesef），然后使用移动工具将框选的图像拖动到新建的图像中，如图11-115所示。

STEP 28 新建图层，然后在“图层”面板中将图层2移动到图层1的下方，选择钢笔工具，在图像右侧绘制一个路径，按【Ctrl+Enter】组合键将路径转换为选区，并将选区填充为白色，如图11-116所示。

图11-115 添加正面图像

图11-116 绘制白色边缘图像

STEP 29 新建图层3，然后在“图层”面板中将图层3移动到图层1的下方；选择钢笔工具，在图像右侧绘制一个路径，按【Ctrl+Enter】组合键将路径转换为选区，并将选区填充为“#a61653”，如图11-117所示。

STEP 30 新建图层4，选择钢笔工具，在包装图上方绘制一个高光路径；按【Ctrl+Enter】组合键将路径转换为选区，将前景色设置为白色，选择画笔工具，在工具属性栏中设置画笔不透明度为“35%”，对选区顶部进行涂抹，得到高光图像，如图11-118所示。

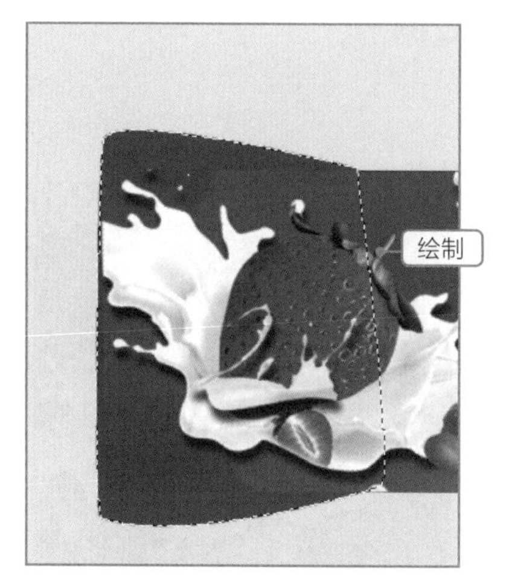

图 11-117　绘制红色边缘图像

图 11-118　绘制高光图像

STEP 31 新建图层5，选择钢笔工具，在包装图下方绘制一个阴影路径，按【Ctrl+Enter】组合键将路径转换为选区，然后在选区中单击鼠标右键，在弹出的快捷菜单中选择“羽化”命令，在打开的“羽化选区”对话框中设置羽化半径为“20像素”，单击 确定 按钮；选择加深工具，在工具属性栏中设置范围为“高光”，再设置曝光度为“20%”，然后在选区中进行涂抹，得到阴影图像效果，如图11-119所示。

STEP 32 新建图层6，使用矩形选框工具，在包装图左侧绘制一个细长的矩形选区，设置“前景色”为“#4d0624”，然后按【Alt+Delete】组合键填充选区，如图11-120所示。

图 11-119　绘制阴影图像

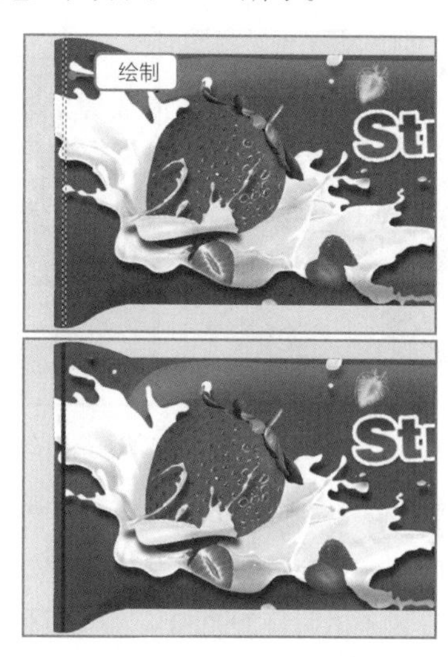

图 11-120　绘制矩形压印图像

STEP 33 选择【图层】/【图层样式】/【斜面和浮雕】命令，打开“图层样式”对话框，设置样式、深度、大小、软化分别为“枕状浮雕”“100”“1”“2”；单击 确定 按钮，返回图像窗口设置该图层的填充为“20%”，得到浮雕效果，如图11-121所示。

STEP 34 按两次【Ctrl+J】组合键，复制两个压印图像，选择移动工具，适当向右移动复制的图像，排列图像，得到包装袋边缘的压印效果，如图11-122所示。

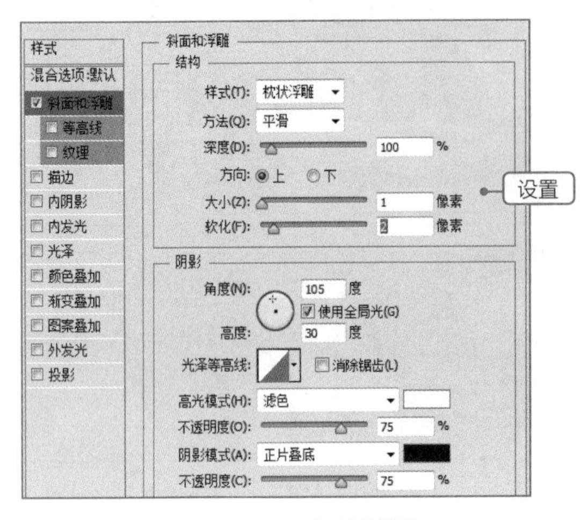

图11-121　添加浮雕效果

图11-122　复制压印图像

STEP 35 新建一个图层，在包装袋右侧绘制一个细长的矩形选区，填充为“#ebd8e0”，按住【Alt】键拖动压印图层右侧的图层样式图标到绘制的图层上，复制图层样式，设置该图层的填充为“20%”，得到图像浮雕效果，复制并排列压印图形，制作右方压印图像，如图11-123所示。

STEP 36 在“图层”面板中按住【Ctrl】键选择除背景图层外的图层，按【Ctrl+E】组合键合并图层，然后选择多边形套索工具，在包装袋左侧绘制多个三角形选区，按【Delete】键删除图像，制作出锯齿效果，使用相同的方法在包装袋右侧制作锯齿效果，如图11-124所示。

图11-123　绘制右侧压印效果

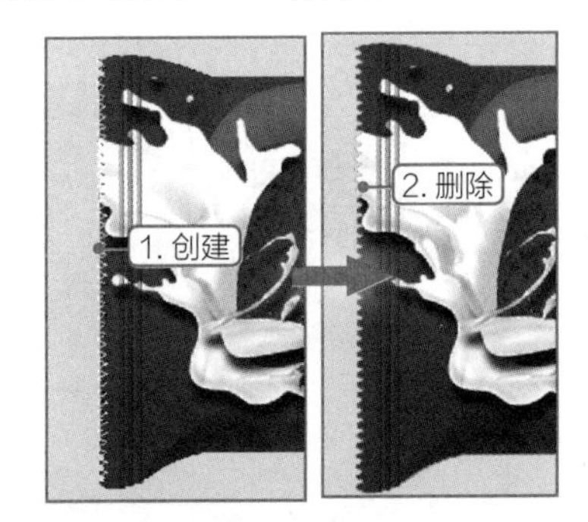

图11-124　制作锯齿图像

STEP 37 按【Ctrl+J】组合键复制刚制作好的包装袋立体效果图，选择【编辑】/【变换】/【垂直翻转】命令，将图像进行翻转，然后选择移动工具将复制的图像向下移动，在“图层”面板中设置不透明度为“58%”，如图11-125所示。

STEP 38 单击“图层”面板底部的“添加图层蒙版”按钮，为当前图层添加一个图层蒙版；选择渐变工具，设置渐变颜色为从黑色到白色；选择图层蒙版，然后对图像从上到下拖动应用线性渐变填充，得到更加真实的倒影效果，完成本例的制作，如图11-126所示。

图 11-125　复制并翻转图像

图 11-126　添加图层蒙版

11.3 课后练习

1. 练习 1——*精修精油瓶*

本练习的瓶盖未体现金属本身的反光效果，利用Photoshop中的渐变填充或图层样式快速制作出金属质感效果，再利用“杂色”命令为金属添加磨砂的质感，最后添加橘子素材修饰瓶子，素材与效果如图11-127所示。

素材所在位置： 素材\第11章\课后练习\练习1\精油 .jpg、橘子.jpg

效果所在位置： 效果\第11章\课后练习\练习1\精油.psd

图 11-127　精修精油瓶素材与效果

2. 练习 2——*榨汁机海报设计*

本练习将设计移动端榨汁机详情页中的榨汁机海报。由于屏幕尺寸较小，因此在构图方式和文字设计方面都要求简洁，本练习采用左文右图的构图方式，重点为对文字的组合设计，效果如图11-128所示。

素材所在位置： 素材\第11章\课后练习\练习2\榨汁机海报\

效果所在位置： 效果\第11章\课后练习\练习2\榨汁机海报 .psd

图11-128　榨汁机海报效果

3. 练习3——美食App页面设计

本练习将设计美食App页面，App页面设计又称为App界面设计，是指对应用软件的图标、登录界面、引导界面、软件界面等进行布局与交互设计。通过文字输入、图形绘制与填充、投影添加、创建剪切蒙版等知识，可完成本例的制作，效果如图11-129所示。

素材所在位置：素材\第12章\美食App页面\

效果所在位置：效果\第12章\美食App页面\

图11-129　美食App页面效果

附录A 快捷键大全

工具箱快捷键

工　具	快 捷 键
矩形选框工具	M
椭圆选框工具	M
移动工具	V
套索工具	L
多边形套索工具	L
磁性套索工具	L
快速选择工具	W
魔棒工具	W
裁剪工具	C
透视裁剪工具	C
切片工具	C
切片选择工具	C
吸管工具	I
3D材质吸管工具	I
颜色取样器工具	I
标尺工具	I
注释工具	I
计数工具	I
污点修复画笔工具	J
修复画笔工具	J
修补工具	J
内容感知移动工具	J
红眼工具	J
画笔工具	B
铅笔工具	B
颜色替换工具	B
混合器画笔工具	B
仿制图章工具	S
图案图章工具	S
历史记录画笔工具	Y
历史记录艺术画笔工具	Y
橡皮擦工具	E
背景橡皮擦工具	E
魔术橡皮擦工具	E

工　具	快 捷 键
渐变工具	G
油漆桶工具	G
3D材质拖放工具	G
减淡工具	O
加深工具	O
海绵工具	O
钢笔工具	P
自由钢笔工具	P
横排文字工具	T
直排文字工具	T
横排文字蒙版工具	T
直排文字蒙版工具	T
路径选择工具	A
直接选择工具	A
矩形工具	U
圆角矩形工具	U
椭圆工具	U
多边形工具	U
直线工具	U
自定形状工具	U
抓手工具	H
旋转视图工具	R
缩放工具	Z
默认前景色/背景色	D
互换前景色/背景色	X
切换标准/快速蒙版	Q

注：从工具箱快捷键表中可以看到，大部分位于同一工具组中的工具快捷键都相同，这时按对应的快捷键，可直接切换到该工具组上次使用后的记录，若要选择该组中的其他工具，可在其上单击鼠标右键后再进行选择。这里按快捷键的作用就相当于快速定位到相应的工具组中。

“文件”菜单命令快捷组合键

菜单命令	快捷组合键
新建	Ctrl+N
打开	Ctrl+O
在Bridge中浏览	Alt+Ctrl+O
打开为	Alt+Shift+Ctrl+O
关闭	Ctrl+W
关闭全部	Alt+Ctrl+W
关闭并转到Bridge	Shift+Ctrl+W
存储	Ctrl+S
存储为	Shift+Ctrl+S
存储为Web所用格式	Alt+Shift+Ctrl+S
文件简介	Alt+Shift+Ctrl+I
打印	Ctrl+P
打印一份	Alt+Shift+Ctrl+P
退出	Ctrl+Q

“编辑”菜单命令快捷组合键

菜单命令	快捷组合键
还原	Ctrl+Z
前进一步	Shift+Ctrl+Z
后退一步	Alt+Ctrl+Z
渐隐	Shift+Ctrl+F
剪切	Ctrl+X
拷贝	Ctrl+C
合并拷贝	Shift+Ctrl+C
粘贴	Ctrl+V
填充	Shift+F5
内容识别比例	Alt+Shift+Ctrl+C
自由变换	Ctrl+T
颜色设置	Shift+Ctrl+K
键盘快捷键	Alt+Shift+Ctrl+K
菜单	Alt+Shift+Ctrl+M
首选项/常规	Ctrl+K

“图像”菜单命令快捷组合键

菜单命令	快捷组合键
调整/色阶	Ctrl+L
调整/曲线	Ctrl+M
调整/色相/饱和度	Ctrl+U
调整/色彩平衡	Ctrl+B
调整/黑白	Alt+Shift+Ctrl+B
调整/反相	Ctrl+I
调整/去色	Shift+Ctrl+U
自动色调	Shift+Ctrl+L
自动对比度	Alt+Shift+Ctrl+L
自动颜色	Shift+Ctrl+B
图像大小	Alt+Ctrl+I
画布大小	Alt+Ctrl+C

“图层”菜单命令快捷组合键

菜单命令	快捷组合键
新建/图层	Shift+Ctrl+N
新建/通过拷贝的图层	Ctrl+J
新建/通过剪切的图层	Shift+Ctrl+J
图层编组	Ctrl+G
取消图层编组	Shift+Ctrl+G
排列/置为顶层	Shift+Ctrl+]
排列/前移一层	Ctrl+]
排列/后移一层	Ctrl+[
排列/置为底层	Shift+Ctrl+[
合并图层	Ctrl+E
合并可见图层	Shift+Ctrl+E

“选择”菜单命令快捷组合键

菜单命令	快捷组合键
全部	Ctrl+A
取消选择	Ctrl+D
重新选择	Shift+Ctrl+D
反向	Shift+Ctrl+I
所有图层	Alt+Ctrl+A
查找图层	Alt+Shift+Ctrl+F
调整蒙版	Alt+Ctrl+R
修改/羽化	Shift+F6

“滤镜”菜单命令快捷组合键

菜单命令	快捷组合键
上次滤镜操作	Ctrl+F
自适应广角	Shift+Ctrl+A
镜头校正	Shift+Ctrl+R
液化	Shift+Ctrl+X
消失点	Alt+Ctrl+V

“视图”菜单命令快捷组合键

菜单命令	快捷组合键
校样颜色	Ctrl+Y
色域警告	Shift+Ctrl+Y
放大	Ctrl+ +
缩小	Ctrl+ -
按屏幕大小缩放	Ctrl+0
实际像素	Ctrl+1
显示额外内容	Ctrl+H
显示/目标路径	Shift+Ctrl+H
显示/网格	Ctrl+’
显示/参考线	Ctrl+;
标尺	Ctrl+R
对齐	Shift+Ctrl+;
锁定参考线	Alt+Ctrl+;

“窗口”菜单命令快捷组合键

菜单命令	快捷（组合）键
动作	Alt+F9
画笔	F5
图层	F7
信息	F8
颜色	F6

“帮助”菜单命令快捷组合键

菜单命令	快捷键
Photoshop联机帮助	F1

附录B 工具箱详解

工具箱中各工具的详细介绍

类别	按钮	工具名称	详细说明
选框工具组		矩形选框工具	用于创建矩形选区，按住Shift键可绘制正方形选区
		椭圆选框工具	用于创建椭圆选区，按住Shift可绘制正圆选区
		单行选框工具	用于创建高度为1像素的选区，常用于制作网格效果
		单列选框工具	用于创建宽度为1像素的选区，常用于制作网格效果
无		移动工具	用于移动图层、参考线、形状或选区内的像素
套索工具组		套索工具	用于绘制形状不规则的选区
		多边形套索工具	用于创建转角强烈的选区
		磁性套索工具	用于快速选择与背景对比强烈且边缘复杂的对象
快速选择工具组		快速选择工具	利用可调整的圆形笔尖快速绘制出选区
		魔棒工具	用于快速选择图像中颜色差别在容差值范围内的像素
裁剪与切片工具组		裁剪工具	以任意尺寸裁剪图像
		透视裁剪工具	可以在需要裁剪的图像上制作出具有透视感的裁剪框
		切片工具	可以从一张图像上创建切片图像
		切片选择工具	用于选择切片并对切片进行各种设置操作
吸管与辅助工具组		吸管工具	用于快速获取颜色，可单击图像中的任意部分，默认为前景色；按住【Alt】键进行获取可设置背景色
		3D材质吸管工具	用于快速吸取3D模型中各个部分的材质
		颜色取样器工具	用于在“信息”窗口显示取样的RGB值
		标尺工具	用于在信息浮动窗口显示拖曳的对角线距离和角度
		注释工具	用于为图像添加注释信息
		计数工具	用于统计图像中元素的数量，也可对选定的区域进行计数
修复画笔工具组		污点修复画笔工具	不需设置取样点，自动从所修饰区域的周围进行取样，消除图像中的污点和某个对象
		修复画笔工具	通过图像中的像素作为样本进行修改
		修补工具	通过样本或图案来修复所选区域中有瑕疵的部分
		内容感知移动工具	在用户整体移动图片中选择的某物体时，智能填充物体原来的位置
		红眼工具	用于消除由闪光灯导致的瞳孔红色反光

（续表）

类 别	按 钮	工具名称	详细说明
画笔工具组		画笔工具	使用前景色绘制图形，也可对通道和蒙版进行修改
		铅笔工具	用无模糊效果的画笔进行绘制
		颜色替换工具	用于将某种颜色替换为另一种颜色
		混合器画笔工具	用于混合像素，其效果类似于传统绘画中的混合颜料
图章工具组		仿制图章工具	用于将图像的一部分复制到同一图像的另一位置
		图案图章工具	用于通过预设图案或载入的图案进行绘画
历史记录画笔工具组		历史记录画笔工具	将标记的历史记录状态或快照作为源数据对图像进行修改
		历史记录艺术画笔工具	将标记的历史记录状态或快照作为源数据，并以风格化的画笔进行绘画
橡皮擦工具组		橡皮擦工具	以类似画笔描绘的方式将像素更改为背景色或透明
		背景橡皮擦工具	基于色彩差异的智能化擦除工具，可快速清除色差大的背景
		魔术橡皮擦工具	清除与取样区域类似的像素范围
渐变与填充工具组		渐变工具	用于以渐变的方式填充拖曳的范围
		油漆桶工具	用于在图像中填充前景色或图案
		3D材质拖放工具	选择材质后，在3D模型上单击鼠标可为其填充材质
模糊锐化工具组		模糊工具	用于柔化硬边缘或减少图像中的细节
		锐化工具	用于增强图像中相邻像素之间的对比，以提高图像的清晰度
		涂抹工具	用于模拟手指划过湿油漆时所产生的效果
加深减淡工具组		减淡工具	用于对图像色彩进行减淡处理
		加深工具	用于对图像色彩进行加深处理
		海绵工具	用于增加或降低图像色彩的饱和度
钢笔工具组		钢笔工具	以锚点的方式创建区域路径，主要用于绘制图形
		自由钢笔工具	用于较为随意地绘制图形，与套索工具类似
		添加锚点工具	将鼠标指针放在路径上，单击鼠标可添加锚点
		删除锚点工具	将鼠标指针放在路径的锚点上，单击鼠标可删除锚点
		转换点工具	用于转换锚点的类型，包括角点和平滑点

（续表）

类　别	按　钮	工具名称	详细说明
文字工具组		横排文字工具	用于创建横排文字
		直排文字工具	用于创建直排文字
		横排文字蒙版工具	用于创建水平文字为选区
		直排文字蒙版工具	用于创建直排文字为选区
选择工具组		路径选择工具	用于选择路径，以便显示出锚点
		直接选择工具	用于移动两个锚点之间的路径
形状工具组		矩形工具	用于绘制长方形路径、形状图层或填充像素区域
		圆角矩形工具	用于绘制圆角矩形路径、形状图层或填充像素区域
		椭圆工具	用于绘制椭圆或正圆路径、形状图层或填充像素区域
		多边形工具	用于绘制多边形路径、形状图层或填充像素区域
		直线工具	用于绘制直线路径、形状图层或填充像素区域
		自定形状工具	用于绘制预定义形状的路径、形状图层或填充像素区域
视图调整工具组		抓手工具	用于拖曳并移动图像显示区域
		旋转视图工具	用于拖曳并旋转视图
无		缩放工具	用于放大或缩小图像显示比例
颜色设置工具组		前景色/背景色	单击对应的色块，可设置前景色或背景色的颜色
		切换前景色/背景色	单击该按钮，可切换前景色和背景色
		默认前景色/背景色	恢复默认的前景色（黑色）和背景色（白色）
无		以快速蒙版模式编辑	单击则切换到快速蒙版模式中进行编辑
屏幕模式工具组		标准屏幕模式	该模式用于显示菜单栏、标题栏、滚动条和其他屏幕元素
		带有菜单栏的全屏模式	该模式可以显示菜单栏、50%的灰色背景、无标题栏和滚动条的全屏窗口
		全屏模式	该模式只显示黑色背景和图像窗口，按【Esc】键可退出该模式；按【Tab】键可切换到带有面板的全屏模式